普通高等教育"十一五"国家级规划教材

U0185176

iCourse · 教材

高频电子线路

主　编　刘彩霞　刘波粒
副主编　齐耀辉　刘红运　赵立志　毕晓璠

高等教育出版社 · 北京

内容简介

本书为普通高等教育"十一五"国家级规划教材,MOOC 同步配套教材。

本书结合编者主讲的在线开放课程"高频电子线路"进行编写。全书共 9 章,具体包括绪论、高频电路基础、高频小信号放大器、高频功率放大器、正弦波振荡器、振幅调制与解调及变频、角度调制与解调、反馈控制电路、无线电技术的应用。

鉴于本课程的教学内容具有较强的工程理论性,编者将课程内容划分为 57 个教学点,并通过微视频再现其精华。建议学习者结合爱课程平台"高频电子线路"课程学习本书,效果更佳。

本书可作为高等院校电子信息工程、通信工程等电子信息类专业高频电子线路、通信电子线路、非线性电子线路等课程的本科教材或教学参考书,也可供从事电子技术的工程技术人员参考。

图书在版编目(CIP)数据

高频电子线路/刘彩霞,刘波粒主编.--北京:
高等教育出版社,2020.11(2022.8 重印)
ISBN 978-7-04-055198-3

Ⅰ.①高… Ⅱ.①刘… ②刘… Ⅲ.①高频-电子电路-高等学校-教材 Ⅳ.①TN710.6

中国版本图书馆 CIP 数据核字(2020)第 203068 号

Gaopin Dianzi Xianlu

| 策划编辑 | 王 楠 | 责任编辑 | 王 楠 | 封面设计 | 张 楠 | 版式设计 | 马 云 |
| 插图绘制 | 邓 超 | 责任校对 | 马鑫蕊 | 责任印制 | 刘思涵 | | |

出版发行	高等教育出版社	网　　址	http://www.hep.edu.cn
社　　址	北京市西城区德外大街 4 号		http://www.hep.com.cn
邮政编码	100120	网上订购	http://www.hepmall.com.cn
印　　刷	佳兴达印刷(天津)有限公司		http://www.hepmall.com
开　　本	787mm×1092mm 1/16		http://www.hepmall.cn
印　　张	18.25		
字　　数	440 千字	版　　次	2020 年 11 月第 1 版
购书热线	010-58581118	印　　次	2022 年 8 月第 3 次印刷
咨询电话	400-810-0598	定　　价	36.20 元

前　言

本书为普通高等教育"十一五"国家级规划教材,是编者主讲、设计的"高频电子线路"MOOC的同步配套教材。

高频电子线路是电子信息工程、通信工程等电子信息类专业的重要专业必修课程,具有很强的理论性、工程性与实践性。编者将课程内容划分为 57 个教学点,并通过微视频再现其精华,使本书呈现形式更加立体,内容更加丰富。本书在观念上,以"精选内容、突出重点、联系实际"为原则,尽量体现"分立为基础,分立为集成服务"的教学思想;在内容编排上,体现由单元电路到系统电路的认知规律,重视基础功能电路;在电路分析中,力求讲透基本单元电路,对涉及的基本原理和基本分析方法尽量阐述详尽;在知识应用上,添加了实际电路的分析与应用,培养读者卓越工程师培养计划中所要求的分析能力和工程设计意识。

本书共 9 章,具体包括绪论、高频电路基础、高频小信号放大器、高频功率放大器、正弦波振荡器、振幅调制与解调及变频、角度调制与解调、反馈控制电路、无线电技术的应用。在各章节主要知识点处,编者精心设计了相应例题及讲解,此外,还安排了拓展知识与预备知识等环节,既突出了 MOOC 的重点内容,又体现了课程本身的系统性。

将本书与 MOOC 有机结合可达到更好的学习效果,即在任课教师的带领下开展"线上线下混合式教学",它是一种"先学后教"学习模式。在"先学"阶段,本书为学习者提供了"导学",学习者可以带着"导学"任务在爱课程平台观看微视频(相当于传统课堂的教师讲课),完成测验与作业。在学习过程中存在的问题,可以通过平台"讨论区"发帖,求助于网络同伴或 MOOC 教师,也可将问题带到课堂上加以解决。在"后教"阶段,教师可以在课堂上组织学习者开展组内帮学、组间问答、设疑抢答、选人查学、全班测试等教学环节,形成"以学生为中心"的生讲生评、生问生答、边讲边练、生讲师评、平行互动、师生探究、教师点评等课堂氛围,达到"不辩不清,不点不透,辩中推新"之效。

　　本书由刘彩霞、刘波粒主编,齐耀辉、刘红运、赵立志、毕晓璠为副主编,并提供了相关素材,在此表示感谢。具体分工如下:刘彩霞负责第 1~5 章的编写、全书校对、课件制作;刘波粒负责第 6~8 章的编写、校对;刘红运负责第 9 章部分内容的编写及校对;赵立志负责第 9 章部分内容的编写;齐耀辉负责习题的编写;毕晓璠负责自测题的编写。

　　在此特别感谢高等教育出版社对本书出版的关注和支持。

　　由于编者水平有限,难免有疏漏或不妥之处,恳请广大读者批评指正,编者邮箱:827671669@ qq. com 。

编　者
2020 年 6 月

目　录

第1章 绪 论

无线电技术是人们在不断地寻求传递信息的各种方式中发展起来的,它和无线电通信的发展几乎是密不可分的。广义地说,凡是在发信者和收信者之间,利用任何方法,通过任何媒介完成信息的传递都可以称为通信。能够完成信息传递的设备总和称为通信系统。

本章首先介绍最基本的无线通信系统的组成,然后介绍无线通信系统的关键技术——调制与解调,并以此为线索形成无线广播调幅发射机和接收机的组成框图。

1.1 通信系统的组成

导学

通信系统的组成。

发送设备和接收设备完成的主要任务。

无线电波的传播方式及其特点。

通信的一般含义是从发信者到收信者之间信息的传递。通信系统是实现这一通信过程的全部技术设备和信道的总和。通信系统的种类很多,他们的具体设备和业务功能可能各不相同,然而经过抽象和概括,均可用图1.1.1所示的基本组成框图来表示。它包括信源、输入变换器、发送设备、信道(噪声源)、接收设备、输出变换器和信宿。实际上,许多通信设备都具有双向功能,例如目前人们使用的手机就是集收、发功能为一体的智能终端。

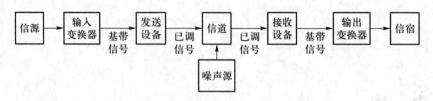

图 1.1.1　通信系统的组成框图

1. 信源与输入变换器

信源就是信息的来源,它有不同的形式,例如声音、图像、文字、电码等。

当信源为非电量(如声音、图像等)时,必须有输入变换器(如话筒、摄像机等),其作用是将信源输入的信息变换成电信号(通常也称基带信号)。当信源本身就是电信号(如计算机输出的二进制信号、传感器输出的电流或电压信号等)时,在能够满足发送设备要求的条件下,输入变换器可省略,输入信号直接进入发送设备。

2. 发送设备

发送设备用来将基带信号进行某种处理并以足够的功率送入信道,以实现信号有效的传输。因此,发送设备的主要任务是实现载波的产生、放大和调制以及对调制后的信号(即已调信号)进行功率放大。

所谓调制(modulation),就是用基带信号去控制高频振荡信号的某一参数,使该参数随基带信号线性变化的过程,以便将基带信号变换成适合信道传输的频带信号。至于为何调制、如何调制,将在下一节加以介绍。

3. 信道与噪声源

信道是连接发、收两端信号的通道,又称传输媒介。通信系统中应用的信道可分为无线信道(如自由空间、海水等)和有线信道(如电线、电缆、光缆等)。不同信道有不同的传输特性,相同信道对不同频率的信号传输特性也是不同的。下面着重介绍自由空间的无线信道电磁波的传播情况。

为了讨论问题的方便,对不同频率的电磁波人为地划分为若干个区域,叫做频段,也称为波段。从 30 kHz 开始,频率每增加 10 倍作为一个波段,其实波段的划分是很粗略的,没有明显的分界线。各波段的划分及其主要的传播方式如表 1.1.1 所示。

表 1.1.1　无线电波的波(频)段划分及其用途

波段名称	波长范围	频率范围	主要传播方式和用途
长波波段	$10^3 \sim 10^4$ m	30～300 kHz (低频 LF)	地波;远距离通信
中波波段	$10^2 \sim 10^3$ m	300 kHz ～3 MHz (中频 MF)	地波、天波;广播、通信、导航
短波波段	10～100 m	3～30 MHz (高频 HF)	天波、地波;广播、通信
超短波波段	1～10 m	30～300 MHz (甚高频 VHF)	空间波、散射;通信、电视广播、调频广播、雷达

续表

波段名称		波长范围	频率范围	主要传播方式和用途
微波波段	分米波	10~100 cm	300 MHz~3 GHz（特高频 UHF）	空间波、散射；通信、中继与卫星通信、电视广播、雷达
	厘米波	1~10 cm	3~30 GHz（超高频 SHF）	空间波；中继与卫星通信、雷达
	毫米波	1~10 mm	30~300 GHz（极高频 EHF）	空间波；微波通信、雷达

电磁波从发射天线辐射出去后，其传播方式与波长有关，主要有沿地面传播的地波、靠电离层折射和反射传播的天波以及沿空间直线传播的空间波。另外还有当大气层或电离层出现不均匀团块时，无线电波有可能被这些不均匀媒质向四面八方反射，使一部分能量到达接收点，这就是散射波。

频率在 1.5 MHz 以下的电磁波主要沿地表传播，称为地波，如图 1.1.2（a）所示。由于大地不是理想导体，当电磁波沿其传播时，有一部分能量被损耗掉，频率越高趋肤效应越严重，能量损耗也就越大，因此频率较高的电磁波不宜沿地表传播。

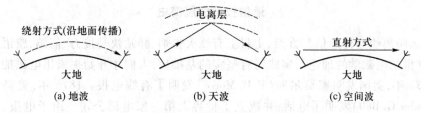

图 1.1.2　无线电波传播方式示意图

频率在 1.5 MHz~30 MHz 的电磁波，由于频率较高，地面吸收较强，用地波传播时衰减很快。它主要靠大气层上部电离层的反射与折射传播，称为天波，如图 1.1.2（b）所示。电离层是由太阳和星际空间的辐射引起大气上层电离形成的。电磁波到达电离层后，一部分能量被吸收，一部分能量被反射与折射到地面，其中，频率较低的电磁波被反射到地面，频率较高的电磁波穿过电离层后不再反射到地面。因此频率更高的电磁波不宜采用天波方式传播。

频率在 30 MHz 以上的电磁波，它会穿过电离层而不再返回地面，因此频率在 30 MHz 以上的超短波通信系统只能选择直射传播方式，即空间波，如图 1.1.2（c）所示。由于地表的弯曲使空间波传播距离受限于视距范围，因此高架发射天线可以增大其传输距离。目前人们使用的手机工作在微波波段，信号作直线传播，覆盖的区域不大，需要多个基站组成蜂窝状的传播覆盖网络。

综上所述，长波信号以地波绕射为主；中波和短波信号可以以地波和天波两种方式传播，不过前者以地波传播为主，后者以天波（反射与折射）为主；超短波以上频段的信号大多以空间波传播，也可以采用对流层散射的方式传播。

图 1.1.1 中的噪声源集中表示了信道以及分散在通信系统中其他各处的噪声和干扰。由于

它们的客观存在,使接收端信号与发送端信号之间存在一定的误差。

4. 接收设备

接收设备的任务是选频、放大和解调(demodulation)。即将信道传送过来的已调信号进行处理,恢复出与发送端相一致的基带信号,这一过程称为解调,显然解调是调制的逆过程。由于信道的衰减特性,传送到接收端的信号电平很微弱,需要放大后才能解调。同时接收设备还必须具有从众多信号中选择有用信号、抑制干扰信号的能力。

5. 输出变换器与信宿

输出变换器(如扬声器、显示器等)是将接收设备输出的基带信号变换成发送端所要传递的信息,如声音、图像、文字等。

信宿是信息传输的归宿,得到原来信源形式的信息。

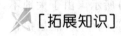 [拓展知识]

通信技术发展简史

在实现远距离快速传递信息方面,史料上有烽火狼烟、驿站快马接力、信鸽、旗语等记载。

直到19世纪电磁学的理论与实践已有坚实的基础后,人们才开始探索用电磁能量传递信息的方法。1837年,美国发明家莫尔斯(F. B. Morse)发明了有线电报。1876年,美籍英国发明家贝尔(Alexander G. Bell)发明了电话,并成立了世界上第一家电话公司。由于电报、电话都是沿导线传送信号的,从而实现了早期的有线通信。

1864年,英国物理学家麦克斯韦(J. Clerk Maxwell)发表了《电磁场的动力学理论》这一著名论文,从理论上预见了电磁波的存在。1887年,德国物理学家赫兹(H. Hertz)以卓越的实验技巧证实了电磁波是客观存在的,打破了人们认为电只能够沿导线传输的思维方式。此后,许多国家的科学家都在纷纷研究如何利用电磁波来实现信息的传输,其中马克尼的贡献最大。他于1895年首次用电磁波进行了几百米距离的通信并获得成功,1901年又完成了横跨大西洋的通信。但那时的无线电通信设备是:发送设备用火花发射机、电弧发生器或高频发电机等;接收设备则用粉末(金属屑)检波器。

1904年,英国科学家弗莱明(J. A. Fleming)发明了电子二极管。1907年,美国物理学家李·德·福雷斯特(Lee de Forest)在电子二极管的基础上发明了电子三极管。电子管的出现是电子技术发展史上的第一个里程碑。1948年,美国物理学家肖克莱(W. Shockley)、巴丁(Bardeen)和布拉顿(W. H. Brattain)共同发明了晶体管,取代了电子管的统治地位,成为电子技术发展史上的第二个里程碑。1958年,美国德州仪器公司工程师杰克·基尔比(J. K. Kilby)发明了集成电路。这种将"管"和"路"结合起来的集成电路是电子技术发展史上的第三个里程碑。

1978年,美国贝尔实验室研制成功第一代(简称1G)模拟移动通信技术,建成了蜂窝状移动通信系统,采用频分复用(FDMA)模拟制式,语音信号为模拟调制,典型代表是美国的 AMPS 系统和英国的 TACS 系统。1987 年,出现了第二代(简称 2G)数字移动通信技术,主要采用的是时分多址(TDMA)技术(典型代表是美国的 D-AMPS、欧盟的 GSM 和日本的 PDC 系统)和窄带码分多址(CDMA)技术(典型代表是美国的 IS-95 系统)。从 1996 年开始,为了解决中速数据传输问题,又出现了以 GPRS 和 IS-95B 为代表的第 2.5 代移动通信技术(简称 2.5G)。由于 GSM 早一步部署,因此短时间内快速推行全球。2000 年,国际电信联盟(ITU)确定了第三代(简称 3G)通信系统的接口技术标准,即:欧洲和日本共同提出的 WCDMA、美国以高通公司为代表提出的 CDMA2000 以及我国以大唐电信集团为代表提出的 TD-SCDMA。因三大标准都触碰到 CDMA 的底层专利技术,致使高通由 2G 的失落转为 3G 的赢家。第四代移动通信技术(简称 4G)集 3G 与 WLAN(无线局域网)技术于一体,以 OFDM 和 MIMO 技术作为 4G 核心技术。4G 主要分为 TDD-LTE 和 FDD-LTE 两大协议,其中 TDD-LTE 是中国标准。2018 年 6 月 14 日,第五代移动通信技术(简称 5G)独立组网功能标准的确立,预示 5G 将在频谱、网络、终端、应用等各方面实现真正的标准统一,终结移动通信标准齐飞的混乱状态。

从 1G 到 5G,实现了从移动电话、收发短信、收发图片、移动视频到万物互联。期间,我国经历了 1G、2G 的落后,推出 3G、4G 国际标准,取得 5G 的话语权。

1.2　调制与解调

导学

调制的作用。

模拟调制的方式。

解调的作用。

---

1. 调制与调制方式

我们知道,人耳能听到的声音频率约在 20 Hz 到 20 kHz 的范围内,通常把这一范围的频率叫做音频。声波在空气中传播的速度(约 340 m/s)比光速慢得多,而且衰减相当快。一个人无论怎样尽力高声呼喊,他的声音也不会传得很远。为了把声音传到远方,常用的方法是将它变为电信号,再设法把电信号传送出去。传送图像也是一样的。

(1) 信号传送存在的问题

由天线理论可知,只有天线实际长度与电信号的波长相近时,电信号才能通过天线以电磁波形式有效地进行辐射。如声音信号的各频率分量分布在 20 Hz~20 kHz,由 $\lambda = c/f$(其中 $c = 3\times10^8$ m/s)可知其对应的波长为 $15\times10^3 \sim 15\times10^6$ m,即使采用 1/4 波长的天线发射信号,也是不现实的。

假设这样超长的天线能够制造出来,当基带信号由天线直接发射时,由于各发射台发射的均为同一频段的低频信号,它们也会在信道中混在一起,互相干扰,接收设备无法选出所需要电台的信号。就像许多人都在说唱,相互干扰,人们无法听到想要听到的声音一样。

此外,还存在信道利用率低和抗干扰性能差等问题。

（2）解决的方案——调制

为了易于制作天线,区分不同的电台信号,同时实现信道的复用,需采用调制技术。理论和实践都证明,只有高频(射频)信号适于天线辐射和无线传播。通常把需要传送的原始信息的电信号"装载"到高频振荡信号中的过程称为调制。能实现这种功能变换的电路称为调制器。这样将引出三种信号:

原始信息的电信号(基带信号)→调制信号

高频振荡信号→载波信号(其频率远大于调制信号的频率,起"交通工具"作用)

携有调制信号的载波→已调信号

显然,若将低频调制信号装载到指定的不同频率的高频载波上,这样不仅使天线长度大大缩短,而且便于接收机选择不同电台的载波,实现了频分多路通信。另外,改变了相对带宽,提高了系统性能。

（3）调制方式

根据调制信号和载波的不同,调制可分为模拟调制(analog modulation)和数字调制(digital modulation)。若用模拟调制信号去控制高频正弦载波的三个参数(振幅、频率和相位)中的某一个,将有调幅(amplitude modulation,AM)、调频(frequency modulation,FM)和调相(phase modulation,PM)三种调制方式。如电视信号中,图像采用调幅,伴音采用调频;广播电台信号中常用的方法是调幅与调频。若调制信号是数字信号,则还可以有数字键控方式的调制,如幅度键控(ASK)、频移键控(FSK)、相移键控(PSK)以及差分相移键控(DPSK)等,近年来,还出现了很多窄带调制方式,如 MSK、16QAM 等。

（4）信号的表示方法

任何信号都有时域和频域两种描述方法。时域反映了信号随时间变化的规律,通常用数学表达式(时间函数)和波形来加以描述;频域反映了组成信号的各频率成分的幅度和相位,以及它们的能量分布,通常用频谱和频带宽度来加以描述。信号的时域表示法比较直观,但对于随机的、较为复杂的信号,用频域表示法则更清楚。

为了便于读者理解,在此以普通调幅波为例,从时域的角度直观认识一下调幅方式。

假设调制信号 $u_\Omega(t) = U_{\Omega m}\cos\Omega t$,载波信号 $u_c(t) = U_{cm}\cos\omega_c t$,并且载波信号的角频率 ω_c 远远大于调制信号的角频率 Ω,其波形如图 1.2.1(a)(b)所示。按照调制的概念可知,对于普通调幅可理解为载波的振幅 U_{cm} 随调制信号 $u_\Omega(t)$ 大小的变化而变化,由此可得到相应的普通调幅波波形,如图 1.2.1(c)所示。

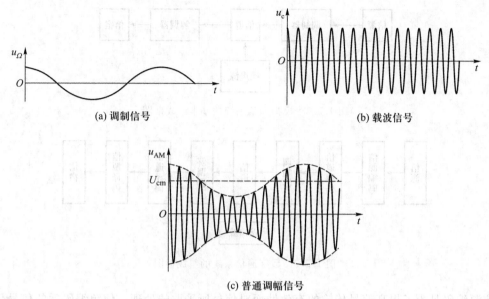

(a) 调制信号   (b) 载波信号

(c) 普通调幅信号

图 1.2.1　单频调制普通调幅信号

至于普通调幅波的频域表示将在第 6 章加以介绍。

2. 解调

前已述及,为了将基带信号变换成适合信道传输的频带信号,人们不得已采用了"调制"技术。为此,在接收设备中还需要一个与之对应的关键技术——解调,即将适于信道传输的已调信号恢复成与发送端基本一致的原基带信号的过程。

对于模拟系统而言,调幅波的解调称为检波,调频波的解调称为鉴频,调相波的解调称为鉴相。

 [拓展知识]

模拟和数字通信系统

图 1.1.1 所示的通信系统组成框图是对各种通信系统的简化和概括,它反映了通信系统的共性。如果按照信道上所传输的信号是模拟信号还是数字信号,通信系统又分为模拟通信系统和数字通信系统。本教材重点介绍模拟通信系统。

1. 模拟通信系统

图 1.2.2 是模拟通信系统的基本组成框图。与图 1.1.1 相比,这里用调制器代替了发送设备、用解调器代替了接收设备,目的是突出调制、解调在模拟通信系统中的重要作用,它们是保证通信质量的关键。

2. 数字通信系统

图 1.1.1 可以具体化为图 1.2.3,即得到数字通信系统的组成框图。

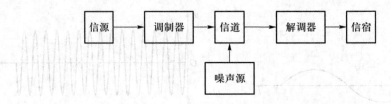

图 1.2.2 模拟通信系统的基本组成框图

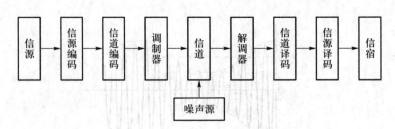

图 1.2.3 数字通信系统的组成框图

信源编码是为了提高信号传输的有效性而对信号所采取的处理。信源编码后的信号仍然是基带信号。为了确保信息传输的安全保密性,对编码后的信号可以进行加密处理。

信道编码是为了提高信号传输的可靠性而采取的一种差错控制编码。它是在信源编码后的信号中按照某种规则再附加上若干位码元,形成新的数字信号。一旦信号在传输中受到破坏,接收端就会按照一定的规则自动检查出错误或者自动纠正错误。

接收端的译码器是将接收到的编码信号恢复成编码前的信号。

应当指出,实际的数字通信系统中不一定包含图 1.2.3 所示的各个环节,至于包含哪些环节,取决于系统的实际需要。此外,同步系统在数字通信中是不可缺少的,但是因为它的位置往往不是固定的,所以图 1.2.3 中没有画出。

1.3 发射机和接收机的组成

导 学

调幅广播发射机的组成框图及相应波形。
调幅广播接收机的组成框图及相应波形。
本课程学习的单元电路。

在实际的通信设备中,不同的发送设备或接收设备的组成框图大同小异,其主要区别是调制和解调的方式不同。为了更好地理解发送和接收设备的组成原理,以单频普通调幅波为例,介绍无线调幅广播发射机和接收机的组成框图,以便初学者对本教材的主要内容有一个大致的了解。

1. 无线调幅广播发射机的组成框图

由普通调幅波的波形图 1.2.1 可知,欲使发射机产生普通调幅波 u_{AM},就必须预先产生低频调制信号 $u_\Omega(t)$ 和高频载波信号 $u_c(t)$,然后两信号在调制器中完成调制,形成普通调幅波,最后通过高频功率放大器将其发射出去。相应发射机的组成框图如图 1.3.1 所示。

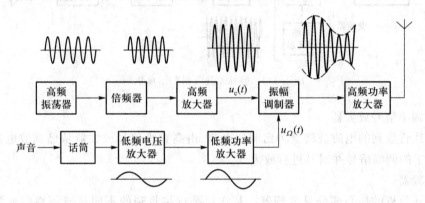

图 1.3.1 调幅广播发射机的组成框图

(1) 低频调制信号的产生

声音经声电变换器(如话筒)转换成电信号,再经低频电压和功率放大器逐级放大后产生调制信号 $u_\Omega(t)$,将 $u_\Omega(t)$ 加至振幅调制器。

(2) 高频载波信号的产生

高频振荡器又称主振器,主要用于产生频率稳定的高频振荡信号。其频率一般远低于载波频率,目的是为了保证振荡器的频率稳定度。

倍频器的作用是把主振器输出的稳定频率提高到载波的频率 f_c 上。所谓倍频器,就是使输出信号频率等于输入信号频率整数倍的电路,即倍频器可以成倍数地把信号频谱搬移到更高的频段。

高频放大器的作用是把具有载波频率的弱信号放大到符合载波所需要的幅度上,产生载波 $u_c(t)$。

在实际电路中,常常在主振器和倍频器之间设置缓冲器,旨在减小后级对主振器的影响。

(3) 调制与发射

调制的作用是把由声音信息变成的调制信号 $u_\Omega(t)$ 装载到载波 $u_c(t)$ 上。调制信号对高频载波进行调幅以后,经过高频功率放大器放大,利用尺寸较小的天线把信号辐射到空中。

2. 无线调幅广播接收机的组成框图

无线电信号的接收过程与发射过程正好相反,图 1.3.2 是超外差接收机的组成框图。

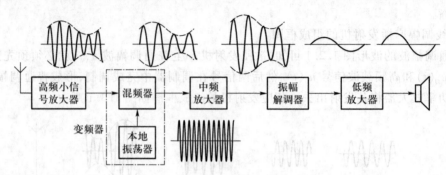

图 1.3.2 超外差接收机的组成框图

(1)高频小信号放大器

接收天线将收到的电磁波转变为已调波电流,由高频小信号放大器从已调波电流中选择出载波频率为 f_c 的调幅信号并对其进行放大。

(2)变频器

超外差接收机的核心部分是变频器。其作用是将接收到的不同载波频率转变为固定的中频。例如我国广播接收机,把接收到的调幅信号载频均变为 465 kHz 的中频,将调频信号载频均变为 10.7 MHz 的中频;电视接收机的图像中频是 38 MHz。

当一个载频为 f_c 的调幅波与本地振荡器产生的频率为 f_L 的正弦波同时加到混频器上,经过混频后得到的仍是一个调幅波,不过它的载波频率已经不是原来的载频 f_c,而是 f_L 与 f_c 之差,即 $f_I=f_L-f_c$,这就是"超外差"名称的由来。通常这个新的载波频率比原来的载频低,但比音频信号的频率高,由于中频是固定的,因此变频器后的中频放大器的选择性和增益都与接收的载波频率无关,从而克服了直接放大式放大器的缺点。

(3)中频放大器

中频放大器可将变频后的中频信号继续放大,以满足解调的要求。由于变频后的中频频率是固定的,中频放大器的谐振回路无须随时调整,体现了超外差接收机的优点。

(4)解调器与低频放大器

中频信号经过若干级中频放大器放大后,由解调器解调还原出音频信号,最后经低频电压和功率放大器放大后输出。

3. 本课程的研究内容与特点

(1)本课程主要的学习内容

"高频电子线路"是"模拟电子技术基础"的后续课程,是电子信息类各专业的一门重要的技术基础课。本课程讨论的内容归纳为以下五类:

高频信号的选择——选频网络(第 2 章);

高频信号的放大——高频小信号放大器(第 3 章)、高频功率放大器(第 4 章);

高频信号的产生——高频振荡器或本地振荡器(第 5 章);

高频信号的变换——倍频器(第 4 章);调制器、混频器、解调器(第 6、7 章);

高频信号的控制——自动增益控制电路、自动频率控制电路、锁相环路(第 8 章)。

(2) 本课程的特点

通信系统中的"高频"是广义的,是指频率范围非常宽的射频。当电路元件尺寸比工作波长小得多,可用集总参数来分析;当电路元件尺寸与工作波长相近时,电路的分析将从集总参数过渡到分布式。

在高频电子线路中,所有的功能电路都是由非线性器件组成的。严格地说,所有包含非线性器件的电子线路都是非线性电路,只是在不同的使用条件下,非线性器件所表现的非线性程度不同而已。为此,在分析电路时,应从实际工程观点出发选择合理近似的分析方法获得具有实用意义的结果。

在一个通信系统中,各种功能电路相互之间是有一定影响的,所以在分析单元电路的工作原理和性能时,不仅要考虑该电路本身,还要考虑其相邻电路对它的影响,即要从系统的层面来看待其中每一个单元电路,这样才能掌握整个系统的工作原理和性能。通信系统是一个复杂的大系统,衡量系统的优劣有很多指标。就信号的传输来说,通信的有效性和可靠性是最重要的指标。模拟通信系统可用有效传输带宽和输出信噪比来衡量;数字通信系统可用传输速率和差错率(误码率)来衡量。

高频电子线路工作频率比较高,且电路复杂,在理论分析时往往是在忽略一些实际问题的情况下进行一定的归纳和抽象,有许多实际问题需要通过实践环节进行学习和加深理解;同时高频电子线路的调试要比低频电子线路复杂得多。可见,学习本课程必须高度重视实践环节,坚持理论联系实际。

本章小结

本章主要内容体系为:通信系统的组成→调制与解调→发射机与接收机的组成。

(1) 以电信号(或光信号)传输信息的系统称为通信系统。它是由待发送的消息、输入变换器、发送设备、传输信道、接收设备、输出变换器等组成。利用自由空间等媒介传输信号的系统称为无线通信系统;利用电缆等媒介传输信号的系统称为有线通信系统。本教材重点介绍无线模拟通信系统。

电磁波传播方式主要有绕射(地波)、反射与折射(天波)、直射(空间波)、散射等。

(2) 为了高效率、远距离地传输信号,在通信系统中普遍采用调制技术。按照调制信号改变载波信号的要素不同,模拟通信系统中的调制分为调幅(AM)、调频(FM)和调相(PM);数字通信系统中的调制分为幅度键控(ASK)、频移键控(FSK)和相移键控(PSK)等基本形式。

(3) 无线调幅广播发射机和接收机组成框图是本章的重点。这两个框图对于掌握通信系统的基本组成具有重要意义,可以说不同的通信设备大都含有类似的功能模块(即单元电路)。同时本课程内容也是据此来划分的,如高频小信号放大器,高频功率放大器,正弦波振荡器,振幅调制、解调与混频,角度调制与解调,自动控制电路等。

高频电子线路的最大特点就是工作频率高和电路的非线性。

自 测 题

一、填空题

1. 从广义上来讲,无论是用任何方法、通过任何媒介完成_____都称为通信。

2. 1864 年英国物理学家_____从理论上预见了电磁波的存在,1887 年德国物理学家_____以卓越的实验技巧证实了电磁波是客观存在的。此后,许多国家的科学家都在纷纷研究如何利用电磁波来实现信息的传输,其中以_____的贡献最大,使无线电通信进入了实用阶段。

3. 标志着电子技术发展史上的三大里程碑分别是_____、_____和_____。

4. 一个完整的通信系统由_____、_____和_____组成。

5. 发送设备的主要任务是_____,接收设备的主要任务是_____。

6. 调制是用低频信号控制高频载波的_____、_____或_____。

7. 波长比短波更短的无线电波称为_____,不能以____和_____方式传播,只能以_____方式传播。

8. 短波的波长较短,地面绕射能力_____,且地面吸收损耗_____,不宜沿____传播,短波能被电离层反射到远处,主要以_____方式传播。

9. 在无线调幅广播接收机中,天线收到的高频信号经_____、_____、_____、_____后送入低频放大器的输入端。

二、选择题

1. 调制应用在通信系统的_____。

A. 输入变换器　　　　B. 发送设备　　　　C. 接收设备　　　　D. 输出变换器

2. 无线电波的速率为 c,波长为 λ,频率为 f,三者之间的正确关系是_____。

A. $c=f/\lambda$　　　　B. $\lambda=c/f$　　　　C. $\lambda=f/c$　　　　D. $f=c/\lambda$

3. 为了有效地发射电磁波,天线尺寸必须与辐射信号的_____。

A. 频率相比拟　　　B. 振幅相比拟　　　C. 相位相比拟　　　D. 波长相比拟

4. 有线通信的传输信道是_____。

A. 电缆　　　　　　B. 自由空间　　　　C. 地球表面　　　　D. 海水

5. 我国调幅中波广播接收机的中频频率是_____。

A. 400 MHz　　　　B. 38 MHz　　　　C. 10.7 MHz　　　　D. 465 kHz

6. 电视机中,图像信号采用_____方式,伴音信号采用_____方式。

A. 调幅　　　　　　B. 调频　　　　　　C. 调相　　　　　　D. 幅度键控

7. 下列表述正确的是_____。

A. 低频信号可直接从天线上有效地辐射

B. 低频信号必须装载到高频信号上才能有效地辐射

C. 低频信号和高频信号都不能从天线上有效地辐射

D. 低频信号和高频信号都能从天线上有效地辐射

8. 下列表述正确的是_____。

A. 高频功放只能位于接收系统中　　　　　B. 调制器只能位于发送系统中

C. 高频振荡器只能位于接收系统中　　　　D. 解调器只能位于发送系统中

9. 2000 年,国际电信联盟从 10 种第三代地面候选无线接口技术方案中最终确定了三个通信系统的接口技术标准,其中,以中国大唐电信集团为代表提出的_____。

A. CDMA　　　　　B. WCDMA　　　　C. TD-SCDMA　　　　D. CDMA2000

三、判断题

1. 频率低的电磁波适合于沿地表传播。　　　　　　　　　　　　　　（　　）

2. 调制后的载波称为调制信号。　　　　　　　　　　　　　　　　　（　　）

3. 调制的目的之一是为了实现信道多路复用。　　　　　　　　　　　（　　）

4. 电视机中的图像和伴音信号一般采用同一种调制方式。　　　　　　（　　）

5. 发送设备的作用是对基带信号进行编码处理,使其变换成适合在信道上传输的信号。

　　　　　　　　　　　　　　　　　　　　　　　　　　　　　　　（　　）

6. 超外差式接收机的优点是变频后的频率为一固定中频。　　　　　　（　　）

7. 发送设备和接收设备的末级一般都采用功率放大器。　　　　　　　（　　）

8. 赫兹于 1895 年首次在几百米的距离用电磁波实现通信获得成功。　（　　）

9. 第三代移动通信的核心技术是 TDMA 技术。　　　　　　　　　　　（　　）

习 题

1.1 何谓通信系统？通信系统由哪几部分组成？

1.2 无线电通信为什么要采用调制技术？常用的模拟调制方式有哪些？

1.3 已知频率为 3 kHz、1 000 kHz、100 MHz 的电磁波，试分别求出其波长并指出所在波段的名称。

1.4 画出无线调幅广播发射机组成框图，并用波形说明其发射过程。

1.5 画出无线调幅广播接收机组成框图，并用波形说明其接收过程。

1.6 超外差式接收机中的混频器有什么作用？

第 2 章　高频电路基础

在无线通信系统中,无论是发送设备还是接收设备,都需要从众多不同频率信号中选出所需信号(即有用信号),滤除不需要的频率分量,以提高系统的信号质量和抗干扰能力,这一任务是由选频网络来完成的。由于在高频电路中,除了小信号放大器外,如振荡器、功率放大器、调制器、解调器、混频器都属于非线性电子线路,为了避免求解非线性方程的困难,常采用工程上适用的一些近似分析方法。

本章先介绍选频网络,然后讨论非线性电路的分析方法。这些内容将为后续各章的分析奠定基础。

2.1　选频网络

选频网络包括 LC 滤波器和固体滤波器。其中,LC 滤波器包括单调谐回路(LC 串联和并联谐振回路)和双调谐回路,固体滤波器包括石英晶体滤波器、陶瓷滤波器和声表面波滤波器。

2.1.1　LC 串联谐振回路

导学

衡量 LC 谐振回路性能的主要指标。

谐振回路通频带的计算。

品质因数和矩形系数的物理意义。

1. 电路形式

由电感线圈和电容器组成的串联(series connection)谐振回路如图 2.1.1 所示。

在高频电路中,电感线圈的损耗是不能忽略的,因而在等效电路中应考虑到损耗电阻的影响,即一个实际的电感线圈可以用一个理想无损耗的电感 L 和一个损耗电阻 r 的串联来等效。对于电容器,由于在高频电路所讨论的频率范围内损耗很小,因而认为是理想元件 C。$\dot{U}_s$ 为理想电压源,并假设 $u_s(t) = U_{sm}\cos\omega t$。

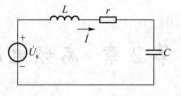

图 2.1.1 LC 串联谐振回路

实际的电信号大多是以某一频率为中心频率,且具有一定带宽的多频信号,所以衡量调谐回路(又称谐振回路)的技术指标主要有谐振频率、通频带与选择性。

2. 谐振频率和品质因数

由图 2.1.1 可知

$$\dot{I} = \frac{\dot{U}_s}{Z} = \frac{\dot{U}_s}{r + \mathrm{j}\left(\omega L - \dfrac{1}{\omega C}\right)} \tag{2.1.1}$$

如果改变信号源的频率或元件参数 L、C,使 $\omega L - \dfrac{1}{\omega C} = 0$,则串联回路电流最大,表示为

$$\dot{I}_0 = \frac{\dot{U}_s}{r} \tag{2.1.2}$$

此时称为串联谐振,其谐振频率

$$\omega_0 = \frac{1}{\sqrt{LC}} \text{或} f_0 = \frac{1}{2\pi\sqrt{LC}} \tag{2.1.3}$$

把谐振时的感抗或容抗称为回路的特性阻抗,用 ρ 表示,即

$$\rho = \omega_0 L = \frac{1}{\omega_0 C} = \sqrt{\frac{L}{C}} \tag{2.1.4}$$

通常把 ρ 与回路固有损耗 r 的比值定义为串联谐振回路的品质因数,用 Q_0 表示,即

$$Q_0 = \frac{\rho}{r} = \frac{\omega_0 L}{r} = \frac{1}{r\omega_0 C} = \frac{1}{r}\sqrt{\frac{L}{C}} \tag{2.1.5}$$

式(2.1.5)表明串联谐振回路空载品质因数 Q_0 等于电感线圈在 ω_0 时反映本身损耗的品质因数。

3. 选频特性及通频带

（1）频率特性

上述任意频率下串联回路的电流 $\dot{I}$ 与谐振时回路电流 $\dot{I}_0$ 之比,即为串联谐振回路的频率特性,表示为

$$\dot{S} = \frac{\dot{I}}{\dot{I}_0} = \frac{1}{1 + \dfrac{\mathrm{j}(\omega L - 1/\omega C)}{r}}$$

(2.1.6)

$$= \frac{1}{1 + \mathrm{j}\left(\dfrac{\omega_0 L}{r}\right)\left(\dfrac{\omega}{\omega_0} - \dfrac{\omega_0}{\omega}\right)} = \frac{1}{1 + \mathrm{j}Q_0\left(\dfrac{\omega}{\omega_0} - \dfrac{\omega_0}{\omega}\right)}$$

与其对应的幅频和相频特性分别为

$$S = \frac{1}{\sqrt{1 + Q_0^2\left(\dfrac{\omega}{\omega_0} - \dfrac{\omega_0}{\omega}\right)^2}}$$

(2.1.6a)

$$\varphi = -\arctan Q_0\left(\dfrac{\omega}{\omega_0} - \dfrac{\omega_0}{\omega}\right)$$

(2.1.6b)

根据式(2.1.6a)可以画出相应的谐振曲线。若横坐标用频率(f)代替角频率(ω),可得到图 2.1.2 所示的单调谐回路幅频特性曲线。图中纵坐标 S 表示任意频率下电流幅值与谐振时的最大电流幅值之比。f_0 表示调谐回路的谐振频率,从图中明显看出,幅频特性曲线在 f_0 处幅度最大,偏离 f_0 时幅度迅速衰减。如果使 f_0 等于有用信号的中心频率,就能将有用的频带信号选择出来,而将各种偏离于有用信号频带以外的干扰给予有效的抑制。此外,品质因数 Q 值越大,曲线越陡("瘦"),选频特性越好。

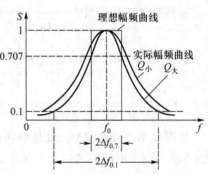

图 2.1.2 单调谐回路幅频特性曲线

在实际应用中,如果信号源的频率 ω 与回路谐振频率 ω_0 有一定的偏离程度,可表示为 $\Delta\omega = \omega - \omega_0$,称为失谐。通常谐振回路主要研究谐振频率 ω_0 附近的频率特性,即 ω 与 ω_0 十分接近。故在谐振频率 ω_0 附近,式(2.1.6)中的

$$Q_0\left(\frac{\omega}{\omega_0} - \frac{\omega_0}{\omega}\right) = Q_0\left(\frac{\omega^2 - \omega_0^2}{\omega\omega_0}\right) = Q_0\left[\frac{(\omega + \omega_0)(\omega - \omega_0)}{\omega\omega_0}\right]$$

$$\approx Q_0\left(\frac{2\omega_0\Delta\omega}{\omega_0^2}\right) = Q_0\left(\frac{2\Delta\omega}{\omega_0}\right) = Q_0\left(\frac{2\Delta f}{f_0}\right)$$

令

$$\xi = Q_0\left(\frac{2\Delta f}{f_0}\right)$$

(2.1.7)

称为广义失谐。则式(2.1.6a)、式(2.1.6b)表示的幅频和相频特性又可写为

$$S = \frac{1}{\sqrt{1 + \xi^2}}$$

(2.1.8a)

$$\varphi = -\arctan\xi \qquad\qquad (2.1.8\text{b})$$

对应的幅频和相频特性曲线如图 2.1.3 所示。

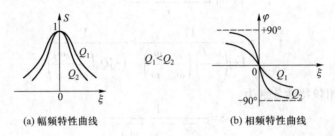

(a) 幅频特性曲线　　　　　　(b) 相频特性曲线

图 2.1.3　频率特性曲线

(2) 通频带

通频带的定义是当 $S=\dfrac{1}{\sqrt{1+\xi^2}}=\dfrac{1}{\sqrt{2}}$（或 0.707）时所对应的频带宽度，通常用 $2\Delta f_{0.7}$ 来表示。

根据式 (2.1.8a)，当 $S=\dfrac{1}{\sqrt{1+\xi^2}}=\dfrac{1}{\sqrt{2}}$ 时，$\xi=\pm1$（取正值）。则由式 (2.1.7) 有 $\xi=Q_0\left(\dfrac{2\Delta f}{f_0}\right)=1$，即

$$2\Delta f_{0.7}=\frac{f_0}{Q_0} \qquad\qquad (2.1.9)$$

从图 2.1.2 可见，$2\Delta f_{0.7}$ 就是串联谐振回路的通频带，它取决于品质因数 Q_0，Q_0 越大，幅频曲线越"瘦"，调谐回路的选频特性越好；反之，幅频曲线越"胖"。若要保证较宽的 $2\Delta f_{0.7}$，只能降低 Q_0。在实际设计中，谐振回路的 $2\Delta f_{0.7}$ 应略大于有用信号的频带宽度。

(3) 选择性（可用"矩形系数"表征）

选择性是表示选取有用信号、抑制无用信号的能力。理想的选择性应该是对通频带内的频谱分量有相同的放大能力，而对带外的频谱分量要完全抑制，不予放大，此时对应谐振回路的幅频特性曲线应该呈矩形，如图 2.1.2 所示。为了评价实际幅频曲线的形状接近理想幅频曲线（矩形）的程度，引入"矩形系数"，并用 $K_{0.1}$ 表示，定义为

$$K_{0.1}=\frac{2\Delta f_{0.1}}{2\Delta f_{0.7}} \qquad\qquad (2.1.10)$$

式中，$2\Delta f_{0.1}$ 为 S 下降到 0.1 时所对应的频带宽度。可见，矩形系数 $K_{0.1}$ 越接近于 1，实际曲线就越接近于矩形，表明滤除邻近波道干扰信号的能力越强。

若令 $S=\dfrac{1}{\sqrt{1+\xi^2}}=0.1$，则 $\xi\approx10$，由式 (2.1.7) 有 $\xi=Q_0\left(\dfrac{2\Delta f_{0.1}}{f_0}\right)=10$，可得 $2\Delta f_{0.1}=10\cdot\dfrac{f_0}{Q_0}$，故

$$K_{0.1}=\frac{2\Delta f_{0.1}}{2\Delta f_{0.7}}\approx10 \qquad\qquad (2.1.11)$$

显然，该谐振回路的矩形系数很大，表明实际幅频曲线与理想幅频曲线（矩形）相差很远，即

很难同时兼顾通频带和选择性两个性能指标。

2.1.2 LC 并联谐振回路(空载)

> 并联谐振回路 R_p 和 r 之间的关系。
> LC 并联谐振回路的特点。
> 谐振时回路电流与输入电流之间的关系。

1. 电路形式

由电感线圈和电容器组成的并联(parallel connection)谐振回路如图 2.1.4(a)所示。$\dot{I}_s$ 为理想电流源,并假设 $i_s(t) = I_{sm}\cos\omega t$。为了分析方便,将图 2.1.4(a)等效为图 2.1.4(b),并且电感用 L_p 表示,线圈内阻用 R_p 表示。

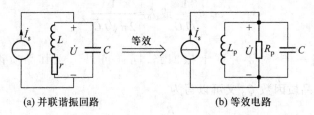

(a) 并联谐振回路　　　　　(b) 等效电路

图 2.1.4　并联谐振回路及其等效电路

对于图 2.1.4(a)中的电感 L 和损耗电阻 r 支路来说,其串联导纳为

$$Y_s = \frac{1}{r+j\omega L} = \frac{r}{r^2+\omega^2 L^2} - j\frac{\omega L}{r^2+\omega^2 L^2}$$

对于图 2.1.4(b)中的电感 L_p 和等效电阻 R_p 两条并联支路来说,其导纳为

$$Y_p = \frac{1}{j\omega L_p} + \frac{1}{R_p} = \frac{1}{R_p} - j\frac{1}{\omega L_p}$$

由于图 2.1.4(a)与(b)为等效电路,因此 Y_s、Y_p 中的实部与实部相等,虚部与虚部相等,在 $\omega L \gg r$ 的条件下,得

$$R_p = \frac{r^2+\omega^2 L^2}{r} = r\left(1+\frac{\omega^2 L^2}{r^2}\right) = r(1+Q^2) \approx rQ^2 \tag{2.1.12a}$$

$$L_p = \frac{r^2+\omega^2 L^2}{\omega^2 L} = L\left(1+\frac{1}{Q^2}\right) \approx L \tag{2.1.12b}$$

可见,图 2.1.4(a)等效为图(b)的变换关系为

$$R_{\mathrm{p}} \approx rQ^2 \tag{2.1.13a}$$

$$L_{\mathrm{p}} \approx L \tag{2.1.13b}$$

2. 谐振频率和品质因数

由图 2.1.4(b)可得回路阻抗

$$Z = \frac{1}{Y} = \frac{1}{\dfrac{1}{R_{\mathrm{p}}} + \mathrm{j}\omega C + \dfrac{1}{\mathrm{j}\omega L}} = \frac{R_{\mathrm{p}}}{1 + \mathrm{j}R_{\mathrm{p}}\left(\omega C - \dfrac{1}{\omega L}\right)} \tag{2.1.14}$$

由此可得并联回路端电压

$$\dot{U} = \dot{I}_{\mathrm{s}} Z = \frac{\dot{I}_{\mathrm{s}} R_{\mathrm{p}}}{1 + \mathrm{j}R_{\mathrm{p}}\left(\omega C - \dfrac{1}{\omega L}\right)} \tag{2.1.15}$$

如果改变信号源的频率或元件参数 L、C，使 $\omega C - \dfrac{1}{\omega L} = 0$，则并联回路两端电压最大，表示为

$$\dot{U}_{\mathrm{o}} = \dot{I}_{\mathrm{s}} R_{\mathrm{p}} \tag{2.1.16}$$

此时称为并联谐振，谐振频率

$$\omega_0 = \frac{1}{\sqrt{LC}} \text{ 或 } f_0 = \frac{1}{2\pi\sqrt{LC}} \tag{2.1.17}$$

与串联谐振回路一样，对于并联谐振回路，同样可以定义其品质因数 $Q_0 = \dfrac{\omega_0 L}{r}$。由式 (2.1.13a)可知，空载品质因数 Q_0 又可以写为

$$Q_0 = \frac{R_{\mathrm{p}}}{\omega_0 L} = R_{\mathrm{p}}\omega_0 C \tag{2.1.18}$$

3. 频率特性和通频带

由上述任意频率下的并联回路端电压 $\dot{U}$ 和谐振时回路端电压 $\dot{U}_{\mathrm{o}}$ 两式之比，即可得到并联谐振回路的频率特性为

$$\dot{S} = \frac{\dot{U}}{\dot{U}_{\mathrm{o}}} = \frac{1}{1 + \mathrm{j}R_{\mathrm{p}}\left(\omega C - \dfrac{1}{\omega L}\right)} = \frac{1}{1 + \mathrm{j}\left(\dfrac{R_{\mathrm{p}}}{\omega_0 L}\right)\left(\dfrac{\omega}{\omega_0} - \dfrac{\omega_0}{\omega}\right)}$$

$$= \frac{1}{1 + \mathrm{j}Q_0\left(\dfrac{\omega}{\omega_0} - \dfrac{\omega_0}{\omega}\right)} \approx \frac{1}{1 + \mathrm{j}Q_0\left(\dfrac{2\Delta\omega}{\omega_0}\right)} = \frac{1}{1 + \mathrm{j}\xi} \tag{2.1.19}$$

其对应的幅频和相频特性分别为

$$S = \frac{1}{\sqrt{1 + \xi^2}} \tag{2.1.19a}$$

$$\varphi = -\arctan\xi \tag{2.1.19b}$$

显然,上式在形式上与串联谐振回路的表达式(2.1.8a)和(2.1.8b)相同,因此可以得到与串联谐振回路相同的通频带和矩形系数,故不再重复讨论。

4. 输入电流与回路电流之间的关系

由图 2.1.4(b)可知,谐振时回路两端的电压 $U_o = I_s R_p$,流过电容的电流 $I_C = \omega_0 C U_o$,即

$$I_C = Q_0 I_s \tag{2.1.20}$$

同理得

$$I_L = Q_0 I_s \tag{2.1.21}$$

可见谐振时的回路电流为输入电流的 Q_0 倍。

2.1.3　LC 并联谐振回路(有载)

导　学

信号源与负载对并联谐振回路的影响。

减小信号源与负载对并联谐振回路影响所采取的方法。

对于部分接入的元件,折合前、后之间存在的关系。

1. 信号源及负载对并联谐振回路性能的影响

图 2.1.4 只介绍了并联谐振回路的空载情况,如果考虑信号源与负载对回路的影响(即有载情况)时,其相应的电路如图 2.1.5(a)所示。谐振回路的总电阻 $R_\Sigma = R_s /\!/ R_p /\!/ R_L$。此时对应的品质因数称为有载品质因数,用 Q_L 表示(把不考虑信号源与负载等影响的品质因数称为空载品质因数,用 Q_0 表示)。由式(2.1.18)可得 $Q_L = \dfrac{R_\Sigma}{\omega_0 L}$。由于 $R_\Sigma < R_p$,所以 $Q_L < Q_0$,说明在 LC 并联回路两端并联上电阻后,谐振回路的选频特性变差,通频带变宽;同时谐振回路的总电容 $C_\Sigma = C_s + C > C$,将使有载时回路的谐振频率 $\dfrac{1}{2\pi\sqrt{LC_\Sigma}}$ 比空载时的谐振频率 $\dfrac{1}{2\pi\sqrt{LC}}$ 有所下降。说明考虑了信号源及负载以后,会对谐振回路产生一定的影响。

2. 减小信号源及负载对并联谐振回路影响的方法

(1) 电路组成

如图 2.1.5(b)所示,由于该电路的输入、输出部分元件分别采用变压器抽头耦合和双电容抽头接入电路,所以常形象地称为“部分接入法”。其中,$C = \dfrac{C_1 C_2}{C_1 + C_2}$。

(2) 变换原理

为了与图 2.1.5(a)相比较,通常把图 2.1.5(b)中部分接入(b、d 和 c、d 端口)的元件 $\dot{I}_s$、R_s、

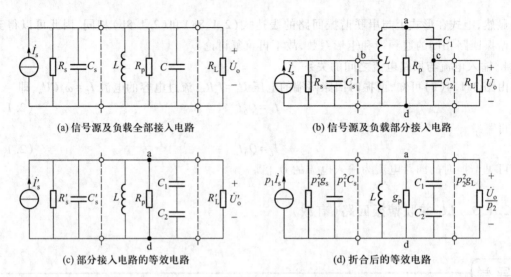

(a) 信号源及负载全部接入电路　　　　(b) 信号源及负载部分接入电路

(c) 部分接入电路的等效电路　　　　(d) 折合后的等效电路

图 2.1.5　信号源及负载对并联谐振回路的影响

C_s 与 R_L 等效到并联回路（a、d 端口）两端，如图 2.1.5（c）所示。根据等效前、后功率相等的基本原则，由图 2.1.5（b）和 2.1.5（c）可得等效关系为

$$I_s U_{bd} = I'_s U_{ad}, \quad \frac{U_{bd}^2}{R_s} = \frac{U_{ad}^2}{R'_s}, \quad \frac{U_{cd}^2}{R_L} = \frac{U_{ad}^2}{R'_L}$$

即

$$I'_s = \frac{U_{bd}}{U_{ad}} I_s, \quad R'_s = \left(\frac{U_{ad}}{U_{bd}}\right)^2 R_s, \quad R'_L = \left(\frac{U_{ad}}{U_{cd}}\right)^2 R_L$$

若引入接入系数 $p = \dfrac{\text{等效前的匝数（或容抗）}}{\text{等效后的匝数（或容抗）}}$，则有

$$p_1 = \frac{U_{bd}}{U_{ad}} = \frac{N_{bd}}{N_{ad}} \tag{2.1.22}$$

$$p_2 = \frac{U_{cd}}{U_{ad}} = \frac{C_1}{C_1 + C_2} \tag{2.1.23}$$

可得

$$\begin{cases} I'_s = p_1 I_s \\[2mm] R'_s = \dfrac{R_s}{p_1^2} \\[2mm] R'_L = \dfrac{R_L}{p_2^2} \end{cases} \tag{2.1.24}$$

由此可以推广有

$$\begin{cases} C'_s = p_1^2 C_s \\ U'_o = \dfrac{U_o}{p_2} \end{cases} \tag{2.1.25}$$

可见,如果合理地调整接入系数 p_1 和 p_2 的大小,将在一定程度上使图 2.1.5(c) 中的 $R_\Sigma = R'_s /\!/ R_p /\!/ R'_L \approx R_p$, $C_\Sigma = C'_s + C \approx C$,可以近似认为有载时的品质因数 Q_L 和回路谐振频率 f_0 基本不受信号源和负载的影响。

若电阻 R 用电导 g 表示,则有 $g'_s = p_1^2 g_s$, $g_p = 1/R_p$, $g'_L = p_2^2 g_L$,图 2.1.5(c) 可以等效为图 2.1.5(d) 所示的电路形式,这种形式的电路便于分析计算。

例 2.1.1 在图 2.1.6(a) 所示电路中,已知 $f_0 = 7.7$ MHz, $L_{13} = 8.4$ μH, $Q_0 = 100$, $N_{13} = 50$, $N_{12} = 10$, $N_{45} = 5$;信号源 $R_s = 10$ kΩ, $C_s = 15$ pF, $I_s = 1$ mA;负载 $R_L = 2.5$ kΩ, $C_L = 40$ pF。试求:
(1) 有载品质因数 Q_L 和通频带 $2\Delta f_{0.7}$。(2) 回路谐振时的 U_o 和 P_o。(3) 回路电容 C。

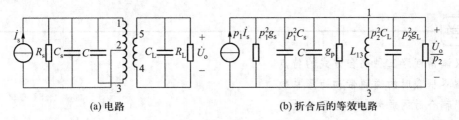

(a) 电路   (b) 折合后的等效电路

图 2.1.6 例 2.1.1

解:将 I_s、R_s、C_s 和 R_L、C_L 折合到 1、3 端口,如图 2.1.6(b) 所示,其中

$$p_1 = \frac{N_{12}}{N_{13}} = \frac{10}{50} = 0.2, \quad p_2 = \frac{N_{45}}{N_{13}} = \frac{5}{50} = 0.1, \quad g_s = \frac{1}{R_s} = \frac{1}{10 \times 10^3} \text{ S} = 0.1 \text{ mS}$$

$$g_p = \frac{1}{R_p} = \frac{1}{Q_0 \omega_0 L_{13}} = \frac{1}{100 \times 2\pi \times 7.7 \times 10^6 \times 8.4 \times 10^{-6}} \text{ S} \approx 0.025 \text{ mS}$$

$$g_L = \frac{1}{R_L} = \frac{1}{2.5 \times 10^3} \text{ S} = 0.4 \text{ mS}$$

且

$$g_\Sigma = p_1^2 g_s + g_p + p_2^2 g_L = (0.2^2 \times 0.1 + 0.025 + 0.1^2 \times 0.4) \text{ mS} = 0.033 \text{ mS}$$

$$C_\Sigma = p_1^2 C_s + C + p_2^2 C_L = 0.2^2 \times 15 \text{ pF} + C + 0.1^2 \times 40 \text{ pF} = 1 \text{ pF} + C$$

(1) $$Q_L = \frac{1}{\omega_0 L_{13} g_\Sigma} = \frac{1}{2\pi \times 7.7 \times 10^6 \times 8.4 \times 10^{-6} \times 0.033 \times 10^{-3}} \approx 74.6$$

$$2\Delta f_{0.7} = \frac{f_0}{Q_L} = \frac{7.7 \times 10^6}{74.6} \text{ Hz} \approx 0.1 \text{ MHz}$$

(2) 由图 2.1.6(b) 可知,当回路谐振时呈纯阻性,此时 $\dfrac{U_o}{p_2} = \dfrac{p_1 I_s}{g_\Sigma}$,可得输出电压

$$U_o = \frac{p_1 p_2 I_s}{g_\Sigma} = \frac{0.2 \times 0.1 \times 1 \times 10^{-3}}{0.033 \times 10^{-3}} \text{ V} \approx 0.61 \text{ V}$$

故输出功率为

$$P_o = \frac{U_o^2}{R_L} = \frac{0.61^2}{2.5 \times 10^3} \text{ W} \approx 0.15 \text{ mW}$$

（3）因回路总电容 $C_\Sigma = \dfrac{1}{(2\pi f_0)^2 L_{13}} = \dfrac{1}{(2\pi \times 7.7 \times 10^6)^2 \times 8.4 \times 10^{-6}}$ F ≈ 50.91 pF，所以由 $C_\Sigma =$
1 pF$+C$ 可得 $C = C_\Sigma - 1$ pF $= (50.91-1)$ pF $= 49.91$ pF。

2.1.4　耦合谐振回路

> **导学**
>
> 双调谐回路三种耦合方式的特点。
> 临界耦合时的通频带和矩形系数。
> 强耦合时的通频带和矩形系数。

　　前面讨论的单调谐回路具有选频和阻抗变换作用,其优点是结构简单,易于调整,为此在通信设备中有着广泛的应用。但是它的谐振曲线在通频带内不够平坦,带外衰减又缓慢,即选择性不理想(矩形系数远大于 1),此外阻抗变换也不灵活。因此,在无线技术领域中还广泛采用由两个以上的单谐振回路通过各种不同的耦合方式组合,通常称为耦合回路。

　　1. 电路形式

　　最常用的耦合回路是如图 2.1.7 所示的双调谐回路。其中,图 2.1.7(a)为互感耦合串联型回路,图(b)为电容耦合并联型回路。

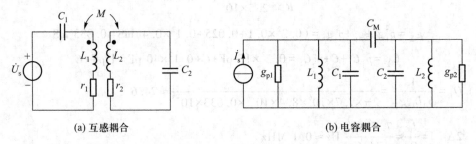

(a) 互感耦合　　　　　　　　　　**(b) 电容耦合**

图 2.1.7　两种常见的耦合回路

　　图中,接有信号源的回路称为初级回路,与负载相连接的回路称为次级回路。这种初、次级回路都有谐振回路的称为双调谐回路。耦合回路的特性和功能与两个回路的耦合程度有密切关系,一般分为强、弱耦合和临界耦合。为了表述回路间的耦合程度,引入耦合系数的概念:对于互感耦合,$k = \dfrac{M}{\sqrt{L_1 L_2}}$;对于电容耦合,$k = \dfrac{C_M}{\sqrt{(C_1 + C_M)(C_2 + C_M)}}$。

2. 频率特性

无论是互感耦合回路还是电容耦合回路,若双调谐回路的初、次级回路完全对称,则在谐振频率附近,初、次级回路幅频特性完全一致,可表示为(推导过程可查阅相关文献)

$$S = \frac{2\eta}{\sqrt{(1 - \xi^2 + \eta^2)^2 + 4\xi^2}} = \frac{2\eta}{\sqrt{(1 + \eta^2)^2 + 2(1 - \eta^2)\xi^2 + \xi^4}} \tag{2.1.26}$$

式中,$\eta = kQ$ 称为耦合因数;$\xi = Q\left(\dfrac{\omega}{\omega_0} - \dfrac{\omega_0}{\omega}\right) = Q\left(\dfrac{2\Delta f}{f_0}\right)$ 称为广义失谐。根据式(2.1.26)可画出 η 为不同值时双调谐回路的幅频特性,如图 2.1.8 所示。下面分别讨论 η 等于 1、小于 1 和大于 1 时的三种情况。

(1)$\eta = 1$ 为临界耦合

当 $\eta = 1$ 时,由式(2.1.26)得 $S = \dfrac{2}{\sqrt{4 + \xi^4}}$。

曲线形状:因 S 随 $|\xi|$ 的增大而减小,故曲线呈单峰;当 $\xi = 0$,即信号源频率与初、次级回路的谐振频率相等时,S 为最大值 1。

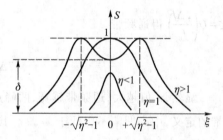

图 2.1.8 双谐振回路的谐振曲线

通频带:令 $S = \dfrac{2}{\sqrt{4 + \xi^4}} = \dfrac{1}{\sqrt{2}}$,得 $\xi = \sqrt{2}$,由 $\xi = Q\left(\dfrac{2\Delta f}{f_0}\right) = \sqrt{2}$ 得

$$2\Delta f_{0.7} = \sqrt{2} \cdot \frac{f_0}{Q} \tag{2.1.27}$$

可见,在相同 Q 值的情况下,$\eta = 1$ 时的双谐振回路通频带是单调谐回路的 $\sqrt{2}$ 倍。

矩形系数:令 $S = \dfrac{2}{\sqrt{4 + \xi^4}} = 0.1$ 得 $\xi \approx 4.46$,由 $\xi = Q\left(\dfrac{2\Delta f}{f_0}\right) = 4.46$ 有 $2\Delta f_{0.1} = 4.46\dfrac{f_0}{Q}$,则

$$K_{0.1} = \frac{2\Delta f_{0.1}}{2\Delta f_{0.7}} \approx 3.15 \tag{2.1.28}$$

显然,双调谐回路比单调谐回路的矩形系数要小得多,即双调谐回路的幅频特性曲线比单调谐回路的幅频特性曲线更接近于矩形。

(2)$\eta < 1$ 为弱耦合

曲线形状:由式(2.1.26)可知,S 随 $|\xi|$ 的增大而减小,说明曲线呈单峰。

特点:在 $\xi = 0$ 时,$S = \dfrac{2\eta}{1+\eta^2}$ 为最大值,且 η 值越小,回路的 S 值越小;当 $\eta = 0$ 时,S 为零。

(3) $\eta > 1$ 为强耦合

曲线形状:由式(2.1.26)可知,S 随 $|\xi|$ 的增大,先增大后减小,曲线呈双峰。

两峰点频带宽度 BW_{pp}:将式(2.1.26)对 ξ 求导,并令其导数为零,得 $\xi(1-\eta^2+\xi^2) = 0$。进而找到极值点(即方程的根)为 $\xi_0 = 0$(对应曲线的"谷点")和 $\xi = \pm\sqrt{\eta^2-1}$(对应曲线 $S = 1$ 的两个"峰点")。再由 $\xi = Q\left(\dfrac{2\Delta f}{f_0}\right)$ 得

$$BW_{pp} = \sqrt{\eta^2-1} \cdot \frac{f_0}{Q} \tag{2.1.29}$$

可见 η 越大,两峰点距离越远,频带越宽。

通频带:若令 $S = \dfrac{1}{\sqrt{2}}$,由式(2.1.26)解得 $\xi = \sqrt{\eta^2 \pm 2\eta-1}$,舍去不合理值($\xi = \sqrt{\eta^2-2\eta-1}$),由 $\xi = Q\left(\dfrac{2\Delta f}{f_0}\right)$ 得通频带

$$2\Delta f_{0.7} = \sqrt{\eta^2+2\eta-1} \cdot \frac{f_0}{Q} \tag{2.1.30}$$

显然,η 值越大,通频带越宽,两峰点间距越大,谷点(即中心凹陷)下凹也越厉害,根据通频带的定义,中心凹陷不应低于 $1/\sqrt{2}$。其凹陷值可由式(2.1.26)当 $\xi = 0$ 时求得,用 δ 表示,即 $\delta = S = \dfrac{2\eta}{1+\eta^2}$。当 $\delta = \dfrac{2\eta_{max}}{1+\eta_{max}^2} = \dfrac{1}{\sqrt{2}}$ 时通频带最宽,从而求得 $\eta_{max} \approx 2.414$。再将其代入式(2.1.30)得通频带的最大值为

$$2\Delta f_{0.7} \approx 3.1\frac{f_0}{Q} \tag{2.1.31}$$

可见,在相同 Q 值的情况下,双调谐回路通频带的最大值是单调谐回路通频带的 3.1 倍。

矩形系数:若令 $S = 0.1$,再仿照求通频带的方法可得 $2\Delta f_{0.1} = 6.43\dfrac{f_0}{Q}$,再据矩形系数的定义得

$$K_{0.1} = \frac{2\Delta f_{0.1}}{2\Delta f_{0.7}} \approx 2.07 \tag{2.1.32}$$

值得注意的是,上述分析都是在假定初、次级回路元件参数相同的情况下所得到的结论,如果初、次级回路元件参数不同,不仅分析烦琐,而且实际电路也不常见,所以在此不再讨论。

2.1.5　固体滤波器

导学

石英晶体具有的特点。

石英晶体通常工作的区域及其性质。

陶瓷滤波器和声表面滤波器的特点。

常用的固体滤波器有石英晶体滤波器、陶瓷滤波器和声表面波滤波器。

1. 石英晶体滤波器

（1）石英晶体的压电效应

石英晶体是矿物质硅石的一种,其化学成分为二氧化硅,形状为结晶的六角锥体。它的基本特性是具有正、反压电效应。正压电效应就是当压力或拉力作用于晶体表面时,晶体将产生机械形变,使晶体两面产生正、负电荷,且电荷量的大小与外力的大小成正比,电荷的极性与外力的方向有关。反压电效应是指当晶体的两个电极加上电压时,晶体会产生形变。当外加交变电场的频率与晶片的固有频率相等时,振幅会骤然增大,产生共振,称之为压电振荡,相应的频率称为谐振频率。

为了得到良好的压电振荡效果,把晶体严格地按照一定方位切割成晶体薄片,并在晶片的两侧涂上银层,焊上引线,再用金属或玻璃外壳封装,这样就构成了石英晶体,其结构如图2.1.9(a)所示,电路符号如图2.1.9(b)所示。

（2）石英晶体的等效电路

完整的石英晶体等效电路如图 2.1.10(a)所示。其中 C_0 为石英晶体的静态电容及分布电容之和; L_1、C_1、r_1 等效石英晶体基频谐振特性; L_3、C_3、r_3 和 L_n、C_n、r_n 分别等效石英晶体三次泛音和 n 次泛音(n 为奇数)的谐振特性。可见,石英晶体不仅包含了基频串联谐振支路,还包括了其他奇次谐波的串联谐振支路,体现了石英晶体的多谐性。

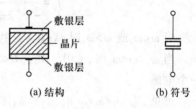

(a) 结构　　　　(b) 符号

图 2.1.9　石英晶体结构及电路符号

若石英晶体作为基频晶体时,其等效电路可简化为图 2.1.10(b)的形式。图中为了便于书写,省略了串联元件的下角标"1"。C_0 一般约为几皮法到几十皮法。当晶片产生振动时,机械振动的惯性等效为电感 L,其值为几毫亨到几十毫亨;晶片的弹性等效为电容 C,其值仅为 $0.01 \sim 0.1$ pF,显然 $C \ll C_0$;晶片的摩擦损耗等效为电阻 r,其值约为 $100\ \Omega$。由于等效电路中 L 与 C 的比值很大,r 的值很小,由式(2.1.5)可知晶体的品质因数 Q 值很高,一般可达 $10^4 \sim 10^6$。

（3）基频晶体的阻抗特性

当忽略 r 时,图 2.1.10(b)所示电路的等效阻抗为

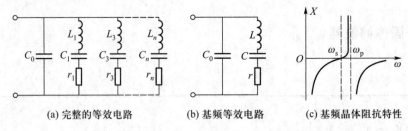

(a) 完整的等效电路   (b) 基频等效电路   (c) 基频晶体阻抗特性

图 2.1.10 石英晶体等效电路与基频晶体阻抗特性

$$Z = \frac{(1/\mathrm{j}\omega C_0)(\mathrm{j}\omega L + 1/\mathrm{j}\omega C)}{1/\mathrm{j}\omega C_0 + \mathrm{j}\omega L + 1/\mathrm{j}\omega C} = -\mathrm{j}\frac{1}{\omega C_0} \cdot \frac{1 - 1/\omega^2 LC}{1 - 1/\omega^2 L[C_0 C/(C_0 + C)]}$$

令 $\omega_s = \dfrac{1}{\sqrt{LC}}$，$\omega_p = \dfrac{1}{\sqrt{L[C_0 C/(C_0 + C)]}}$，并将其代入上式得

$$Z = \mathrm{j}\left[-\frac{1}{\omega C_0} \cdot \frac{(1 - \omega_s^2/\omega^2)}{(1 - \omega_p^2/\omega^2)} \right] = \mathrm{j}X \tag{2.1.33}$$

根据式(2.1.33)可画出石英晶体的电抗频率响应曲线，如图 2.1.10(c) 所示。

当 $\omega = \omega_s$ 时，L、C、r 支路产生串联谐振，$X = 0$，此时回路的串联谐振频率为

$$f_s = \frac{\omega_s}{2\pi} = \frac{1}{2\pi\sqrt{LC}} \tag{2.1.34}$$

当 $\omega = \omega_p$ 时，晶体产生并联谐振，$X \to \infty$。此时回路的并联谐振频率为

$$f_p = \frac{\omega_p}{2\pi} = \frac{1}{2\pi\sqrt{L[C_0 C/(C_0 + C)]}} = \frac{1}{2\pi\sqrt{LC}}\sqrt{1 + \frac{C}{C_0}} \tag{2.1.35}$$

当 $\omega < \omega_s$ 或 $\omega > \omega_p$ 时，$X < 0$。其物理意义是在该频率范围内晶体等效电路呈容性。

当 $\omega_s < \omega < \omega_p$ 时，$X > 0$。由于 $C \ll C_0$，ω_s 与 ω_p 非常接近，即在 $\omega_s \sim \omega_p$ 很窄的区域内，晶体等效为一个电感。

可见，当 $\omega_s < \omega < \omega_p$ 时，石英晶体呈感性，曲线很陡，有利于稳定频率；在其余频率范围内石英晶体呈容性，且电抗曲线变化缓慢，不利于稳频，因此石英晶体在振荡回路中可作为电感元件使用。此外，当 $\omega = \omega_s$ 时，石英晶体电抗近似为零，此时石英晶体可作为阻抗很小的纯电阻(可视为"选频短路线")使用。

2. 陶瓷滤波器

陶瓷滤波器是利用陶瓷片的压电效应制成的，材料一般为锆钛酸铅陶瓷，其等效电路和电抗特性曲线与石英晶体一样。陶瓷滤波器的缺点是频率特性曲线难以控制、生产一致性差；优点是陶瓷易焙烧、耐热耐湿、受外界影响小等。陶瓷滤波器的 Q 值比石英晶体小得多(约为几百)，却比 LC 谐振回路要高。由于陶瓷材料在自然界中比较丰富，所以陶瓷滤波器相对来说价格便宜，应用十分广泛，特别是在 AM/FM 接收机中的应用。

3. 声表面波滤波器

声表面表滤波器（SAWF）是一种利用晶体（如石英晶体或铌酸锂）的压电效应和表面波传播的物理特性制成的一种由电能转换为声波的换能器件。它具有体积小、重量轻、工作频率高（几兆赫兹至几吉赫兹）、相对带宽较宽、矩形系数接近于1的特点。由于采用了平面加工工艺，因此它制造简单、成本低、特性一致性好、设计灵活性高，利于批量生产。它在通信、电视、卫星和宇航领域等得到广泛应用。其主要缺点是插入损耗比较大。

（1）结构特点与电路符号

声表面波滤波器结构示意图和电路符号如图 2.1.11 所示。

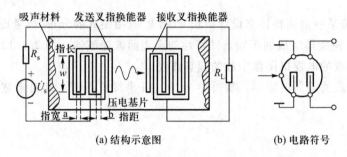

(a) 结构示意图　　　　(b) 电路符号

图 2.1.11　声表面波滤波器的结构及其符号

在图 2.1.11（a）中，以具有压电效应材料为基片，在其表面上用光刻、腐蚀、蒸发等工艺制成两组对指状的金属膜电极对，其中与信号源连接的称为发送叉指换能器，与负载连接的称为接收叉指换能器。

（2）工作原理

当交流信号加至发送叉指换能器两电极上时，叉指间的电位差产生相应的交变电场，由于压电效应，基片将发生周期性的形变（收缩或扩张），产生与输入信号同频率的声波，这种波是沿着晶体表面传播的，故称为表面波。声表面波将沿着与电极轴垂直的方向左右传播，其中向左传播的声波被预先涂敷的吸声材料吸收；向右传播的声波传到接收叉指换能器，通过基片的压电效应，在换能器两端产生电信号，并传送给负载。

声表面波滤波器是利用在压电基片上的叉指换能器来产生、控制和检出声表面波以达到滤波目的的一种器件。当外来信号的频率等于换能器的固有频率 f_0 时，各叉指所激发的表面波同相且振幅最大，可写成 $A_\mathrm{s} = nA_0$。式中，A_0 是每节叉指所激发的声波强度的振幅，A_s 是总的振幅。

（3）选频特性

声表面波滤波器的频率特性取决于叉指换能器的几何形状和尺寸大小。换能器可以分为 n 节（$n+1$）个电极或 $N\left(N = \dfrac{n}{2}\right)$ 个周期段。分析表明，单个均匀叉指换能器的幅频特性满足 $\dfrac{\sin X}{X}$ 的函数形式，最大振幅为 $2NA_0$，其中 $X = \dfrac{N\pi\Delta f}{f_0}$，特性曲线如图 2.1.12（a）所示。

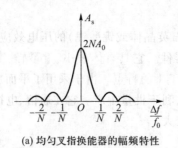

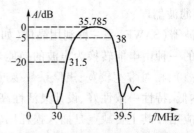

(a) 均匀叉指换能器的幅频特性　　　　(b) 图像中放的声表面波滤波器幅频特性

图 2.1.12　声表面波滤波器幅频特性

在实际中,若按某一幅频特性来设计指长 w、指宽 a、指距 b 的分布,再考虑 n 个电极的影响,便可得到由"加权"换能器组成的不同选频特性的声表面波滤波器。图 2.1.12(b)所示为一个由声表面波滤波器构成的电视机图像中放的幅频曲线。

实用的声表面波滤波器的矩形系数可小至 1.2(几乎接近矩形),相对带宽可达 50%,但有一定的插入损耗。

2.2　非线性电路分析基础

非线性器件是组成非线性电路的基本单元。严格地说,一切实际的器件都是非线性的,但是在一定条件下器件的非线性对电路特性影响很小时,可将该器件近似地看作是线性器件。含有一个或多个非线性器件的电路称为非线性电路。

2.2.1　非线性电路的工程分析方法

导 学

非线性电路的分析方法。
非线性器件在频率变换电路中的作用。
常用的 4 种工程分析方法通常适用的场合。

用解析法分析非线性电路时,首先是寻求描述非线性器件特性的函数式。选择函数形式必须是既要尽量精确，又要尽量简单以便计算。对不同器件的特性，可用不同的函数去描述，即使对同一器件，当其工作状态不同时，也可采用不同的函数去逼近。高频电路中常用的非线性电路的分析方法有幂级数分析法、折线近似分析法、线性时变电路分析法、开关函数分析法等。

1. 幂级数分析法

常用的非线性器件的伏安特性均可用幂级数表示。若设非线性器件的伏安特性用 $i = f(u)$ 来描述，且非线性器件的静态工作点电压为 U_Q，则其伏安特性可在 $u = U_Q$ 附近展开为幂级数：

$$i = f(u) = a_0 + a_1(u - U_Q) + a_2(u - U_Q)^2 + \cdots + a_n(u - U_Q)^n + \cdots \tag{2.2.1}$$

虽然用无穷多项幂级数可以精确表示非线性器件的实际特性，但给解析带来麻烦，且从工程角度也无此必要。为此在实际应用中，常取幂级数的前几项来近似表示实际特性。在工程允许的范围内，为了简化计算，可尽量选取较少的项数来近似。为了说明非线性器件在频率变换方面的作用，在此取式(2.2.1)中的前 4 项为例加以分析，即

$$i = f(u) = a_0 + a_1(u - U_Q) + a_2(u - U_Q)^2 + a_3(u - U_Q)^3 \tag{2.2.2}$$

(1) 外加一个电压信号时

设外加电压为 $u = U_Q + u_1 = U_Q + U_{1m}\cos\omega_1 t$，代入式(2.2.2)得

$$i = a_0 + a_1 U_{1m}\cos\omega_1 t + a_2 U_{1m}^2\cos^2\omega_1 t + a_3 U_{1m}^3\cos^3\omega_1 t \tag{2.2.3}$$

$$= \underbrace{a_0 + \frac{1}{2}a_2 U_{1m}^2}_{\text{直流分量}} + \underbrace{\left(a_1 U_{1m} + \frac{3}{4}a_3 U_{1m}^3\right)\cos\omega_1 t}_{\text{基波分量}} + \underbrace{\frac{1}{2}a_2 U_{1m}^2\cos2\omega_1 t}_{\text{二次谐波分量}} + \underbrace{\frac{1}{4}a_3 U_{1m}^3\cos3\omega_1 t}_{\text{三次谐波分量}}$$

(2) 外加两个电压信号时

设外加电压为 $u = U_Q + u_1 + u_2 = U_Q + U_{1m}\cos\omega_1 t + U_{2m}\cos\omega_2 t$（且 $\omega_1 \neq \omega_2$），代入式(2.2.2)得

$$i = a_0 + \frac{1}{2}a_2 U_{1m}^2 + \frac{1}{2}a_2 U_{2m}^2 +$$

$$\left(a_1 U_{1m} + \frac{3}{4}a_3 U_{1m}^3 + \frac{3}{2}a_3 U_{1m}U_{2m}^2\right)\cos\omega_1 t + \left(a_1 U_{2m} + \frac{3}{4}a_3 U_{2m}^3 + \frac{3}{2}a_3 U_{1m}^2 U_{2m}\right)\cos\omega_2 t +$$

$$\frac{1}{2}a_2 U_{1m}^2\cos2\omega_1 t + \frac{1}{2}a_2 U_{2m}^2\cos2\omega_2 t +$$

$$a_2 U_{1m}U_{2m}\cos(\omega_2 + \omega_1)t + a_2 U_{1m}U_{2m}\cos(\omega_2 - \omega_1)t + \tag{2.2.4}$$

$$\frac{1}{4}a_3 U_{1m}^3\cos3\omega_1 t + \frac{1}{4}a_3 U_{2m}^3\cos3\omega_2 t +$$

$$\frac{3}{4}a_3 U_{1m}^2 U_{2m}\cos(\omega_2 + 2\omega_1)t + \frac{3}{4}a_3 U_{1m}^2 U_{2m}\cos(\omega_2 - 2\omega_1)t +$$

$$\frac{3}{4}a_3 U_{1m}U_{2m}^2\cos(2\omega_2 + \omega_1)t + \frac{3}{4}a_3 U_{1m}U_{2m}^2\cos(2\omega_2 - \omega_1)t$$

由上述两种情况可看出,当只有电压 u_1 作用于非线性器件时,只能得到输入信号的基波分量和各次谐波分量,它不能完成频谱在频域上的任意搬移。当两个电压 u_1 和 u_2 同时作用于非线性器件时,式(2.2.4)含有式(2.2.3)中的各项(在式中用下划线标出)和 $p\omega_2$、$p\omega_2 \pm q\omega_1$ 的组合频率分量。值得注意的是,在产生的众多频率分量中,$\omega_2 \pm \omega_1$ 这一组合频率分量(两个信号之间的"和频"和"差频"),说明了当两个不同频率的信号同时作用于非线性器件时,可以实现频谱的搬移,也是后续电路中经常需要的分量。但是当 ω_1 较小时,$\omega_2 \pm 2\omega_1$ 项与 $\omega_2 \pm \omega_1$ 项频率很接近,滤波器不易滤除 $\omega_2 \pm 2\omega_1$ 项。为此,如何减少、甚至消除 $\omega_2 \pm \omega_1$ 以外的分量,将是我们最关心的基本问题之一。解决的方法有三种:一是合理选用非线性器件及其工作状态,希望其非线性特性高于二次幂以上的各项的系数为零,试图得到理想相乘效果。例如使 $a_3 = 0$,此时的幂级数就成为标准的平方特性了,这不禁使我们想起场效应管转移特性方程所具有的平方关系。二是采用平衡电路,抵消一部分无用组合频率分量。三是适当改变两个输入信号幅度,使非线性器件工作在不同状态。

需要指出的是,实际电路中非线性器件总是与选频网络配合使用的。其中,非线性器件主要用于频率变换,选频网络主要用于选频或者说滤波。为了完成某种功能,常常用选频电路作为非线性器件的负载,以便从非线性器件的输出电流中选择出所需的频率分量,同时滤除不需要的各种干扰频率成分。

2. 折线近似分析法

当输入信号足够大时,若用幂级数分析法,就必须选取比较多的项,这将使分析计算变得很复杂,这时采用折线近似分析法比较方便。所谓折线近似分析法,是将电子器件的特性理想化,用一组直线段来代替实际特性曲线,这样就忽略了特性曲线弯曲部分的影响,简化了参数的计算,虽然计算精度较低,但仍可满足工程计算的需要。折线近似分析法在高频功率放大器和大信号检波器中得到了应用。

晶体管静态特性曲线在折线近似分析法中主要有转移特性曲线与输出特性曲线,如图 2.2.1 所示,其中虚线表示实际的特性曲线。应该指出的是,折线化后的转移特性在晶体管导通范围内,u_{BE} 和 i_C 呈线性关系;对于大信号放大器,i_b、i_c 相对输入信号均产生了失真,而 u_{be} 为不失真的输入信号,故输出特性参数用 u_{BE} 而不用 i_B。

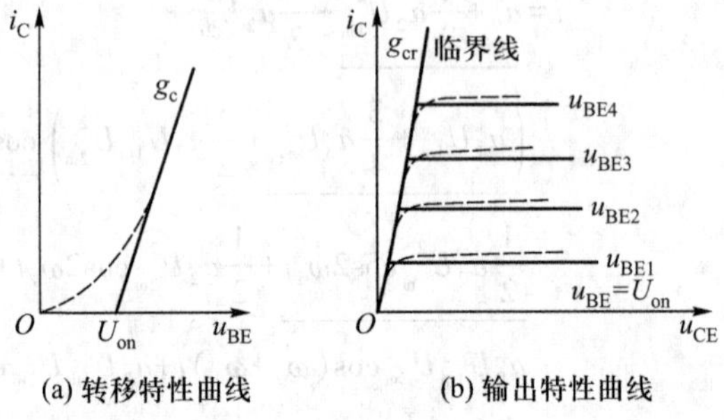

(a) 转移特性曲线　　**(b) 输出特性曲线**

图 2.2.1　理想化的转移特性和输出特性曲线

(1) 转移特性曲线

在放大区域内,由于 u_{CE} 对 i_C 的影响很小,故转移特性曲线用一条曲线表示,折线化后可用交横轴于 U_{on}(导通电压)、斜率为 g_c 的一条直线来表示。在放大区($u_{BE} > U_{on}$)的表达式为

$$i_C = g_c(u_{BE} - U_{on}) \tag{2.2.5}$$

在截止区($u_{BE} \leq U_{on}$)的表达式为

$$i_C = 0 \tag{2.2.6}$$

（2）输出特性曲线

在放大区忽略基调效应的情况下，可认为特性曲线是一组与横轴平行的水平线。把从放大区进入饱和区的临界点连起来的一条直线称为临界线，该临界线是一条斜率为 g_{cr}、且过坐标原点的直线，其方程可写为

$$i_C = g_{cr} u_{CE} \tag{2.2.7}$$

关于折线近似分析法的具体应用，将在第 4 章介绍。

3. 线性时变电路分析法

时变参量器件是指参量按照某一方式随时间线性变化的器件。当两个大小不等的信号同时作用于如图 2.2.2（a）所示的晶体管基极时，若假设 $u_1 = U_{1m}\cos\omega_1 t$，$u_2 = U_{2m}\cos\omega_2 t$，且 $U_{2m} \gg U_{1m}$。此时，由于大信号 u_2 的控制作用，晶体管的静态工作点随之发生变动，使得晶体管的跨导也随之变化。对于小信号 u_1 而言，可以把晶体管看成一个变跨导的线性器件，跨导的变化主要取决于大信号 u_2，基本上与小信号 u_1 无关。第 6 章混频电路中的晶体管就是这种时变参量器件。

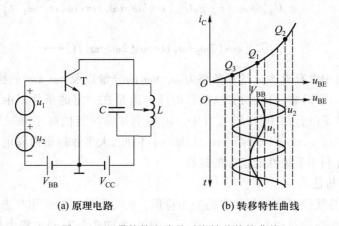

(a) 原理电路　　　　(b) 转移特性曲线

图 2.2.2　晶体管电路及时变转移特性曲线

非线性器件的线性时变工作状态示意图如图 2.2.2（b）所示。当 u_1 和 u_2 同时作用于伏安特性为 $i_C = f(u_{BE})$ 的非线性器件时，器件的特性参量主要由 $V_{BB} + u_2$ 控制，即可把大信号近似看作是非线性器件的一个附加偏置，此信号使器件的工作点周期性地在伏安特性曲线上移动，称为时变工作点。这样器件的参量将随大信号周期性变化，时变参量的名称由此而来。

若将非线性器件的伏安特性 $i_C = f(V_{BB} + u_1 + u_2)$ 在时变工作点（$V_{BB} + u_2$）处展开为泰勒级数，则

$$i_C = f(V_{BB} + u_1 + u_2) = f(V_{BB} + u_2) + f'(V_{BB} + u_2)u_1 + \frac{1}{2}f''(V_{BB} + u_2)u_1^2 + \cdots$$

如果 u_1 相对于 u_2 足够小，可以忽略二次方及其以上各项，则上式简化为

$$i_C \approx f(V_{BB} + u_2) + f'(V_{BB} + u_2)u_1 \tag{2.2.8}$$

式中，$f(V_{BB} + u_2)$ 是 $u_{BE} = V_{BB} + u_2$ 时的集电极电流，称为时变静态电流，用 $I_C(t)$ 表示；$f'(V_{BB} +$

u_2)是 $u_{BE} = V_{BB} + u_2$ 时的跨导,称为时变跨导,用 $g(t)$ 表示。故式(2.2.8)可表示为

$$i_C \approx I_C(t) + g(t)u_1 \qquad (2.2.9)$$

可见,i_C 与 u_1 之间呈线性关系,但系数 $g(t)$ 是时变的,故称其为线性时变工作状态。由此原理构成的电路称为线性时变电路。

由于时变偏置电压 $V_{BB} + U_{2m}\cos\omega_2 t$ 为周期性函数,故 $I_C(t)$ 和 $g(t)$ 也为周期性函数,可用傅里叶级数展开,得

$$I_C(t) = I_{C0} + I_{c1m}\cos\omega_2 t + I_{c2m}\cos 2\omega_2 t + \cdots$$

$$g(t) = g_0 + g_1\cos\omega_2 t + g_2\cos 2\omega_2 t + \cdots$$

则式(2.2.9)变换为

$$
\begin{aligned}
i_C &\approx I_C(t) + (g_0 + g_1\cos\omega_2 t + g_2\cos 2\omega_2 t + \cdots)U_{1m}\cos\omega_1 t \\
&= I_{C0} + I_{c1m}\cos\omega_2 t + I_{c2m}\cos 2\omega_2 t + \cdots + \\
&\quad g_0 U_{1m}\cos\omega_1 t + \frac{1}{2}g_1 U_{1m}[\cos(\omega_2+\omega_1)t + \cos(\omega_2-\omega_1)t] + \\
&\quad \frac{1}{2}g_2 U_{1m}[\cos(2\omega_2+\omega_1)t + \cos(2\omega_2-\omega_1)t] + \cdots
\end{aligned}
\qquad (2.2.10)
$$

可见,输出电流中含有直流分量和频率为 ω_1、$n\omega_2$ 的分量以及 $n\omega_2 \pm \omega_1$ 的组合频率分量,其中包括 $\omega_2 \pm \omega_1$ 分量。与幂级数分析法相比,线性时变电路是在一定的条件下由非线性电路演变而来的,不仅大大减少了组合频率分量,而且 $\omega_2 \pm \omega_1$ 频率分量与其他频率分量之间的频率间隔增大,很容易用滤波器将 $\omega_2 \pm \omega_1$ 以外的频率分量滤除。因此,大多数频谱搬移电路都工作在线性时变工作状态,这样有利于系统性能指标的提高。

4. 开关函数分析法

开关工作状态是线性时变工作状态的一个特例。它与线性时变工作状态不同之处在于大信号使非线性器件工作在导通和截止的开关状态。例如,在图 2.2.3(a)电路中,假设 $u_1 = U_{1m}\cos\omega_1 t$ 是一个小信号,$u_2 = U_{2m}\cos\omega_2 t$ 是一个振幅足够大的信号,且满足 $U_{2m} \gg U_{1m}$,此时二极管主要受大信号 u_2 的控制,工作在开关状态,其等效电路如图 2.2.3(b)所示。

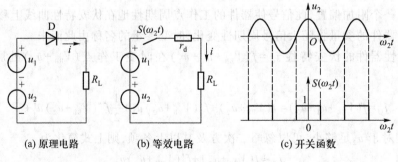

(a) 原理电路　　　(b) 等效电路　　　(c) 开关函数

图 2.2.3　二极管电路及开关函数

可以看出,当 $u_2 \leqslant 0$ 时二极管截止, $u_2 > 0$ 时二极管导通,则流过负载 R_L 的电流可表示为

$$i = \begin{cases} 0 & (u_2 \leqslant 0) \\ \dfrac{1}{r_d + R_L}(u_1 + u_2) & (u_2 > 0) \end{cases} \tag{2.2.11}$$

式中, r_d 为二极管的导通电阻。如果定义一个开关函数 $S(\omega_2 t)$,且有

$$S(\omega_2 t) = \begin{cases} 0 & (u_2 \leqslant 0) \\ 1 & (u_2 > 0) \end{cases} \tag{2.2.12}$$

$S(\omega_2 t)$ 的波形如图 2.2.3(c) 所示,它是一个幅度为 1、频率为 ω_2 的矩形脉冲。将其用傅里叶级数展开得

$$S(\omega_2 t) = \frac{1}{2} + \frac{2}{\pi}\cos\omega_2 t - \frac{2}{3\pi}\cos 3\omega_2 t + \frac{2}{5\pi}\cos 5\omega_2 t - \cdots \tag{2.2.13}$$

将式(2.2.12)、式(2.2.13)分别代入式(2.2.11)可得

$$\begin{aligned}
i &= \frac{1}{r_d + R_L} S(\omega_2 t)(u_1 + u_2) = g S(\omega_2 t)(u_1 + u_2) \\
&= g\left(\frac{1}{2} + \frac{2}{\pi}\cos\omega_2 t - \frac{2}{3\pi}\cos 3\omega_2 t + \cdots\right)(U_{1m}\cos\omega_1 t + U_{2m}\cos\omega_2 t) \\
&= \frac{g}{\pi}U_{2m} + \frac{g}{2}U_{1m}\cos\omega_1 t + \frac{g}{2}U_{2m}\cos\omega_2 t + \frac{g}{\pi}U_{1m}\cos(\omega_2 \pm \omega_1)t + \frac{g}{\pi}U_{2m}\cos 2\omega_2 t - \\
&\quad \frac{g}{3\pi}U_{1m}\cos(3\omega_2 \pm \omega_1)t - \frac{g}{3\pi}U_{2m}\cos 2\omega_2 t - \frac{g}{3\pi}U_{2m}\cos 4\omega_2 t + \cdots
\end{aligned} \tag{2.2.14}$$

式中, $g = \dfrac{1}{r_d + R_L}$ 为回路的电导。从流过负载的电流可看出,它含有直流分量和频率为 ω_1、$n\omega_2$ 的分量以及 $(2n+1)\omega_2 \pm \omega_1$ 的组合频率分量,其中包含 $\omega_2 \pm \omega_1$ 分量。与式(2.2.10)相比,式(2.2.14)中的组合频率分量进一步减少,这样不仅使 $\omega_2 \pm \omega_1$ 频率分量的能量相对集中,而且也为滤波创造了条件。

2.2.2　相乘器及频率变换作用

导学

能够实现频率变换的电路。
二极管组成的平衡和环形相乘器的特点。
双差分对模拟相乘器的组成。

由上述分析可以看出,为了获得两个信号之间的"和频"和"差频",而又不希望产生其他无用的频率分量,只要能实现这两个信号之间的时域相乘即可。因此,相乘器是实现频率变换的基本组件。

在通信系统和高频电子技术中广泛采用由二极管构成的相乘器和由晶体管构成的双差分对模拟相乘器。

1. 二极管组成的相乘器

二极管电路广泛用于通信设备中,特别是平衡和环形电路。它们具有电路简单、噪声低、组合频率分量少、工作频带宽等优点;缺点是无增益。

(1) 二极管平衡相乘器

① 电路组成。原理电路如图 2.2.4(a)所示,它是由两个性能一致的二极管及中心抽头变压器 Tr_1、Tr_2 接成的平衡电路,输出变压器 Tr_2 接带通滤波器,用以滤除无用的频率分量。为使分析方便,Tr_1 的一、二次线圈匝数比为 $1:2$,Tr_2 的一、二次线圈匝数比为 $2:1$。

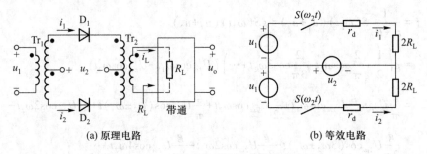

(a) 原理电路   (b) 等效电路

图 2.2.4   二极管平衡相乘器及等效电路

设相乘器的两个输入信号为 $u_1 = U_{1m}\cos\omega_1 t$,$u_2 = U_{2m}\cos\omega_2 t$,其中 u_1 是一个小信号,u_2 是一个振幅足够大的信号,即 $U_{2m} \gg U_{1m}$。此时二极管的导通或截止将完全受电压 u_2 的控制,因此可近似认为二极管处于一种理想的开关状态,引入开关函数 $S(\omega_2 t)$ 表示二极管的工作状态。

② 工作原理。图 2.2.4(b)是图 2.2.4(a)的等效电路,其中 r_d 是二极管的导通电阻。负载 R_L 折合到 Tr_2 一次侧的等效电阻为 $4R_L$,对应到中心抽头的每一部分则为 $2R_L$。

在大信号 u_2 的作用下,D_1 和 D_2 处于开关状态,即当 u_2 为正半周时,D_1、D_2 同时导通,u_2 为负半周时,D_1、D_2 同时截止。根据 KVL 有

$$i_1 = \frac{1}{r_d + 2R_L} S(\omega_2 t)(u_2 + u_1) = gS(\omega_2 t)(u_2 + u_1) \tag{2.2.15}$$

$$i_2 = \frac{1}{r_d + 2R_L} S(\omega_2 t)(u_2 - u_1) = gS(\omega_2 t)(u_2 - u_1) \tag{2.2.16}$$

式中假设 $g = \dfrac{1}{r_d + 2R_L}$。根据变压器的同名端及假设的负载电流 i_L 的流向,则

$$i_L = i_1 - i_2 = 2u_1 g S(\omega_2 t) = 2gU_{1m}\left(\frac{1}{2} + \frac{2}{\pi}\cos\omega_2 t - \frac{2}{3\pi}\cos 3\omega_2 t + \cdots\right)\cos\omega_1 t \tag{2.2.17}$$

$$= gU_{1m}\left[\cos\omega_1 t + \frac{2}{\pi}\cos(\omega_2 \pm \omega_1)t - \frac{2}{3\pi}\cos(3\omega_2 \pm \omega_1)t + \cdots\right]$$

可见,频谱中的直流量、ω_2 及其各次谐波分量,在平衡电路中都被抑制掉了,无用成分的频率都远离了有用信号的频率,很容易滤除。当信号经中心频率为 ω_2、带宽为 $2\omega_1$ 的带通滤波器滤波后,只有 $\omega_2 \pm \omega_1$ 频率成分的电流流过负载 R_L。

（2）二极管环形（双平衡）相乘器

① 电路组成。原理电路如图 2.2.5(a)所示。它是在平衡电路的基础上增加了两个二极管,并使四个二极管组成环路。

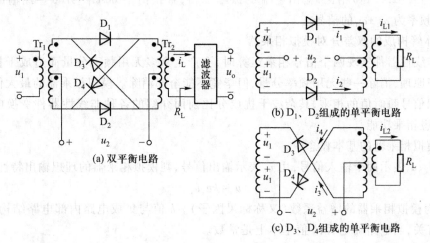

(a) 双平衡电路

(b) D_1、D_2 组成的单平衡电路

(c) D_3、D_4 组成的单平衡电路

图 2.2.5　二极管双平衡相乘器

② 工作原理。当 $U_{2m} \gg U_{1m}$ 时,二极管处于受 u_2 控制的开关状态,即当 u_2 为正半周时,D_1、D_2 导通,D_3、D_4 截止,如图 2.2.5(b)所示,由式(2.2.17)可得

$$i_{L1} = i_1 - i_2 = 2u_1 g S(\omega_2 t) \tag{2.2.18}$$

当 u_2 为负半周时,D_1、D_2 截止,D_3、D_4 导通,如图 2.2.5(c)所示,此时

$$i_{L2} = i_3 - i_4 = -2u_1 g S(\omega_2 t - \pi) \tag{2.2.19}$$

式中

$$S(\omega_2 t - \pi) = \frac{1}{2} - \frac{2}{\pi}\cos\omega_2 t + \frac{2}{3\pi}\cos 3\omega_2 t - \frac{2}{5\pi}\cos 5\omega_2 t + \cdots \tag{2.2.20}$$

故 Tr_2 输出的总电流为

$$i_L = i_{L1} + i_{L2} = 2u_1 g\left[S(\omega_2 t) - S(\omega_2 t - \pi)\right] = 2u_1 g S'(\omega_2 t) \tag{2.2.21}$$

式中 $S'(\omega_2 t) = S(\omega_2 t) - S(\omega_2 t - \pi)$ 为双向开关函数,且有

$$S'(\omega_2 t) = \begin{cases} 1 & (u_2 > 0) \\ -1 & (u_2 \leqslant 0) \end{cases}$$

将其用傅里叶级数展开得

$$S'(\omega_2 t) = \frac{4}{\pi}\cos\omega_2 t - \frac{4}{3\pi}\cos 3\omega_2 t + \frac{4}{5\pi}\cos 5\omega_2 t + \cdots \tag{2.2.22}$$

则

$$i_L = 2gU_{1m}\left[\frac{2}{\pi}\cos(\omega_2 \pm \omega_1)t - \frac{2}{3\pi}\cos(3\omega_2 \pm \omega_1)t + \frac{2}{5\pi}\cos(5\omega_2 \pm \omega_1)t + \cdots\right]$$

可见，与式(2.2.17)相比，输出电流的振幅加倍，且抵消了 $\cos\omega_1 t$ 分量。经输出滤波器滤波，可取出频率为 $\omega_2 \pm \omega_1$ 的信号。

2. 晶体管构成的双差分对模拟相乘器

利用非线性器件实现两个信号相乘运算时，会产生众多无用频率分量而造成干扰。尽管采用平衡抵消原理，消除一些无用频率分量，但毕竟不能全部消除。模拟相乘器的最大优点就是实现两个模拟信号瞬时值的相乘，其杂波干扰成分比前面介绍的各种非线性器件变换电路要小得多，具有理想相乘功能。

（1）模拟相乘器的基本概念

若用 u_x、u_y 表示两个输入信号，用 u_o 表示输出信号，则模拟相乘器的理想输出特性为

$$u_o = k u_x u_y$$

式中，k 称为模拟相乘器的增益系数（又称标尺因子）。k 值与集成电路内部电路结构、外围元件参数选择有关，当电路确定后，k 值基本上是常数。

模拟相乘器的电路符号如图 2.2.6 所示。

目前广泛使用的通用型单片集成模拟相乘器主要有两类，一类是以对数－反对数电路为基本单元构成的对数式相乘器，典型产品是 TD4026。其特点是运算精度很高，但价格昂贵，主要用在精度很高的场合。另一类是以差分对为基本单元构成的变跨导相乘器，这类相乘器因为电路简单、易于集成电路设计、具有较高的温度稳定性和一定的运算精度，且芯片的运算速度较快，所以得到广泛的应用。

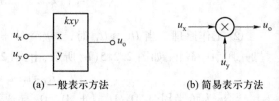

(a) 一般表示方法　　　(b) 简易表示方法

图 2.2.6　模拟相乘器的两种电路符号

（2）双差分对模拟相乘器的电路组成

差分对模拟相乘器又分为单差分对模拟相乘器和双差分对模拟相乘器。双差分对模拟相乘器原理电路如图 2.2.7 所示。它由三对差分对管组成，电流源 I_0 提供差分对管 T_5、T_6 的偏置电流，同时 T_5 为差分对管 T_1、T_2 提供偏置电流，T_6 为差分对管 T_3、T_4 提供偏置电流。输入信号 u_x 交叉加到 T_1、T_2 和 T_3、T_4 两对差分对管的基极，u_y 加到差分对管 T_5、T_6 的基极。

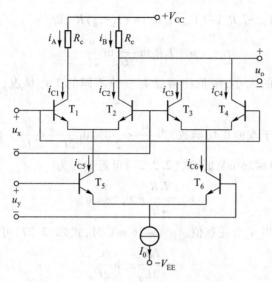

图 2.2.7 双差分对模拟相乘器原理电路

（3）双差分对模拟相乘器的工作原理

① 数学表达式。设 $T_1 \sim T_6$ 成对匹配，且 $\beta \gg 1$。对于 T_5、T_6 来说，$I_0 = i_{C5} + i_{C6} = I_s e^{u_{BE5}/U_T} + I_s e^{u_{BE6}/U_T} = I_s e^{u_{BE6}/U_T} [1 + e^{(u_{BE5} - u_{BE6})/U_T}]$，因为 $u_{BE5} - u_{BE6} = u_y$，则有

$$i_{C6} = I_s e^{u_{BE6}/U_T} = \frac{I_0}{1 + e^{u_y/U_T}}$$

同理

$$i_{C5} = \frac{I_0}{1 + e^{-u_y/U_T}}$$

将上两式相减得

$$i_{C5} - i_{C6} = I_0 \left(\frac{1}{1 + e^{-u_y/U_T}} - \frac{1}{1 + e^{u_y/U_T}} \right) = I_0 \, \text{th} \frac{u_y}{2U_T} \tag{2.2.23}$$

式中，$\text{th} \dfrac{u_y}{2U_T}$ 为双曲正切函数。同理可得

$$i_{C1} - i_{C2} = i_{C5} \, \text{th} \frac{u_x}{2U_T} \tag{2.2.24}$$

$$i_{C4} - i_{C3} = i_{C6} \, \text{th} \frac{u_x}{2U_T} \tag{2.2.25}$$

所以相乘器的输出差值电流为

$$i_A - i_B = (i_{C1} + i_{C3}) - (i_{C2} + i_{C4}) = (i_{C1} - i_{C2}) - (i_{C4} - i_{C3}) = (i_{C5} - i_{C6}) \, \text{th} \frac{u_x}{2U_T} \tag{2.2.26}$$

进而可得输出电压 $u_o = (V_{CC} - i_B R_c) - (V_{CC} - i_A R_c) = (i_A - i_B) R_c$，即

$$u_o = I_0 R_c \operatorname{th} \frac{u_x}{2U_T} \operatorname{th} \frac{u_y}{2U_T} \qquad (2.2.27)$$

根据输入信号 u_x、u_y 的大小，模拟相乘器有三种不同的工作情况，其对应的输出电压也有三种。

小信号工作状态：对于双曲正切函数，当 $\frac{u}{2U_T} < \frac{1}{2}$ 时，$\operatorname{th} \frac{u}{2U_T} \approx \frac{u}{2U_T}$。由于室温下 $U_T \approx 26 \text{ mV}$，所以当 $|u_x| \leqslant 26 \text{ mV}$、$|u_y| \leqslant 26 \text{ mV}$ 时，式（2.2.27）可近似写为

$$u_o \approx \frac{I_0 R_c}{4 U_T^2} u_x u_y = k u_x u_y \qquad (2.2.28)$$

线性时变工作状态：当 u_x 为任意值、$|u_y| \leqslant 26 \text{ mV}$ 时，式（2.2.27）可近似写为

$$u_o \approx \frac{I_0 R_c}{2 U_T} u_y \operatorname{th} \frac{u_x}{2U_T} \qquad (2.2.29)$$

双向开关工作状态：若 $|u_x| \geqslant 260 \text{ mV}$、$|u_y| \leqslant 26 \text{ mV}$ 时，式（2.2.27）可近似写为

$$u_o \approx \frac{I_0 R_c}{2 U_T} u_y S'(\omega_x t) \qquad (2.2.30)$$

在实际使用时，工作在双向开关状态的模拟相乘器应用最广。

② 引入深度负反馈扩大 u_y 的线性范围。为提高输入信号 u_y 的动态范围，可在 T_5、T_6 发射极上接入负反馈电阻 R_y，如图 2.2.8（a）所示。

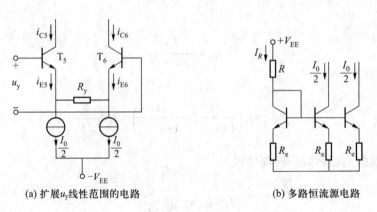

(a) 扩展 u_y 线性范围的电路　　　　(b) 多路恒流源电路

图 2.2.8　扩展 u_y 线性范围及多路恒流源电路

由图可见，当 R_y 远大于 T_5、T_6 管发射结电阻时，有

$$i_{E5} \approx \frac{I_0}{2} + \frac{u_y}{R_y}, \quad i_{E6} \approx \frac{I_0}{2} - \frac{u_y}{R_y} \qquad (2.2.31)$$

因此差分对管 T_5、T_6 输出的差值电流 $i_{C5}-i_{C6} \approx i_{E5}-i_{E6} = \dfrac{2u_y}{R_y}$。将其代入式(2.2.26)得 $i_A-i_B =$

$\dfrac{2u_y}{R_y}\text{th}\dfrac{u_x}{2U_T}$，于是由 $u_o=(i_A-i_B)R_c$ 得

$$u_o = \frac{2R_c}{R_y}u_y\text{th}\frac{u_x}{2U_T} \tag{2.2.32}$$

式(2.2.32)表明双差分对模拟相乘器工作在线性时变状态。如果 $|u_x| \leqslant 26\ \text{mV}$，结论与式(2.2.28)类似；如果 $|u_x| \geqslant 260\ \text{mV}$，结论与式(2.2.30)类似。

③ 恒流源的电路形式。图 2.2.8(a)中的恒流源 $\dfrac{I_0}{2}$ 在集成电路中常以多路输出恒流源的形式出现，如图 2.2.8(b)所示。图中的发射极电阻起抑制 $\dfrac{I_0}{2}$ 漂移的作用，且 $\dfrac{I_0}{2} \approx I_R = \dfrac{V_{EE}-U_{BE}}{R+R_e}$。

（4）集成模拟相乘器 MC1596

① MC1596 集成模拟相乘器的内部电路。单片集成模拟相乘器 MC1596(MC1496)的内部电路如图 2.2.9(a)所示，它是由前面介绍的图 2.2.7、图 2.2.8(a)(b)三部分组合而成。与之对应的同类产品有 XFC1596、FX1596、F1596 等。

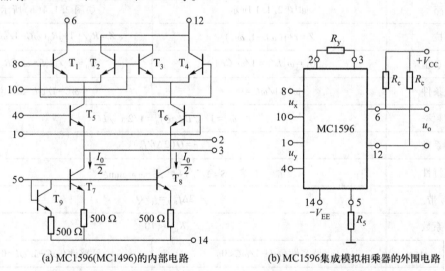

(a) MC1596(MC1496)的内部电路　　　　(b) MC1596集成模拟相乘器的外围电路

图 2.2.9　MC1596(MC1496)集成模拟相乘器的内部电路和外围电路

在图 2.2.9(a)中，$T_7 \sim T_9$ 构成恒流源电路，为 T_5、T_6 管提供 $I_0/2$ 的恒值电流。该电路扩大了 Y 通道输入电压的动态范围。

② MC1596 集成模拟相乘器的外围电路。单片集成模拟相乘器 MC1596 的外围电路如图 2.2.9(b)所示。5 脚外接电阻 R_5 可用来调节 $I_0/2$ 的大小。

在实际应用中,为了弥补 MC1596 集成模拟相乘器的不足,也常采用 BG314 集成模拟相乘器,它不仅扩大了 Y 通道输入电压的动态范围,而且也扩大了 X 通道输入电压的动态范围。

本章小结

本章主要内容体系为:选频网络→非线性电路分析基础。

(1) 选频网络的作用是选出需要的频率分量和滤除不需要的频率分量。它可分为 LC 谐振回路和固体滤波器两大类。

① 串、并联谐振回路的比较。见表 2.1。

表 2.1　串、并联单谐振回路的比较

项目		串联	并联
电路		如图 2.1.1 所示	如图 2.1.4(b)所示
阻抗		$Z = r + \mathrm{j}(\omega L - 1/\omega C)$	$Z = R_\mathrm{p}/[1 + \mathrm{j}R_\mathrm{p}(\omega C - 1/\omega L)]$
空载 Q 值		$Q_0 = \omega_0 L/r = 1/\omega_0 Cr$	$Q_0 = R_\mathrm{p}/\omega_0 L = \omega_0 C R_\mathrm{p}$
谐振条件		$\omega L - 1/\omega C = 0$	$\omega C - 1/\omega L = 0$
谐振频率		$\omega_0 = 1/\sqrt{LC}$ 或 $f_0 = 1/2\pi\sqrt{LC}$	
失谐系数		$\xi = Q(2\Delta f/f_0)$	
频率特性		$S = 1/\sqrt{1 + \xi^2}, \varphi = -\arctan\xi$	
通频带		$2\Delta f_{0.7} = f_0/Q$	
矩形系数		$K_{0.1} \approx 10$	
选频特性	$\omega < \omega_0$	呈容性($\omega L - 1/\omega C < 0$)	呈感性($\omega C - 1/\omega L < 0$)
	$\omega = \omega_0$	呈阻性,$Z = r$ 最小,最大电流 $I_0 = U_\mathrm{s}/r$	呈阻性,$Z = R_\mathrm{p}$ 最大,最大电压 $U_\mathrm{o} = I_\mathrm{s} R_\mathrm{p}$
	$\omega > \omega_0$	呈感性($\omega L - 1/\omega C > 0$)	呈容性($\omega C - 1/\omega L > 0$)

当考虑信号源与负载对并联谐振回路的影响时,将使谐振回路的选择性变差,谐振频率下降。解决的方法是采用"部分接入法"。

② 双耦合谐振回路根据耦合因数 η 的不同可分为临界耦合、强耦合和弱耦合。**在相同的 Q**

值情况下,临界耦合时的通频带是单谐振回路通频带的$\sqrt{2}$倍,强耦合时的最大通频带是单谐振回路通频带的 3.1 倍;且两种状态下双耦合谐振回路的幅频特性曲线皆比单谐振回路的幅频特性曲线更接近于矩形。弱耦合不实用。

③ 固体滤波器包括石英晶体滤波器、陶瓷滤波器和声表面波滤波器,根据其各自特点可应用到不同场合。其中石英晶体滤波器的 Q 值最高,选择性最好;声表面波滤波器工作频率高,抗辐射能力强,广泛应用于通信设备中。

(2) 在分析非线性电路时,根据信号大小和电路功能的不同,可采用幂级数分析法、折线近似分析法、线性时变电路分析法、开关函数分析法等。其中幂级数分析法严格地说适用于任何非线性电路,但主要用于小信号条件下的分析,而且需要获得非线性器件的伏安特性幂级数展开式,可是幂级数展开式并非任何时候都能容易得到。折线近似分析法主要用于大信号条件下的图解分析。线性时变电路分析法和开关函数分析法适用条件是包含一个大信号、一个小信号,两信号的幅值相差很大,非线性器件的特性由大信号来控制,对小信号来讲,非线性电路近似为线性电路。此外,还介绍了常用于频率变换的二极管和晶体管构成的相乘器。相乘器是实现频率变换的基本组件。

自　测　题

一、填空题

1. 选频器的性能可由＿＿＿＿＿＿曲线来描述,其性能好坏由＿＿＿＿和＿＿＿＿两个互相矛盾的指标来衡量。＿＿＿＿是综合说明这两个指标的参数,其值越＿＿＿＿越好。

2. LC 谐振回路的 Q 值下降,通频带＿＿＿＿,选择性＿＿＿＿。

3. LC 并联谐振回路在谐振时回路阻抗最＿＿＿＿且为＿＿＿＿性,失谐时阻抗变＿＿＿＿,当 $f < f_0$ 时回路呈＿＿＿＿,$f > f_0$ 时回路呈＿＿＿＿。

4. 电路中的 LC 并联谐振回路常采用抽头接入的目的是＿＿＿＿＿＿＿＿＿＿,若接入系数增大,则谐振回路的 Q 值＿＿＿＿,通频带＿＿＿＿。

5. 串联谐振回路适用于信号源内阻＿＿＿＿的情况,信号源内阻越大,回路品质因数越＿＿＿＿,选择性就越＿＿＿＿。

6. 并联谐振回路适用于信号源内阻＿＿＿＿的情况,谐振时回路两端电压＿＿＿＿。

7. 当双调谐回路处于临界状态时,其矩形系数比单调谐回路的＿＿＿＿,且为单调谐回路的＿＿＿＿倍;在相同的 Q 值情况下,其通频带是单调谐回路的＿＿＿＿倍。

8. 石英晶体工作在＿＿＿＿频率范围内,等效电路呈＿＿＿＿性,且有利于稳定频率。

9. 非线性电路常用的分析方法有 _____、_____、_____和_____。

二、选择题

1. 把谐振频率为 f_0 的 LC 并联谐振回路串联在电路中,它_____的信号通过。

   A. 允许频率为 f_0 B. 阻止频率为 f_0 C. 使频率低于 f_0 D. 使频率高于 f_0

2. 在自测题1图所示电路中,ω_1 和 ω_2 分别为其串联谐振频率和并联谐振频率。它们之间的大小关系为_____。

   A. ω_1 等于 ω_2 B. ω_1 大于 ω_2

   C. ω_1 小于 ω_2 D. 无法判断

3. LC 并联谐振回路在考虑信号源内阻和负载电阻后,下列说法正确的是_____。

自测题1图

   A. 谐振频率增大   B. 品质因数减小

   C. 通频带变小   D. 矩形系数变大

4. 强耦合时,耦合回路 η 越大,谐振曲线在谐振频率处的凹陷程度_____。

   A. 越大   B. 越小   C. 不出现   D. 无法确定

5. 在电路参数相同的情况下,双调谐回路的选择性比单调谐回路的选择性_____。

   A. 相同   B. 好   C. 差   D. 无法比较

6. 石英晶体滤波器,工作在_____时的等效阻抗最小。

   A. 串联谐振频率 f_s B. 并联谐振频率 f_p

   C. f_s 与 f_p 之间   D. 工作频率

7. 在非线性电路中,当非线性元器件受一个大信号控制,工作在导通和截止状态时,分析该电路采用的方法是_____。

   A. 幂级数分析法   B. 折线近似分析法

   C. 开关函数分析法   D. 线性时变电路分析法

8. 集成模拟相乘器的核心电路是_____。

   A. 单调谐回路   B. 双调谐回路

   C. 正弦波振荡器   D. 双差分对模拟相乘器

9. 集成模拟相乘器是_____集成器件。

   A. 非线性   B. 线性   C. 功率   D. 数字

三、判断题

1. 对于谐振回路而言,理想情况下的矩形系数应小于1。   (   )

2. LC 串联谐振回路谐振时,谐振电流最大。失谐越严重,谐振电流越小。   (   )

3. 如某电台的广播频率为99.3 MHz,LC 回路只要让该频率的信号通过就可以接收到该电台。

                                                      (   )

4. 单调谐回路的矩形系数是一个定值,与回路的 Q 值和谐振频率无关。   (   )

5. 双调谐回路的耦合程度与 Q 值无关。   (   )

6. 陶瓷滤波器体积小,易制作,稳定性好,无须调谐。　　　　　　　　　　　　　　（　　）

7. 声表面波滤波器的最大缺点是需要调谐。　　　　　　　　　　　　　　　　　　（　　）

8. 相乘器是实现频率变换的基本组件。　　　　　　　　　　　　　　　　　　　　（　　）

9. 只要有信号作用于非线性器件就可以实现频谱搬移。　　　　　　　　　　　　　（　　）

习　题

2.1　描述选频网络的性能指标有哪些? 矩形系数是如何提出来的?

2.2　给定 LC 并联谐振回路 $f_0 = 5$ MHz,$C = 50$ pF,通频带 $2\Delta f_{0.7} = 150$ kHz,试求电感 L、品质因数 Q_0 以及对信号源频率为 5.5 MHz 时的失调。又若把 $2\Delta f_{0.7}$ 加宽到 300 kHz,应在 LC 回路两端并联一个多大的电阻?

2.3　试设计用于收音机中频放大器中的简单并联谐振回路。已知中频频率 $f_0 = 465$ kHz,回路电容 $C = 200$ pF,要求 $2\Delta f_{0.7} = 8$ kHz。试计算回路电感 L 和有载 Q_L 值。若电感线圈的 $Q_0 = 100$,回路应并联多大的电阻才能满足要求?

2.4　LC 并联谐振回路如题 2.4 图所示。已知 $L = 10$ μH,$C = 300$ pF,均无损耗,负载电阻 $R_L = 5$ kΩ,电流 $I_s = 1$ mA。试求:(1) 回路谐振频率 f_0 及通频带 $2\Delta f_{0.7}$。(2) 当输入信号频率为 f_0 时的输出电压。(3) 若要使通频带扩大一倍,LC 回路两端应再并联多大的电阻?

2.5　在习题 2.5 图所示电路中,已知工作频率 $f_0 = 30$ MHz,$R = 10$ kΩ,$C = 20$ pF,线圈 L_{13} 的 $Q_0 = 60$。$N_{12} = 6$,$N_{23} = 4$,$N_{45} = 3$;信号源 $R_s = 2.5$ kΩ,$C_s = 9$ pF;负载 $R_L = 1$ kΩ,$C_L = 12$ pF。试求线圈电感 L_{13} 和有载 Q_L。

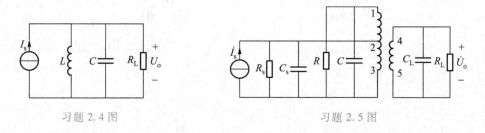

习题 2.4 图　　　　　　　　　　　　　　习题 2.5 图

2.6　在习题 2.6 图所示电路中,信号源 $R_s = 2.5$ kΩ,负载 $R_L = 100$ kΩ;回路 $C_1 = 140$ pF,$C_2 = 1\,400$ pF,线圈 $L = 200$ μH,$r_0 = 8$ Ω。试求谐振频率 f_0 和通频带 $2\Delta f_{0.7}$。

2.7　在一波段内调谐的并联谐振回路如题 2.7 图所示。可变电容 C_1 的变化范围是 15 ~ 375 pF,要求调谐范围为 535 ~ 1 605 kHz,试计算电感量 L 和微调电容 C_2 的值。

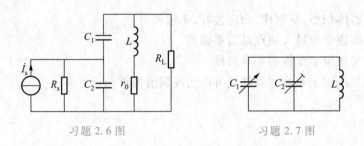

习题 2.6 图   习题 2.7 图

2.8 在习题 2.8 图所示电路中,已知 $L = 0.8$ μH,$Q_0 = 100$,$C_1 = C_2 = 20$ pF,$C_i = 5$ pF,$R_i = 10$ kΩ,$C_o = 20$ pF,$R_o = 5$ kΩ。试计算回路谐振频率、谐振阻抗(不计 R_o 与 R_i 时)、有载 Q_L 值和通频带。

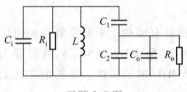

习题 2.8 图

2.9 在习题 2.9 图所示电路中,二极管 D_1、D_2 特性相同,伏安特性均是从原点出发、斜率为 g_d 的直线。已知 $u_1 = U_{1m}\cos\omega_1 t$,$u_2 = U_{2m}\cos\omega_2 t$,且 $U_{2m} \gg U_{1m}$,并使二极管工作在受 u_2 控制的开关状态。试分析其输出电流中的频谱成分,说明电路是否具有相乘功能(忽略负载对一次侧的影响)。

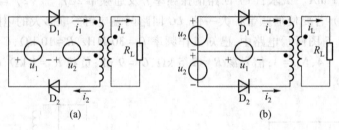

习题 2.9 图

第3章 高频小信号放大器

在通信系统中,发射机发送的信号经过信道传输时衰减很大,到达接收端的高频信号电平多在微伏数量级,并且在同一信道中可能同时存在许多偏离有用信号频率的干扰信号。这就需要一个既有足够的增益,又有选频作用的电路担当放大器,它是本章所要讨论的高频小信号放大器。"小信号"是指输入信号幅值较小,晶体管工作在线性范围内。

高频小信号放大器的基本类型是选频放大器,顾名思义,它由放大器与选频器两部分组成。从选频方式上来分,有分散选频和集中选频两大类,其组成框图如图3.0.1所示。

放大器+选频器	···	放大器+选频器		放大器+集中选频器+放大器
(a) 分散选频方式				(b) 集中选频方式

图 3.0.1 高频小信号放大器的组成

分散选频放大器的每一级放大器都接入调谐负载(选频网络),所以又称为谐振放大器,如图3.0.1(a)所示。根据选频网络的不同,分散选频放大器又分为单调谐和双调谐选频放大器。其特点是:(1) 逐级选频;(2) 可工作在谐振频率可调或频率较高的场合;(3) 多为分立元件电路。

集中选频放大器是以集中选频代替了逐级选频,使其在很多方面优于分散选频放大器,如图3.0.1(b)所示。它将放大与选频两种功能分开处理,放大任务由多级非谐振宽带放大器承担;集中选频器采用矩形系数较好的滤波器,常用的有石英晶体滤波器、陶瓷滤波器和声表面波滤波器等。

本章依次讨论分散选频放大器、集中选频放大器、放大器中的噪声(拓展知识),以便对高频小信号放大器有一个全面的认识。

3.1　分散选频放大器

　　分散选频放大器由选频器与放大器两部分组成,其中选频器多采用第 2 章介绍过的 LC 谐振回路。对于放大器而言,首先考虑的是放大倍数,由于是对有用信号的放大,所以重点分析谐振增益;其次是稳定性和噪声系数(拓展知识)的问题。

3.1.1　晶体管高频 y 参数等效模型

> **导 学**
>
> 　　建立晶体管高频 y 参数等效模型的意义。
> 　　简化的 y 参数等效模型。
> 　　$|y_{\text{fe}}|$ 和 $|y_{\text{re}}|$ 的物理意义。

　　欲对信号进行放大,就离不开放大管(如晶体管),而由晶体管组成的非线性电路会给分析计算带来困难。其实,对于高频小信号而言,建立工作点附近局部线性的晶体管等效模型是最有效的分析计算方法。由于高频时放大管的电抗效应不容忽视,而且放大器一般是通过选频器(LC 并联谐振回路)与负载相接,显然对于放大管而言,采用导纳 y 参数会给电路计算带来方便。

　　1. 晶体管高频 y 参数方程组

　　晶体管无论是共发射极、共集电极还是共基极,都可视为二端口网络。对于如图 3.1.1(a)所示的共射接法的晶体管,若取电压 u_{BE}、u_{CE} 为自变量,电流 i_{B}、i_{C} 为因变量,其电流与电压的关系可表示为 $i_{\text{B}}=f_1(u_{\text{BE}},u_{\text{CE}})$,$i_{\text{C}}=f_2(u_{\text{BE}},u_{\text{CE}})$。为取得静态工作点 Q 附近各增量之间的关系,求函数在 Q 点的全微分,有

$$\mathrm{d}i_{\text{B}}=\left.\frac{\partial i_{\text{B}}}{\partial u_{\text{BE}}}\right|_{U_{\text{CEQ}}}\cdot \mathrm{d}u_{\text{BE}}+\left.\frac{\partial i_{\text{B}}}{\partial u_{\text{CE}}}\right|_{U_{\text{BEQ}}}\cdot \mathrm{d}u_{\text{CE}}$$

$$\mathrm{d}i_{\text{C}}=\left.\frac{\partial i_{\text{C}}}{\partial u_{\text{BE}}}\right|_{U_{\text{CEQ}}}\cdot \mathrm{d}u_{\text{BE}}+\left.\frac{\partial i_{\text{C}}}{\partial u_{\text{CE}}}\right|_{U_{\text{BEQ}}}\cdot \mathrm{d}u_{\text{CE}}$$

　　对于正弦小信号,无限小的信号增量可用正弦量有效值的相量来表示,并引入 y 参数,则可写出晶体管 y 参数方程组为

$$\dot{I}_b = y_{ie}\dot{U}_{be} + y_{re}\dot{U}_{ce} \tag{3.1.1a}$$

$$\dot{I}_c = y_{fe}\dot{U}_{be} + y_{oe}\dot{U}_{ce} \tag{3.1.1b}$$

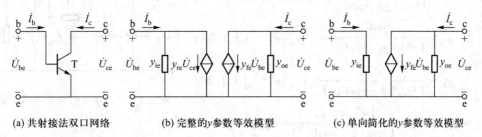

(a) 共射接法双口网络   (b) 完整的 y 参数等效模型   (c) 单向简化的 y 参数等效模型

图 3.1.1   共射接法双口网络及其 y 参数等效模型

令 $\dot{U}_{ce} = 0$，即令输出端交流短路，由式(3.1.1)可得

$$y_{ie} = \left.\frac{\dot{I}_b}{\dot{U}_{be}}\right|_{\dot{U}_{ce}=0}, y_{fe} = \left.\frac{\dot{I}_c}{\dot{U}_{be}}\right|_{\dot{U}_{ce}=0}$$

y_{ie}、y_{fe} 分别称为晶体管输出端交流短路时的输入导纳和正向传输导纳。

令 $\dot{U}_{be} = 0$，即令输入端交流短路，由式(3.1.1)可得

$$y_{re} = \left.\frac{\dot{I}_b}{\dot{U}_{ce}}\right|_{\dot{U}_{be}=0}, y_{oe} = \left.\frac{\dot{I}_c}{\dot{U}_{ce}}\right|_{\dot{U}_{be}=0}$$

y_{re}、y_{oe} 分别为晶体管输入端交流短路时的反向传输导纳和输出导纳。

可见，四个 y 参数都是在输入端或输出端交流短路时确定的导纳，故又称 y 参数为短路导纳参数。

2. 晶体管 y 参数等效模型

由式(3.1.1)的 y 参数方程组可画出其完整的 y 参数等效模型图 3.1.1(b)。图中的受控电流源 $y_{re}\dot{U}_{ce}$ 表示输出电压对输入电流的反向控制作用，它体现了晶体管的内部反馈，y_{re} 的存在会造成放大器工作性能的不稳定；受控电流源 $y_{fe}\dot{U}_{be}$ 表示输入电压对输出电流的正向控制作用，y_{fe} 越大，则晶体管的放大能力越强。当忽略晶体管反向传输导纳 y_{re} 的作用时，将得到单向简化的 y 参数等效模型图 3.1.1(c)。这种忽略可以在实际中加以实现，因此该简化模型具有实际意义。

y 参数等效模型的优点是电路形式简单，但它只适合分析窄带电路。

3. 晶体管 y 参数的测量与换算

（1）晶体管 y 参数的测量

晶体管 y 参数可以通过实验测量得到，即在输出端交流短路的情况下，在输入端加测试信号，可以测出 y_{ie} 和 y_{fe}；在输入端交流短路的情况下，在输出端加测试信号，可以测出 y_{re} 和 y_{oe}。

（2）晶体管 y 参数的换算

晶体管混合 π 形等效模型如图 3.1.2 所示。考虑到晶体管集电结的反偏电阻 $r_{b'c}$ 很大，且

$r_{\text{b'c}} \gg 1/(\omega C_{\text{b'c}})$，再根据 y 参数的定义可得到 y 参数与混合 π 参数间的关系为

$$y_{\text{ie}} \approx \frac{g_{\text{b'e}}+j\omega C_{\text{b'e}}}{1+r_{\text{bb'}}(g_{\text{b'e}}+j\omega C_{\text{b'e}})} = g_{\text{ie}}+j\omega C_{\text{ie}} \quad (3.1.2a)$$

$$y_{\text{re}} \approx \frac{-j\omega C_{\text{b'c}}}{1+r_{\text{bb'}}(g_{\text{b'e}}+j\omega C_{\text{b'e}})} = |y_{\text{re}}|e^{j\varphi_{\text{re}}} \quad (3.1.2b)$$

$$y_{\text{fe}} \approx \frac{g_{\text{m}}}{1+r_{\text{bb'}}(g_{\text{b'e}}+j\omega C_{\text{b'e}})} = |y_{\text{fe}}|e^{j\varphi_{\text{fe}}} \quad (3.1.2c)$$

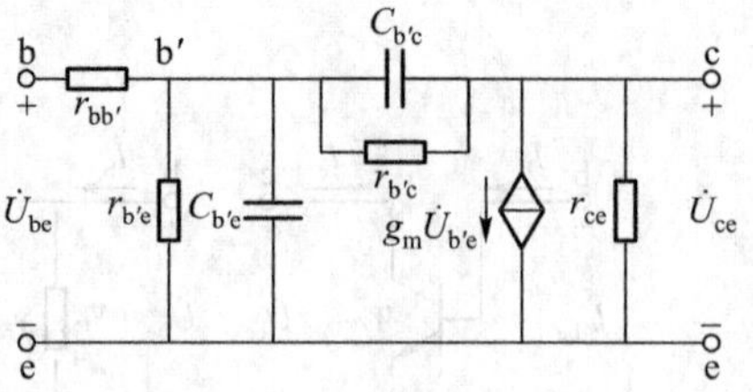

图 3.1.2　晶体管混合 π 形等效模型

$$y_{\text{oe}} \approx g_{\text{ce}}+j\omega C_{\text{b'c}}+\frac{j\omega C_{\text{b'c}}r_{\text{bb'}}g_{\text{m}}}{1+r_{\text{bb'}}(g_{\text{b'e}}+j\omega C_{\text{b'e}})} = g_{\text{oe}}+j\omega C_{\text{oe}}$$

$$(3.1.2d)$$

式中，g_{ie}、C_{ie} 分别称为晶体管的输入电导和输入电容，g_{oe}、C_{oe} 分别称为晶体管的输出电导和输出电容；$|y_{\text{re}}|$、$|y_{\text{fe}}|$ 以及 φ_{re}、φ_{fe} 分别表示 y_{re}、y_{fe} 的模和相角。由上述分析可见，y 参数是频率的函数。但在窄带小信号选频放大器中，可以近似认为在所讨论的频率范围内 y 参数为常数。

为了突出主要矛盾，便于理解，这里假设 $r_{\text{bb'}}=0$，使两者参数间的关系大大简化。简化的参数可分别表述为

$$g_{\text{ie}} \approx g_{\text{b'e}}, \quad C_{\text{ie}} \approx C_{\text{b'e}} \quad\quad\quad (3.1.3a)$$

$$|y_{\text{re}}| \approx \omega C_{\text{b'c}}, \quad \varphi_{\text{re}} \approx -90° \quad\quad (3.1.3b)$$

$$|y_{\text{fe}}| \approx g_{\text{m}}, \quad \varphi_{\text{fe}} \approx 0° \quad\quad\quad (3.1.3c)$$

$$g_{\text{oe}} \approx g_{\text{ce}}, \quad C_{\text{oe}} \approx C_{\text{b'c}} \quad\quad\quad (3.1.3d)$$

式(3.1.3c)中 g_{m} 是跨导，且 $g_{\text{m}}=I_{\text{EQ}}/26\text{ mV}$。

3.1.2　单调谐回路选频放大器

导学

单调谐回路选频放大器的组成。
单调谐回路选频放大器的等效电路。
单调谐回路选频放大器的主要参数。

1. 单调谐放大器的工作原理

（1）电路形式

电路形式为：单管放大器（甲类工作状态）+单调谐回路选频器，如图 3.1.3（a）所示。图中 R_{b1}、R_{b2}、R_{e} 构成工作点稳定直流偏置电路；C_{b}、C_{e} 分别为基极、发射极旁路电容，其作用是尽可能地减小加在发射结上的高频输入信号的损耗；电感线圈与电容 C 构成的并联谐振

回路作为集电极负载,且 $f_0 = f_外$。T 与谐振回路之间采用部分接入方式,以减小晶体管的输出导纳对谐振回路的影响;放大器与负载之间采用变压器耦合,可以减小负载导纳对谐振回路的影响。

单调谐回路选频放大器常应用在分立电路中,例如超外差式接收机中的高频放大器和中频放大器,如图 1.3.3 所示。其中高频放大器强调对各个电台的选择能力,其谐振回路将随外来信号频率的不同而进行调谐,考虑到该放大器的稳定性,其增益通常设计得较低。而中频放大器的输入信号为经过变频后频率固定的中频信号,由于信号的频率固定,将使调谐回路参数不变;同时因其频率相对较低,所以中频放大器可以设计较高的增益。

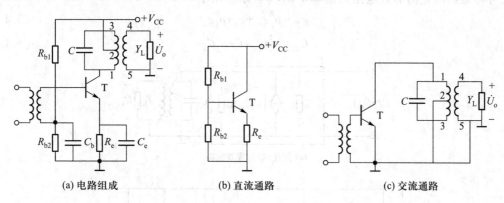

(a) 电路组成　　　　　(b) 直流通路　　　　　(c) 交流通路

图 3.1.3　共射单调谐回路选频放大器

(2) 静态分析

画出直流通路:根据电路中所有电容均视为开路和电感线圈可近似看作短路的原则,可画出如图 3.1.3(b) 所示的直流通路。

静态工作点的估算: $U_B \approx \dfrac{R_{b2}}{R_{b1}+R_{b2}} V_{CC}$, $I_E = \dfrac{U_B - U_{BE}}{R_e}$, $U_{CE} = V_{CC} - I_E R_e$ 。

掌握静态分析是十分重要的。因为在实际电路中出现高频放大器的故障,有相当一部分并不是交流通路的问题,而是直流通路不正常。换句话说,故障现象虽表现为对高频信号不能正常放大,但故障却是直流通路。所以在用万用表测量电压之前,先要利用上述公式估算出各点应有的正常电压值,才能判断出测量的正误。

(3) 动态分析

画出交流通路:根据电路中旁路电容近似看作短路和理想直流电源 V_{CC} 视为交流短路的原则,可画出如图 3.1.3(c) 所示的交流通路。

高频信号被放大、选频的基本过程:高频信号电压 $\xrightarrow{\text{互感耦合}}$ 基极电压 $\xrightarrow{\text{发射结电压 } u_{be}}$ 基极电流 i_b $\xrightarrow{\text{晶体管放大}}$ 集电极电流 i_c $\xrightarrow{\text{谐振回路选频}}$ 回路谐振电压 $\xrightarrow{\text{互感耦合}}$ 在负载上产生较大的高频信号电压或功率。

2. 单调谐回路选频放大器的单向化等效电路

当忽略晶体管参数 y_{re} 时,可用简化 y 参数等效模型图 3.1.1(c)代替图 3.1.3(c)交流通路中的晶体管,得到如图 3.1.4(a)所示的等效电路。在图 3.1.4(a)中,晶体管及负载与谐振回路之间属于部分接入。为了讨论方便,把图 3.1.4(a)中的电流源 $y_{fe}\dot{U}_i$ 及输出导纳 y_{oe}($=g_{oe}+$ $j\omega C_{oe}$)、负载导纳 Y_L($=g_L+j\omega C_L$)分别折合到并联谐振回路 1、3 两端。晶体管的接入系数 $p_1=N_{12}/N_{13}$,负载(或下一级放大器的输入导纳 y_{ie2})的接入系数 $p_2=N_{45}/N_{13}$。由此可画出折合后的等效电路如图 3.1.4(b)所示,图中 g_p 表示空载时并联谐振回路的损耗电导。若进一步合并同类元件,可得最终简化的等效电路如图 3.1.4(c)所示。图中

$$g_{\Sigma} = p_1^2 g_{oe} + g_p + p_2^2 g_L \qquad (3.1.4a)$$

$$C_{\Sigma} = p_1^2 C_{oe} + C + p_2^2 C_L \qquad (3.1.4b)$$

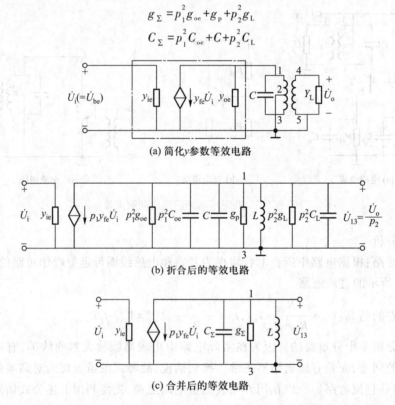

(a) 简化 y 参数等效电路

(b) 折合后的等效电路

(c) 合并后的等效电路

图 3.1.4　单调谐回路选频放大器的单向化等效电路

显然,单级单调谐回路选频放大器的 y 参数等效电路的最简形式是一个典型的单调谐回路,说明调谐放大器对信号的放大作用依赖于晶体管的放大特性,而其频率特性则主要取决于作为晶体管负载的并联谐振回路。

3. 单调谐回路选频放大器的主要性能指标

衡量放大器的技术指标有中心频率、通频带、选择性、增益、噪声系数与稳定性。其中前三者主要由选频器决定,后三者主要由放大器决定。

（1）谐振频率、谐振电阻和品质因数

由图3.1.4(c)可知,放大器的谐振频率、谐振电阻、品质因数分别为

$$f_0 = \frac{1}{2\pi\sqrt{LC_\Sigma}} \tag{3.1.5a}$$

$$R_\Sigma = \frac{1}{g_\Sigma} \tag{3.1.5b}$$

$$Q_L = \frac{1}{\omega_0 L g_\Sigma} = \frac{\omega_0 C_\Sigma}{g_\Sigma} \tag{3.1.5c}$$

（2）电压增益

因为 $\dot{U}_o = p_2 \dot{U}_{13} = p_2 \dfrac{-p_1 y_{fe} \dot{U}_i}{g_\Sigma + j\omega C_\Sigma + 1/j\omega L}$,所以

$$\dot{A}_u = \frac{\dot{U}_o}{\dot{U}_i} = -\frac{p_1 p_2 y_{fe}}{g_\Sigma \left[1 + j\dfrac{1}{g_\Sigma}\left(\omega C_\Sigma - \dfrac{1}{\omega L}\right)\right]} = -\frac{p_1 p_2 y_{fe}}{g_\Sigma \left[1 + j\dfrac{\omega_0 C_\Sigma}{g_\Sigma}\left(\dfrac{\omega}{\omega_0} - \dfrac{\omega_0}{\omega}\right)\right]}$$

$$= -\frac{p_1 p_2 y_{fe}}{g_\Sigma \left[1 + jQ_L(2\Delta f/f_0)\right]} = -\frac{p_1 p_2 y_{fe}}{g_\Sigma(1 + j\xi)}$$

即

$$\dot{A}_u = -\frac{p_1 p_2 y_{fe}}{g_\Sigma(1 + j\xi)} \tag{3.1.6}$$

可见,谐振放大器的电压增益是工作频率的函数。当频率偏离 f_0 时,放大器的电压增益将下降。谐振时,$\xi = 0$,则谐振电压增益

$$\dot{A}_{u0} = -\frac{p_1 p_2 y_{fe}}{g_\Sigma} = -\frac{p_1 p_2 y_{fe}}{p_1^2 g_{oe} + g_p + p_2^2 g_L} \tag{3.1.7}$$

因为 y_{fe} 是复数,本身有一个相角 φ_{fe},故谐振时 $\dot{U}_o$ 与 $\dot{U}_i$ 的相位差不是 $180°$,而是 $180° + \varphi_{fe}$。只有当频率较低时,$\varphi_{fe} = 0,\dot{U}_o$ 与 $\dot{U}_i$ 的相位差才是 $180°$。

（3）谐振时的功率增益

由于非谐振时计算功率增益很复杂,且实际意义并不大,因此在此仅讨论谐振时的情况。此时电路的输入功率 $P_i = U_i^2 g_{ie}$,输出功率 $P_o = U_o^2 g_L = U_{13}^2 p_2^2 g_L = (U_o/p_2)^2 p_2^2 g_L$。则

$$A_{p0} = \frac{P_o}{P_i} = \frac{U_o^2 g_L}{U_i^2 g_{ie}} = A_{u0}^2 \frac{g_L}{g_{ie}} \tag{3.1.8}$$

对于多级放大器来说,如果本级晶体管输入电导与下级晶体管输入电导相等时,即 $g_{ie} = g_L$,则有

$$A_{p0} = A_{u0}^2 \tag{3.1.9}$$

（4）通频带和矩形系数

由式（3.1.6）、式（3.1.7）可得谐振放大器的频率特性

$$\dot{S} = \frac{\dot{A}_u}{\dot{A}_{u0}} = \frac{1}{1+j\xi} \tag{3.1.10}$$

其模为

$$S = \frac{1}{\sqrt{1+\xi^2}} = \frac{1}{\sqrt{1+\left[Q_L(2\Delta f/f_0)\right]^2}} \tag{3.1.11}$$

可见，单调谐放大器的频率特性与 LC 并联谐振回路式（2.1.19a）相似，只不过某些参数不同而已（如 Q_L 和 f_0 均有所下降）。

通频带：根据通频带的定义，当 $S = \dfrac{1}{\sqrt{2}}$ 时，由式（3.1.11）得

$$2\Delta f_{0.7} = \frac{f_0}{Q_L} \tag{3.1.12}$$

矩形系数：令 $S = 0.1$，由式（3.1.11）得 $2\Delta f_{0.1} \approx 10\dfrac{f_0}{Q_L}$，故矩形系数

$$K_{0.1} = \frac{2\Delta f_{0.1}}{2\Delta f_{0.7}} \approx 10 \tag{3.1.13}$$

（5）增益带宽积

因为 $Q_L = \dfrac{\omega_0 C_\Sigma}{g_\Sigma} = \dfrac{2\pi f_0 C_\Sigma}{g_\Sigma}$，即 $2\Delta f_{0.7} = \dfrac{f_0}{Q_L} = \dfrac{g_\Sigma}{2\pi C_\Sigma}$，所以

$$A_{u0} \cdot 2\Delta f_{0.7} = \frac{p_1 p_2 |y_{fe}|}{g_\Sigma} \cdot \frac{g_\Sigma}{2\pi C_\Sigma} = \frac{p_1 p_2 |y_{fe}|}{2\pi C_\Sigma} \tag{3.1.14}$$

可见，放大器的 y_{fe}、C_Σ、p_1 和 p_2 确定后，增益与带宽的乘积是一个常数。表明放大器的增益和带宽是一对矛盾量，即要增大放大器的增益，必然要减小放大器的通频带。

例 3.1.1 在图 3.1.5（a）所示的高频小信号放大器中，已知工作频率 $f_0 = 30$ MHz，$L_{13} = 1$ μH，$Q_0 = 80$，$N_{13} = 20$，$N_{23} = 5$，$N_{45} = 4$，回路并联电阻 $R = 4.3$ kΩ，$R_L = 620$ Ω。晶体管 T 的 y 参数为 $y_{ie} = (1.6+j4.0)$ mS，$y_{re} = 0$，$y_{fe} = (36.4-j42.4)$ mS，$y_{oe} = (0.072+j0.6)$ mS。（1）画出高频等效电路。（2）计算回路电容 C。（3）计算 A_{u0}、$2\Delta f_{0.7}$。（4）若断开 R，则 A_{u0}、$2\Delta f_{0.7}$ 将变为多少？图中 C_b、C_e 均为交流旁路电容。

解：（1）当晶体管 $y_{re} = 0$ 时，图 3.1.5（a）所对应的高频 y 参数等效电路如图 3.1.5（b）所示。

图中

$$p_1 = \frac{N_{23}}{N_{13}} = \frac{5}{20} = 0.25, \quad p_2 = \frac{N_{45}}{N_{13}} = \frac{4}{20} = 0.2$$

回路空载谐振电导

$$g_p = \frac{1}{Q_0 \omega_0 L_{13}} = \frac{1}{80 \times 2\pi \times 30 \times 10^6 \times 1 \times 10^{-6}} \text{ S} \approx 66.35 \text{ μS}$$

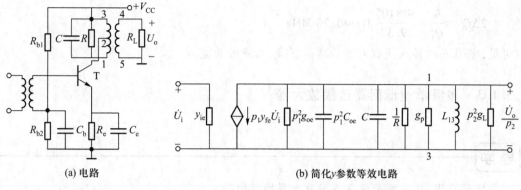

(a) 电路　　　　　　　　　　　　(b) 简化 y 参数等效电路

图 3.1.5　例 3.1.1

由 y 参数的表达式得

$$g_{oe} = 0.072 \text{ mS}, C_{oe} = \frac{0.6 \times 10^{-3}}{2\pi \times 30 \times 10^6} \text{ F} \approx 3.18 \text{ pF}, |y_{fe}| = \sqrt{36.4^2 + 42.4^2} \text{ mS} \approx 55.88 \text{ mS}$$

（2）根据 $f_0 = \dfrac{1}{2\pi \sqrt{L_{13} C_{\Sigma}}}$ 得 $C_{\Sigma} = \dfrac{1}{(2\pi f_0)^2 L_{13}} = \dfrac{1}{(2\pi \times 30 \times 10^6)^2 \times 1 \times 10^{-6}}$ F ≈ 28.17 pF。

由图 3.1.5（b）可知 $C_{\Sigma} = p_1^2 C_{oe} + C$，所以

$$C = C_{\Sigma} - p_1^2 C_{oe} = (28.17 - 0.25^2 \times 3.18) \text{ pF} = 27.97 \text{ pF}$$

（3）$g_{\Sigma} = p_1^2 g_{oe} + \dfrac{1}{R} + g_p + p_2^2 g_L$

$$= \left(0.25^2 \times 72 \times 10^{-6} + \frac{1}{4.3 \times 10^3} + 66.35 \times 10^{-6} + \frac{0.2^2}{620} \right) \text{ S} \approx 367.93 \text{ μS}$$

$$A_{u0} = \frac{p_1 p_2 |y_{fe}|}{g_{\Sigma}} = \frac{0.25 \times 0.2 \times 55.88}{367.93 \times 10^{-3}} \approx 7.59$$

$$Q_L = \frac{1}{\omega_0 L_{13} g_{\Sigma}} = \frac{1}{2\pi \times 30 \times 10^6 \times 1 \times 10^{-6} \times 367.93 \times 10^{-6}} \approx 14.43$$

$$2\Delta f_{0.7} = \frac{f_0}{Q_L} = \frac{30 \times 10^6}{14.43} \text{ Hz} \approx 2.08 \text{ MHz}$$

（4）因为 $g'_{\Sigma} = g_{\Sigma} - \dfrac{1}{R} = 367.93 \text{ μS} - \dfrac{1}{4.3 \times 10^3} \text{ S} \approx 0.135 \text{ mS}$，所以

$$A'_{u0} = \frac{p_1 p_2 |y_{fe}|}{g'_{\Sigma}} = \frac{0.25 \times 0.2 \times 55.88}{0.135} \approx 20.7$$

$$Q'_L = \frac{1}{\omega_0 L_{13} g'_{\Sigma}} = \frac{1}{2\pi \times 30 \times 10^6 \times 1 \times 10^{-6} \times 0.135 \times 10^{-3}} \approx 39.32$$

$$2\Delta f'_{0.7} = \frac{f_0}{Q'_L} = \frac{30 \times 10^6}{39.32} \text{ Hz} \approx 0.76 \text{ MHz}$$

可见,电阻 R 的接入使放大器的增益下降,通频带变宽。

3.1.3 多级单调谐回路选频放大器

导 学

在实际应用中,采用多级单调谐放大器的目的。

同步调谐放大器的特点。

采用参差调谐放大器的目的。

在实际应用中,为了提高放大器的增益或改善其选择性,常采用多级放大器级联的方式。它分为同步调谐放大器和参差调谐放大器。

1. 同步调谐放大器

各级放大器的谐振频率均调谐在同一频率上的多级放大器称为同步调谐放大器。

(1) 电压增益

假设有 n 级谐振放大器级联,总电压增益 $\dot{A}_{u\Sigma} = \dot{A}_{u1} \cdot \dot{A}_{u2} \cdots \dot{A}_{un}$,显然大于单级增益。当各级放大器完全相同时,$\dot{A}_{u\Sigma} = \dot{A}_{u1}^n$。谐振时

$$\dot{A}_{u0\Sigma} = (\dot{A}_{u01})^n \tag{3.1.15}$$

(2) 通频带

由式(3.1.11)可得 n 级总的幅频特性为

$$S = \left| \frac{\dot{A}_{u\Sigma}}{\dot{A}_{u0\Sigma}} \right| = \frac{1}{[1 + (Q_L \cdot 2\Delta f/f_0)^2]^{n/2}}$$

根据通频带的定义,当 $S = \dfrac{1}{\sqrt{2}}$ 时得

$$(2\Delta f_{0.7})_n = \sqrt{2^{1/n} - 1} \cdot \frac{f_0}{Q_L} = \sqrt{2^{1/n} - 1} (2\Delta f_{0.7})_1 \tag{3.1.16}$$

因为 n 是大于 1 的正整数,所以 $\sqrt{2^{1/n} - 1} \leqslant 1$,称为带宽缩减因子,即 $(2\Delta f_{0.7})_n < (2\Delta f_{0.7})_1$,表明多级放大器的通频带比单级放大器的通频带要窄。

(3) 矩形系数

令 $S = 0.1$ 得 $(2\Delta f_{0.1})_n = \sqrt{100^{1/n} - 1} \cdot \dfrac{f_0}{Q_L}$,则

$$(K_{0.1})_n = \frac{(2\Delta f_{0.1})_n}{(2\Delta f_{0.7})_n} = \frac{\sqrt{100^{1/n}-1}}{\sqrt{2^{1/n}-1}} \qquad (3.1.17)$$

$(K_{0.1})_n$ 与级数的关系列于表 3.1.1 中。从表中不难看出，n 增加时 $(K_{0.1})_n$ 减小，但三级或三级以上时减小不显著。

表 3.1.1　矩形系数与级数 n 的关系

n	1	2	3	4	5	6	7	8	…	∞
$(K_{0.1})_n$	9.95	4.80	3.75	3.40	3.20	3.10	3.00	2.94	…	2.56

可见，放大器级联使总增益增大，总通频带减小，级联通常不超过三级。在设计电路时，必须将电压增益和通频带统筹考虑。

一般的电信号都具有一定的频带宽度。对放大器通频带的要求往往是指总的通频带，因此在设计每一级放大器时，通频带必须放宽，否则就不能保证放大器通频带的要求。例如某电视接收机图像中放为三级，总的通频带为 6 MHz，则每一级通频带应该是 $(2\Delta f_{0.7})_1 = \frac{(2\Delta f_{0.7})_3}{\sqrt{2^{1/3}-1}} = \frac{6\times10^6}{0.51}$ Hz ≈ 11.76 MHz。

例 3.1.2　设有一单级单调谐回路谐振放大器，其谐振电压增益 $A_{u0} = 10$，通频带 $2\Delta f_{0.7} = 4$ MHz。如果再用一级相同的放大器与之级联，试问：（1）这时两级放大器总的增益 $(A_{u0})_2$ 和总的通频带 $(2\Delta f_{0.7})_2$ 各为多少？（2）若要使级联后总的通频带仍为 4 MHz，问每级放大器应如何改动，改动后总的增益为多少？

解：（1）$(A_{u0})_2 = A_{u01}^2 = 10^2 = 100$

$\qquad\quad (2\Delta f_{0.7})_2 = \sqrt{2^{1/2}-1}\,(2\Delta f_{0.7})_1 \approx 0.64\times4\times10^6$ Hz $= 2.56$ MHz

（2）欲使级联后总的通频带仍为 4 MHz，则每级通频带应加宽，可在谐振回路两端并接电阻。

改动后有 $4\times10^6 = \sqrt{2^{1/2}-1}\,(2\Delta f_{0.7})'_1$，故每级通频带 $(2\Delta f_{0.7})'_1 = \frac{4\times10^6}{\sqrt{2^{1/2}-1}}$ Hz ≈ 6.25 MHz。

因改动前、后放大器的"增益带宽之积相等"，即 $A_{u01}\cdot(2\Delta f_{0.7})_1 = A'_{u01}\cdot(2\Delta f_{0.7})'_1$，故

$$A'_{u01} = \frac{A_{u01}\cdot(2\Delta f_{0.7})_1}{(2\Delta f_{0.7})'_1} = \frac{10\times4}{6.25} = 6.4$$

此时总增益 $\qquad\qquad (A_{u0})'_2 = 6.4^2 = 40.96$

2. 参差调谐放大器

在多级放大器中，若各级谐振回路调谐在不同频率上，则称为参差调谐放大器。若每一组内各级均调谐在不同频率上，则每两级为一组级联组成的放大器称为双参差调谐放大器，由三级为一组组成的放大器称为三参差调谐放大器。

（1）双参差调谐放大器

为了讨论问题方便，在此不妨采用两级谐振电压增益相等的单调谐回路放大器组成双参差

调谐放大器。在如图3.1.6(a)所示的增益幅频特性曲线上,f_{01}、f_{02}分别为两个单调谐放大器的

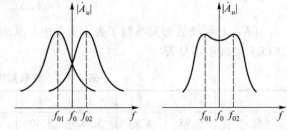

谐振频率,并要求$f_0 - f_{01} = f_{02} - f_0$。在$f_{01} \sim f_{02}$区间,一级幅频特性曲线上升段与另一级下降段基本能够互相补偿。根据两单调谐放大器各自的幅频特性曲线和f_{01}、f_{02}间距的大小,参差调谐放大器总的幅频特性曲线可以是单峰的,也可以是双峰的,这从理论推导中可以证明。当继续加大f_{01}与f_{02}的间距,将有可能在f_0附近出现凹陷,如图3.1.6(b)所示。

(a) 两个单调谐放大器幅频特性曲线　(b) 合成幅频特性曲线

图 3.1.6　双参差调谐放大器的幅频特性曲线

（2）三参差调谐放大器

为了获得更宽的通频带,可在f_0处再增加一级谐振频率为f_{03}的调谐放大器,如图3.1.7(a)所示,且满足$f_{03} = (f_{01} + f_{02}) / 2$,从而构成了三参差调谐放大器。这样一、二级幅频特性曲线中间的凹陷部分由第三级的幅频特性曲线加以补偿,其合成幅频特性曲线如图3.1.7(b)所示。可见,三参差不仅使频带信号逐级得到放大,而且形成符合一定需求的宽通频带的幅频特性曲线。早期的分立电视接收机图像中频放大器就曾采用过类似的方法。

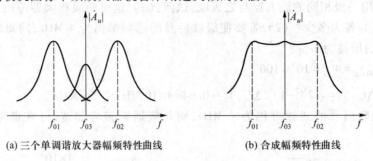

(a) 三个单调谐放大器幅频特性曲线　　　　　(b) 合成幅频特性曲线

图 3.1.7　三参差调谐放大器的幅频特性曲线

可见,采用参差调谐放大器的目的是增大放大器的带宽,同时又得到边沿陡峭的频率特性。此外,参差调谐放大器前、后级回路彼此独立,调试比较方便。

3.1.4　双调谐回路选频放大器

导学

双调谐放大器的特点。

双调谐放大器的频率特性。

多级双调谐放大器的特点。

从上述讨论可知,单调谐回路选频放大器的选择性较差,增益和通频带的矛盾比较突出。为了改善选择性和解决这个矛盾,除了上面介绍的参差调谐放大器外,还可采用本节将要介绍的频带较宽、选择性较好的双调谐回路选频放大器。

双调谐回路谐振放大器是指每一级放大器都包含两个互相耦合的单调谐回路,其耦合方式既可以采用互感耦合,也可以采用电容耦合。图 3.1.8(a)为互感耦合双调谐回路谐振放大器。

1. 双调谐回路谐振放大器的 y 参数等效电路

图 3.1.8(b)为图 3.1.8(a)单向化的 y 参数等效电路,图 3.1.8(c)为图 3.1.8(b)折合到谐振回路两端的 y 参数等效电路。在实际应用中,初、次级回路总是调谐在同一中心频率 f_0 上,并假设初、次级回路元件参数对应相等,于是得到初、次级回路合并同类元件后的等效电路图 3.1.8(d)。图中 $g = p_1^2 g_{oe1} + g_{p1} = p_2^2 g_{ie2} + g_{p2}$($g_{p1}$、$g_{p2}$ 为回路空载损耗电导),$C = p_1^2 C_{oe1} + C_1 = p_2^2 C_{ie2} + C_2$。

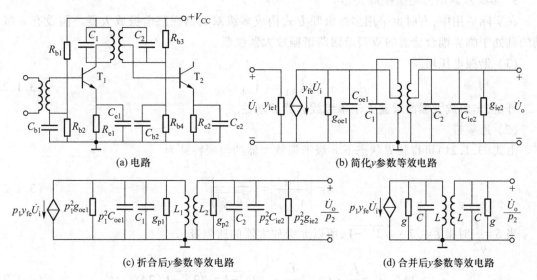

(a) 电路

(b) 简化 y 参数等效电路

(c) 折合后 y 参数等效电路

(d) 合并后 y 参数等效电路

图 3.1.8 互感耦合双调谐回路谐振放大器及其等效电路

2. 双调谐回路谐振放大器的主要性能指标

(1) 电压增益

无论是互感耦合,还是电容耦合的双调谐回路谐振放大器,其通用电压增益的模

$$|\dot{A}_u| = \left| \frac{\dot{U}_o}{\dot{U}_i} \right| = \frac{p_1 p_2 |y_{fe}|}{g} \frac{\eta}{\sqrt{(1 - \xi^2 + \eta^2)^2 + 4\xi^2}} \qquad (3.1.18)$$

谐振时电压增益

$$|\dot{A}_{u0}| = \frac{p_1 p_2 |y_{fe}|}{g} \frac{\eta}{1 + \eta^2} \qquad (3.1.19)$$

显然,双调谐回路谐振放大器的电压增益与耦合因数 η 有关,若调节初、次级回路间的耦合系数,使放大器处于临界耦合状态,即 $\eta = 1$,则谐振电压增益达到最大,表示为

$$|\dot{A}_{u0m}| = \frac{p_1 p_2 |y_{fe}|}{2g} \tag{3.1.20}$$

（2）通频带和矩形系数

根据式（3.1.18）、式（3.1.20）可得双调谐回路谐振放大器的幅频特性为

$$S = \left| \frac{\dot{A}_u}{\dot{A}_{u0m}} \right| = \frac{2\eta}{\sqrt{(1 - \xi^2 + \eta^2)^2 + 4\xi^2}} \tag{3.1.21}$$

上式与式（2.1.2）相同。可见,双调谐回路谐振放大器的频率特性是由双调谐回路来决定的。

3. 多级双调谐回路谐振放大器

在实际应用中,有时也采用多级级联方式构成多级双调谐回路谐振放大器。假设有 n 级相同的且处于临界耦合状态的双调谐回路谐振放大器级联。

（1）谐振电压增益

$$\dot{A}_{u0\Sigma} = (\dot{A}_{u01})^n \tag{3.1.22}$$

可见,多级放大器的增益大于单级放大器的增益。

（2）通频带

由式（3.1.21）可得临界状态下 n 级谐振放大器的幅频特性为

$$S = \left| \frac{\dot{A}_{u\Sigma}^n}{\dot{A}_{u0m\Sigma}^n} \right| = \left(\frac{2}{\sqrt{4 + \xi^4}} \right)^n \tag{3.1.23}$$

当 $S = \dfrac{1}{\sqrt{2}}$ 时得 $\xi = \sqrt{2} \cdot \sqrt[4]{2^{1/n} - 1}$,所以 n 级放大器的通频带

$$(2\Delta f_{0.7})_n = \frac{f_0}{Q_L} \cdot \xi = \sqrt{2} \frac{f_0}{Q_L} \cdot \sqrt[4]{2^{1/n} - 1} = \sqrt[4]{2^{1/n} - 1} (2\Delta f_{0.7})_1 \tag{3.1.24}$$

式中 $\sqrt[4]{2^{1/n} - 1} \leqslant 1$,称为带宽缩减因子。可见,多级放大器的通频带小于单级放大器的通频带。

（3）矩形系数

若令 $S = 0.1$,可求得 $(2\Delta f_{0.1})_n = \sqrt[4]{100^{1/n} - 1} (2\Delta f_{0.7})_1$,所以多级双调谐回路谐振放大器的矩形系数

$$(K_{0.1})_n = \frac{(2\Delta f_{0.1})_n}{(2\Delta f_{0.7})_n} = \sqrt[4]{\frac{100^{1/n} - 1}{2^{1/n} - 1}} \tag{3.1.25}$$

$(K_{0.1})_n$ 与级数的关系列于表 3.1.2 中。

表 3.1.2　矩形系数与级数 n 的关系

n	1	2	3	4	5	6	7	8	…	∞
$(K_{0.1})_n$	3.20	2.20	1.95	1.85	1.78	1.76	1.72	1.71	…	1.6

显然,双调谐回路谐振放大器的矩形系数随 n 的增加而缓慢减小,但与级数相同的单调谐回路放大器相比减小的要明显些,表明其选择性要比同级数的单调谐回路放大器好。

例 3.1.3　若有三级临界耦合双调谐回路谐振放大器,其中心频率 $f_0 = 465$ kHz。试问:(1)若要求总的通频带为 8 kHz,则此时单级放大器的通频带应为多大?(2)偏离中心频率 10 kHz时的电压放大倍数与中心频率时的电压放大倍数相比,下降了多少分贝?

解:(1)因为 $(2\Delta f_{0.7})_3 = \sqrt[4]{2^{1/3}-1}\,(2\Delta f_{0.7})_1$,所以

$$(2\Delta f_{0.7})_1 = \frac{(2\Delta f_{0.7})_3}{\sqrt[4]{2^{1/3}-1}} \approx \frac{8\times10^3}{0.71}\ \text{Hz} \approx 11.27\ \text{kHz}$$

(2)因为 $(2\Delta f_{0.7})_1 = \sqrt{2}\dfrac{f_0}{Q_L}$,所以 $Q_L = \dfrac{\sqrt{2}f_0}{(2\Delta f_{0.7})_1} = \dfrac{\sqrt{2}\times465}{11.27} \approx 58.35$,$\xi = Q_L\dfrac{2\Delta f}{f_0} = 58.35\times\dfrac{2\times10}{465} \approx$ 2.51,临界耦合时 $\eta = 1$,由式(3.1.23)可得

$$\left(\frac{A_u}{A_{u0m}}\right)^3 = \left(\frac{2}{\sqrt{4+\xi^4}}\right)^3 = \left(\frac{2}{\sqrt{4+2.51^4}}\right)^3 \approx 0.028 \approx -31.15\ \text{dB}$$

3.1.5　调谐放大器的稳定性

影响小信号谐振放大器不稳定的因素。
减小晶体管内部反馈的方法。
中和法与失配法的特点。

前面讨论高频小信号谐振放大器时,为了使问题简化,曾假设 $y_{re} = 0$。但是在实际应用中,$y_{re} \neq 0$,它的存在对放大器的稳定性将产生不利的影响。下面从放大器的输入、输出导纳入手,简述 y_{re} 对放大器的影响以及减小 y_{re} 的措施。

1. 放大器的输入导纳和输出导纳

当 $y_{re} \neq 0$,即考虑晶体管内部存在的反馈时,等效电路如图 3.1.9(a)所示。

由图 3.1.9(a)和式(3.1.1)可得

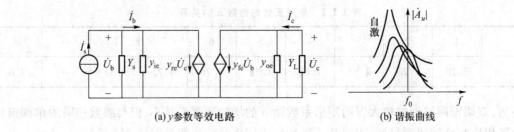

(a) y 参数等效电路　　　　　　　　(b) 谐振曲线

图3.1.9　考虑 y_{re} 时的放大器 y 参数等效电路及谐振曲线

$$\dot{I}_b = y_{ie}\dot{U}_b + y_{re}\dot{U}_c \tag{3.1.26a}$$

$$\dot{I}_c = y_{fe}\dot{U}_b + y_{oe}\dot{U}_c \tag{3.1.26b}$$

（1）放大器的输入导纳

将 $\dot{I}_c = -Y_L\dot{U}_c$ 代入式（3.1.26b）得 $\dot{U}_c = -\dfrac{y_{fe}\dot{U}_b}{Y_L + y_{oe}}$，再将 $\dot{U}_c$ 代入式（3.1.26a），则有

$$Y_i = \frac{\dot{I}_b}{\dot{U}_b} = y_{ie} - \frac{y_{fe}y_{re}}{y_{oe} + Y_L} \tag{3.1.27}$$

（2）放大器的输出导纳

根据输出导纳的定义，当 $\dot{I}_s = 0$ 时，$\dot{I}_b = -Y_s\dot{U}_b$，将其代入式（3.1.26a）得 $\dot{U}_b = -\dfrac{y_{re}\dot{U}_c}{Y_s + y_{ie}}$，再将 $\dot{U}_b$ 代入式（3.1.26b）得

$$Y_o = \frac{\dot{I}_c}{\dot{U}_c} = y_{oe} - \frac{y_{fe}y_{re}}{y_{ie} + Y_s} \tag{3.1.28}$$

2. 晶体管内部反馈 y_{re} 对放大器的影响

通过式（3.1.27）、式（3.1.28）可以看出：

（1）由于 y_{re} 的存在，使得 Y_i、Y_o 分别与 Y_L、Y_s 有关，给调试及测量带来不便。

（2）由于 y_{re} 的存在，使得放大器工作性能不稳定。因为 y_{re} 将输出电压 $\dot{U}_c$ 的一部分反馈至输入端，轻则改变选频特性，严重时可能导致自激。如图3.1.9(b) 所示。

3. 减小晶体管内部反馈的方法

（1）减小反馈电流源 $I_f = y_{re}U_c$ 中的 U_c

若减小放大器的输出电压，可以通过减小放大器的电压增益来实现。由式（3.1.7）可知，可采取两种方法：适当减小接入系数；LC 回路中并入阻尼电阻（以增大 g_Σ）。

（2）减小反馈电流源 $I_f = y_{re}U_c$ 中的 y_{re}

从晶体管本身想办法，使 y_{re} 减小。因为 $y_{re} \approx -j\omega C_{b'c}$，所以在设计电路时使 $C_{b'c}$ 尽量小。由于制造工艺的进步，这一问题已较好地解决。

从电路结构想办法，设法减小晶体管内部的反向作用，使其单向化。

① 中和法。

所谓中和法,是在晶体管放大器的输出端与输入端之间引入一个附加的外部反馈电路,以抵消晶体管内部 y_{re} 的反馈作用。其做法是在图 3.1.10(a) 中外接一中和元件 $Y_n(j\omega)$,此时晶体管的输入电流

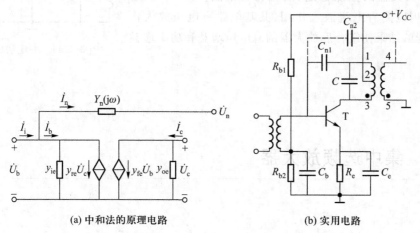

(a) 中和法的原理电路　　　　　　(b) 实用电路

图 3.1.10　中和法的原理电路及其实用电路

$$\dot{I}_i = \dot{I}_n + \dot{I}_b = (\dot{U}_b - \dot{U}_n)Y_n + (y_{ie}\dot{U}_b + y_{re}\dot{U}_c) = (y_{ie} + Y_n)\dot{U}_b + y_{re}\dot{U}_c - Y_n\dot{U}_n$$

若满足条件 $y_{re}\dot{U}_c - Y_n\dot{U}_n = 0$,则由上式得到的输入导纳 $Y_i = \dfrac{\dot{I}_i}{\dot{U}_b} = y_{ie} + Y_n$ 与 $\dot{U}_c$ 无关,即不再存在 $\dot{U}_c$ 对输入端的反馈作用。

因为 $y_{re} \approx -j\omega C_{b'c}$,所以相应的中和元件 $Y_n(j\omega) = j\omega C_n$,即采用电容 C_n。由 $y_{re}\dot{U}_c - Y_n\dot{U}_n = 0$ 可得中和条件为

$$\frac{C_{b'c}}{C_n} = \frac{-\dot{U}_n}{\dot{U}_c} \tag{3.1.29}$$

式 (3.1.29) 表明,为抵消 y_{re} 的影响,中和电容 C_n 应接至晶体管的基极和 $\dot{U}_n$ 端之间,且要求 $\dot{U}_n$ 与 $\dot{U}_c$ 反相。图 3.1.10(b) 给出了 C_n 的两种接法:对于 C_{n1} 而言,中和条件为 $C_{n1}U_{12} = C_{b'c}U_{32}$;对于 C_{n2} 而言,中和条件为 $C_{n2}U_{45} = C_{b'c}U_{32}$。

因为晶体管的 y_{re} 是随频率变化的,对于一个外接固定电容 C_n 而言,它只能中和一个频率点而不能中和一个频段,为此它仅适用于固定频率的放大器。

② 失配法。

所谓失配法,是指信号源内阻不与晶体管的输入阻抗匹配,晶体管输出端的负载不与本级晶体管的输出阻抗匹配。

失配法的典型电路是采用共射-共基级联放大电路,其原理电路如图 3.1.11 所示。当

T_1、T_2连接时,T_2的输入导纳是 T_1 的负载,由于 T_2(共基)的输入导纳很大,由式(3.1.27)可知,T_1 输入导纳 Y_i 中的 Y_L 很大,此时 $Y_i \approx y_{ie}$。显然这种方法是因为晶体管之间的严重失配使得放大器的性能稳定,故称为失配法。

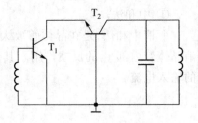

图 3.1.11　失配法原理电路

由于共射电路有电流放大作用,共基电路有电压放大作用,互相补偿的结果使组合后放大器的总电压增益和功率增益仍较大。

3.2　集中选频放大器

导学

　集中选频放大器的组成。
　在集成宽带放大器中,扩展频带通常采用的方法。
　采用共射-共基组合电路的特点。

随着电子技术的发展,在小信号选频放大器中,越来越多地采用集成宽带放大器和集中选频器组成的集中选频放大器,它只适用于固定频率的选频放大器。由于把原来分布于各级谐振放大器中的选频网络集中在一起,给滤波器的设计、制造和调试带来许多方便。

1. 集中选频放大器的组成框图

由于集成电路基片制作电感和大电容比较困难,因而集成的谐振放大器通常把放大和选频分开,即由集成宽带放大器和外接集中选频器(即固体滤波器)构成。根据集中选频器位于放大器的前后位置的不同,可有图 3.2.1 示出的两种集中选频放大器的组成框图。目前采用图(b)的较多,它由前置放大器、集中选频器和宽带放大器构成。

(a) 方案1　　　　　　　　　　　　　(b) 方案2

图 3.2.1　集中选频放大器的组成框图

前置放大器:一般为单级低噪声高频放大器,其增益用于补偿集中选频器的损耗。

集中选频器:因为输入级的噪声影响最大,插在中间的选频器可对其进行比较有效的抑制,益于提高输出信噪比。集中选频器大多采用声表面波滤波器、石英晶体滤波器和陶瓷滤波器。

宽带放大器:多由集成高频放大器构成,用于实现主放大以满足增益的要求。

为了使初学者进一步理解方案 2,下面不妨结合一实例进行说明。图 3.2.2 是环宇 35H-5 型黑白电视接收机图像中放实际电路,其主要任务是把高频调谐器送来的频带较宽的中频信号(38 MHz 图像信号和 31.5 MHz 伴音信号)进行放大。

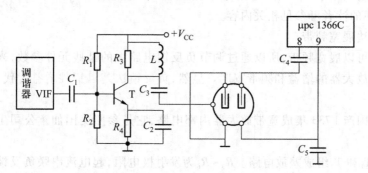

图 3.2.2 集中选频放大器的应用

图中由 T 及其偏置电路组成前置中放电路,用于补偿声表面波 -20 dB 的插入损耗,L 与 C_3 组成的谐振回路用以高频提升。声表面波的幅频曲线如图 2.1.12(b)所示。中频放大器采用宽带放大器(μpc1366C 由四级直接耦合的宽带差动放大器组成),而且中放频响曲线无须调整。

2. 集成宽带放大器

在集成电路中,要展宽放大器的频带,也就是要提高上限截止频率,除在制造工艺上采取措施以获得高 f_T 晶体管外,在电路结构上也应采取措施来展宽通频带,主要有组合电路法、负反馈法和电感串并联补偿法等,本节仅介绍前两种方法。

(1)组合电路法展宽频带

在集成宽带放大器的设计中,广泛采用共射-共基组合电路,以解决频带和增益的矛盾。

共射电路的电流和电压增益都较大,是放大器中最常用的一种电路。但它的上限截止频率较低,使得带宽受到限制,这主要是由于密勒效应的缘故。由模拟电子技术基础课程可知,在晶体管高频共射混合 π 形等效模型中,由于集电结电容 $C_{b'c}$ 跨接在输入端和输出端之间,构成双向传输元件。为了简化电路,常采用密勒定理将跨接在输入端和输出端之间的电容 $C_{b'c}$ 分别折合到输入端和输出端。其中,$C_{b'c}$ 等效到输入端以后,电容值增为 $(1+g_m R_L') C_{b'c}$(式中 R_L' 为输出端总的等效负载),虽然 $C_{b'c}$ 很小,但 $g_m R_L'$ 较大,即密勒效应使共射电路输入电容增大,容抗随频率的增大而大幅度减小,导致高频性能降低。而在共基和共集电路中,$C_{b'c}$ 处于输出端或输入端,无密勒效应,从而扩展了上限截止频率。

若采用图 3.2.3 所示的共射-共基组合电路,利用共基电路输入阻抗小的特点,可将它作为共射电路的负载,使共射电路输出总电阻 R_L' 大大减小,进而使 $(1+g_m R_L') C_{b'c}$ 减小,这样将有效地

扩展共射电路也即整个组合电路的上限截止频率。同时，采
用共射-共基组合电路后，虽然 T_1 的小负载使其电压增益下
降，但可以从电压增益较大的共基电路得到补偿。由于共射
电路的电流增益不会减小，因此整个组合电路的电流、电压增
益仍然很大。例如，国产集成宽带放大电路 ER4803 的内部电
路、射频/中频专用 MC1590 的内部电路等都采用了共射-共基
组合电路，有兴趣的读者可参见相关内容。

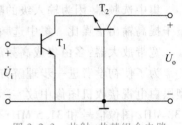

图 3.2.3　共射-共基组合电路

（2）负反馈法展宽频带

因为负反馈可以展宽频带，所以通过调节负反馈电路中的某些元件参数，来改变反馈深度，
从而调节负反馈放大器的增益和频带宽度。显然，负反馈法是以牺牲增益为代价扩展放大器频
带的。

图 3.2.4 为国产 F733 集成宽带放大器内部电路，它是参照美国仙童公司生产的 μA-73 制
成的。

输入级：由 T_1 和 T_2 组成差放电路。$R_3 \sim R_6$ 为发射极电阻，起电流串联负反馈作用，通过外接
引脚 9、4 和 10、3 的不同连接，可调节输入级的电压增益。可调范围有三个选择：4、9 短接，无负
反馈电阻，增益最高，带宽最窄；3、10 短接，负反馈电阻为 50 Ω，增益和带宽中等；各脚悬空，均不
短接，负反馈电阻为 640 Ω，增益最小，带宽最大；若在 4、9 或 3、10 之间外接可变电阻，可使增益
连续可变。

中间级：由 T_3 和 T_4 组成差放电路。负反馈电阻 R_{11}、R_{12} 分别接在中间级的输入端和输出级的
输出端之间，构成电压并联负反馈，可增加带宽、降低增益，提高稳定性。

输出级：T_5 和 T_6 为双端输出的两个射随器。T_{10}、T_{11} 作为射随器的有源负载。

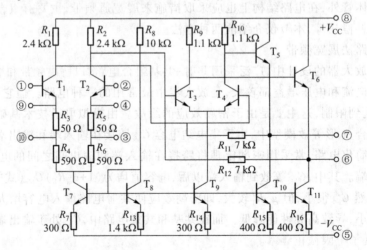

图 3.2.4　F733 集成宽带放大器内部电路

偏置电路:由 $T_7 \sim T_{11}$ 组成多路电流源电路。其中,R_8 和 T_8 组成主偏置电路,决定了差放输入级、差放中间级和射极输出器的静态工作点。

图 3.2.5 为 F733 的外接电路。图中,在 4 脚和 9 脚间接入了一个可调电阻,使放大器的增益连续可调。输出端可外接集中滤波器,从而构成集中选频放大器。

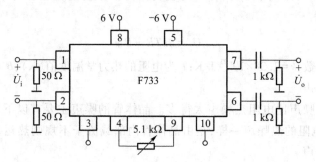

图 3.2.5 F733 集成宽带放大器外接电路

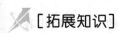 [拓展知识]

放大器中的噪声

高频电子线路处理的信号,多数是微弱的小信号,因此很容易受到外界和内部一些不需要的电压、电流及电磁骚动的影响,这些影响称为干扰(或噪声)。当干扰(或噪声)的大小可以与有用信号相比拟时,有用信号将被它们所"淹没"。因此,研究各种干扰和噪声的特征,以及降低干扰和噪声的方法是十分必要的。

干扰和噪声的分类如下:

干扰一般指外部干扰,可分为自然干扰和人为干扰。自然干扰有天电干扰、宇宙干扰和大地干扰等;人为干扰主要有工业干扰和无线电台的干扰。抑制外部干扰的措施主要是消除干扰源、切断干扰传播途径和躲避干扰。

噪声一般指电路内部噪声,也分为自然和人为两种。自然噪声有热噪声、散弹(粒)噪声和闪烁噪声等;人为噪声有交流哼声、感应噪声、接触不良噪声等。

在此主要介绍自然噪声。而干扰将在 6.4.3 节混频器干扰中有所涉及。

1. 噪声的来源

放大器内部噪声的主要来源是电阻热噪声和半导体器件的噪声。

(1) 电阻的热噪声

电阻内部存在着大量作随机运动的自由电子,自由电子运动方向是随机的,温度越高,运动越剧烈。大量的自由电子随机运动的结果,会在电阻两端产生随机的起伏电压。就一段时间看,出现正、负电压的概率相同,平均电压值为零;但就某一瞬时来看,电阻两端电压的大小和方向是随机变化的。这种因热而产生的起伏电压称为电阻的热噪声。

电阻热噪声频谱虽然很宽,但只有在放大器通频带内的噪声信号才能通过放大器放大,成为无用的干扰信号,且放大器频带越宽,噪声也就越大。根据概率统计理论,起伏电压的强度可以用其均方值表示,即

$$\overline{U}_n^2 = 4kTR \cdot BW$$

式中,k 为玻耳兹曼常数,$k = 1.38 \times 10^{-23}$ J/K;T 为电阻的热力学温度值(K);BW 为测试频带宽度。

（2）晶体管的噪声

放大器中晶体管噪声比电阻热噪声大得多。晶体管的噪声主要有以下几种。

① 热噪声。与电阻的热噪声一样,是由晶体管内部载流子不规则热运动产生的。主要是基区体电阻产生的热噪声。

② 散弹噪声。散弹噪声是晶体管的主要噪声源。当晶体管处于放大状态,发射结正偏时通过较大的电流而产生的散弹噪声大;集电结反偏时所产生的散弹噪声较小,可以忽略。

③ 分配噪声。由集电极电流和基极电流分配比例起伏引起的噪声。

④ 闪烁噪声。闪烁噪声一般是由于晶体管清洁处理不好或有缺陷造成的。这种噪声在低频(1 kHz 以下)时起作用,高频时的影响较小,可以不考虑。因此闪烁噪声又称低频噪声或 $1/f$ 噪声。

（3）场效应管的噪声

结型场效应管噪声来源主要是沟道中载流子的不规则热运动而产生类似电阻的热噪声,称为沟道电阻热噪声。绝缘栅型场效应管是表面场效应器件,故它的 $1/f$ 噪声比较严重,因而低频时,绝缘栅型场效应管比结型场效应管的噪声大。场效应管其他的噪声还有栅极漏电流产生的散弹噪声等。一般来说,场效应管噪声比晶体管噪声小。

2. 噪声比和噪声系数

噪声的存在限制了放大电路允许输入的最小信号。倘若放大器输出端信号被噪声淹没,一般就很难将有用信号提取出来,尤其是小信号放大器。

（1）信噪比

噪声对系统和设备的影响是相对于有用信号而言的,某个端口噪声的影响不能简单地用噪声功率的绝对大小作为衡量的标准。如果该端口信号与噪声相比较,信号不占绝对优势,则噪声的影响就严重;反之,噪声的影响就轻微。为此,引入一个定量描述端口噪声影响程度的参数——信噪比(signal noise ratio,SNR),SNR 定义为信号功率 P_s 与噪声功率 P_n 之比,即

$$SNR = \frac{P_s}{P_n}$$

可见,信噪比越大越好。以收音机和电视机为例,信噪比越大,声音就越清楚,图像就越清晰。

（2）噪声系数

信噪比不能反映系统内部产生噪声的大小，一个系统输出端的信噪比不仅与外部的噪声功率（即从信号源来的噪声）有关，还与系统内部的噪声功率有关。如果系统不引入附加噪声，意味着此系统输入与输出具有相同的信噪比。实际上系统内部总是存在着附加噪声，致使系统输入与输出端的信噪比不可能相同。为此，还要引入一个用来描述系统内部噪声对信号影响程度的参数——噪声系数（noise figure，F_n）。F_n 定义为系统输入信噪比 $(SNR)_i$ 与输出信噪比 $(SNR)_o$ 之比，表示为

$$F_n = \frac{(SNR)_i}{(SNR)_o} = \frac{P_{si}/P_{ni}}{P_{so}/P_{no}} \tag{3.2.1}$$

式中，P_{si}、P_{so} 分别为系统输入端和输出端的信号功率，P_{ni} 为加到系统输入端的噪声功率（它被看作是由信号源内阻 R_s 的热噪声提供的），P_{no} 为系统输出端总的噪声功率（包括信号源内阻提供的热噪声功率和系统内部产生的噪声功率）。该式仅适用于线性电路，因为非线性电路会产生信号与噪声之间的频率变换。因此噪声系数不能反映系统的附加噪声性能。

对于无噪声的理想放大器，输入、输出信噪比相等，其噪声系数 $F_n = 1$；而对于有噪声的放大器（实际总是存在附加噪声），其噪声系数 $F_n > 1$。理论证明，在多级放大器中，F_n 的大小取决于第一级放大器。

减小放大器噪声系数的措施有选用低噪声的元器件，正确选择放大器的直流工作点，选择合适的工作带宽，选用合适的放大器，降低放大器的工作温度，减小接收天线的馈线损耗。

本章小结

本章主要内容体系为：分散选频放大器→集中选频放大器→放大器中的噪声。

（1）分散选频放大器由放大器与选频器两部分组成，用于接收机的高放级和中放级。衡量选频放大电路的技术指标有增益（越高越好）、通频带（略大于输入信号带宽）、选择性（矩形系数越接近于 1 越好）、工作稳定性（受外界影响越小越好且不能产生自激）。在分析高频小信号选频放大器时，y 参数等效模型是描述晶体管工作状态的重要模型，使用时必须注意 y 参数不仅与静态工作点有关，而且是工作频率的函数。由于晶体管 y 参数等效模型中存在 y_{re}，将使由其组成的放大器的稳定性变差，甚至自激，因此通常采用中和法或失配法以提高放大器的稳定性。中和法的原理是在晶体管的外部提供另一条反馈通路；失配法则是尽量减小管子内部反馈电压的幅度，思路是使管子的输出阻抗与负载不匹配。

采用多级单调谐回路选频放大器，可以提高放大器的增益并改善矩形系数，但通频带将

随级数增加而变窄。采用双调谐回路选频放大器,可以增加带宽并改善矩形系数,但调试麻烦。

（2）集成宽带放大器再加上集中选频器（即固体滤波器）是目前小信号放大器的发展方向。其中集成宽带放大器有通用和专用两种,也存在工作性能稳定与否的问题。集中选频器具有接近于理想矩形的幅频特性,性能稳定可靠。因此在通信系统的接收设备中,集中选频放大器已逐步取代分散选频放大器。

在分析小信号宽频带放大器时,混合 π 形等效模型是描述晶体管工作状态的重要模型,混合 π 参数同样与静态工作点有关。在电路结构上组合法和反馈法是展宽放大器通频带的有效方法。

（3）在电子线路中,电子噪声的来源主要有电阻的热噪声和有源器件的内部噪声。其中,电阻的热噪声是由电阻内部自由电子热运动所产生的。晶体管的噪声有热噪声、散弹噪声、分配噪声和闪烁噪声;沟道电阻产生的热噪声是场效应管的主要噪声。

对于一个系统,信号抗噪声的能力通常用噪声系数来评价,噪声系数越小越好。

自 测 题

一、填空题

1. 小信号调谐放大器工作在 _____ 状态,由放大器决定的技术指标有 _____、_____和_____。

2. 小信号调谐放大器应用于超外差接收机的 _____ 部分和 _____ 部分,它们的负载形式分别为 _____ 调谐回路和 _____ 调谐回路。

3. 在较宽的频率范围内,晶体管混合 π 参数与工作频率 _____,它比较适合于分析_____;y 参数与工作频率 _____,它比较适合于分析 _____。

4. 对于小信号调谐放大器,当 LC 调谐回路的电容增大时,谐振频率 _____,回路的品质因数_____;当 LC 调谐回路的电感增大时,谐振频率 _____,回路的品质因数 _____。

5. 单调谐小信号调谐放大器多级级联后,电压增益变 _____,计算方法是 _____;级联后的通频带变 _____,如果各级带宽相同,则通频带的计算方法是 _____。

6. 有一单调谐小信号放大器电压增益为 15 dB,通频带为 5 MHz,两级级联后,电压增益为_____,通频带为 _____。三级级联后,电压增益为 _____,通频带为 _____。

7. 为了使晶体管实现单向化传输,提高电路的稳定性,常用的稳定措施有 _____和_____。

8. 集中选频放大器由_____和_____组成,其主要优点是_____。

9. 放大器的噪声系数 F_n 是指_____,理想的噪声系数 F_n _____,一般情况下 F_n _____。

二、选择题

1. 对于高频小信号放大器,常采用_____进行分析。
  - A. 幂级数分析法
  - B. 开关函数分析法
  - C. 线性时变电路分析法
  - D. 等效电路法

2. 对于小信号调谐放大器,当回路谐振时,输入、输出电压的相位差_____。
  - A. 等于 180°
  - B. 不等于 180°
  - C. 超前
  - D. 滞后

3. 小信号调谐放大器的矩形系数_____,理想时_____。
  - A. 大于 1
  - B. 小于 1
  - C. 等于 1
  - D. 等于零

4. 将单调谐小信号放大器级联后,将使_____。
  - A. 总增益减小,总通频带增大
  - B. 总增益增大,总通频带增大
  - C. 总增益减小,总通频带减小
  - D. 总增益增大,总通频带减小

5. 在电路参数相同的条件下,双调谐回路小信号放大器的性能比单调谐回路小信号放大器优越,主要是在于_____。
  - A. 前者的电压增益高
  - B. 前者的选择性好
  - C. 前者的电路稳定性好
  - D. 前者具有较宽的通频带,且选择性好

6. 采用逐点法对小信号放大器进行调谐时,应_____。
  - A. 从前向后,逐级调谐,反复调谐
  - B. 从后向前,逐级调谐,不需反复
  - C. 从后向前,逐级调谐,反复调谐
  - D. 从前向后,逐级调谐,不需反复

7. 小信号调谐放大器不稳定的根本原因是_____。
  - A. 增益太大
  - B. 通频带太窄
  - C. 晶体管 $C_{b'c}$ 的反馈作用
  - D. 谐振曲线太尖锐

8. 宽频带放大器的通频带约等于_____。
  - A. f_β
  - B. f_H
  - C. f_T

9. 噪声系数 F_n 通常只适用于_____。
  - A. 线性放大器
  - B. 非线性放大器
  - C. 线性和非线性放大器

三、判断题

1. 由 $y_{oe} = g_{oe} + j\omega C_{oe}$ 可知,y_{oe} 可等效为电导 g_{oe} 与电容 C_{oe} 串联。　　　　(　　)

2. 单调谐小信号放大器的选择性差,体现在谐振曲线与矩形相差较远。　　　　(　　)

3. 放大器的增益与通频带存在矛盾,增益越高,通频带越窄。　　　　(　　)

4. 调谐放大器的通频带只与回路的有载品质因数有关。　　　　(　　)

5. 双调谐回路放大器在弱耦合状态下,其谐振特性曲线会出现双峰。　　　　(　　)

6. 双调谐回路放大器有两个单调谐回路,它们各自调谐在不同的频率上。　　　　(　　)

7. 分析宽带放大器时,采用 y 参数等效模型,它与工作频率无关。　　　　　　(　)

8. 信噪比是放大系统中的一个重要物理量,信噪比越大越好。　　　　　　　(　)

9. 对于接收机系统的噪声系数,取决于中放电路的前一、二级放大器。　　　(　)

习　题

3.1　晶体管高频小信号选频放大器为什么一般都采用共发射极电路?

3.2　晶体管低频放大器与高频小信号选频放大器的分析方法有何不同?

3.3　已知某高频管在 $I_{CQ}=2$ mA、$f_0=30$ MHz 时的 y 参数为 $y_{ie}=(2.8+j32.5)$ mS,$y_{oe}=(0.2+j2)$ mS,$y_{fe}=(36-j27)$ mS,$y_{re}=(-0.08-j0.3)$ mS。试求高频管的 g_{ie}、C_{ie} 和 g_{oe}、C_{oe} 及 $|y_{fe}|$、$|y_{re}|$。

3.4　为什么晶体管在高频工作时要考虑单向化问题,而在低频工作时可以不考虑?

3.5　放大电路如图 3.1.3(a)所示,已知工作频率 $f_0=30$ MHz,回路电感 $L_{13}=1.4$ μH,空载品质因数 $Q_0=100$,匝数比分别为 $N_{13}/N_{12}=2$,$N_{13}/N_{45}=3.5$;晶体管工作点电流 $I_{EQ}=2$ mA,$g_{oe}=0.4$ mS,$r_{bb'}=0$;负载 $Y_L=1.2$ mS 且为纯电阻性。试求放大器的谐振电压增益和通频带。

3.6　单调谐放大器如习题 3.6 图所示,已知 $f_0=10.7$ MHz,$L_{13}=4$ μH,$Q_0=100$,$N_{13}=20$,$N_{23}=5$,$N_{45}=6$。晶体管在直流工作点的参数为:$g_{oe}=200$ μS,$C_{oe}=7$ pF,$g_{ie}=2\ 860$ μS,$C_{ie}=18$ pF,$|y_{fe}|=45$ mS,$\varphi_{fe}=-54°$,$y_{re}=0$。(1)画出高频等效电路。(2)求回路电容 C。(3)求 A_{u0}、$2\Delta f_{0.7}$、$K_{0.1}$。图中 C_b、C_e 均为交流旁路电容。

3.7　单调谐放大器如习题 3.7 图所示,已知 $L_{14}=1$ μH,$Q_0=100$,$N_{12}=4$,$N_{23}=3$,$N_{34}=3$,工作频率 $f_0=30$ MHz,晶体管在直流工作点的参数为:$g_{ie}=3.2$ mS,$C_{ie}=10$ pF,$g_{oe}=0.55$ mS,$C_{oe}=5.8$ pF,$|y_{fe}|=53$ mS,$\varphi_{fe}=-47°$,$y_{re}=0$。(1)画出高频等效电路。(2)求回路电容 C。(3)求 $\dot{A}_{u0}$、$2\Delta f_{0.7}$ 和 $K_{0.1}$。

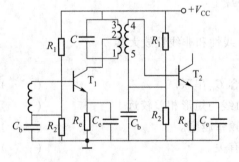

习题 3.6 图

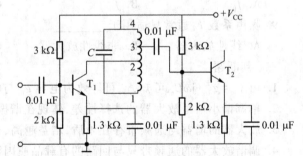

习题 3.7 图

3.8 放大器如习题 3.8 图所示。已知工作频率 $f_0 = 10.7$ MHz，回路电感 $L = 4$ μH，$Q_0 = 100$，$N_{13} = 20$，$N_{23} = 6$，$N_{45} = 5$。晶体管在直流工作点的参数为 $y_{ie} = (2.86 + j3.4)$ mS，忽略 y_{re}，$y_{fe} = (26.4 - j36.4)$ mS，$y_{oe} = (0.2 + j1.3)$ mS。（1）画出高频等效电路，并标出相应参数。（2）求回路电容 C。（3）求放大器的 A_{u0}、$2\Delta f_{0.7}$ 和 $K_{0.1}$。（4）若有四级相同的放大器级联，计算总的电压增益、通频带和矩形系数。

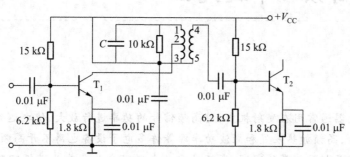

习题 3.8 图

3.9 三级相同的单调谐中频放大器级联，工作频率 $f_0 = 450$ kHz，总电压增益为 60 dB，总的通频带为 8 kHz。试求每一级的电压增益、通频带和有载 Q_L 值。

3.10 在习题 3.10 图所示电路中，已知工作频率 $f_0 = 10.7$ MHz，回路电容 $C = 50$ pF，空载品质因数 $Q_0 = 100$，接入系数 $p_1 = 0.35$，$p_2 = 0.03$。在工作点和工作频率上的 y 参数为：$g_{ie} = 1$ mS，$C_{ie} = 41$ pF，$g_{oe} = 45$ μS，$C_{oe} = 4.3$ pF，$y_{fe} = 40$ mS，$y_{re} = -j180$ μS，$C_{b'e} = 2.68$ pF，且下一级输入电导也为 g_{ie}。试求：（1）回路有载 Q_L 值和通频带 $2\Delta f_{0.7}$。（2）中和电容 C_n 的值。

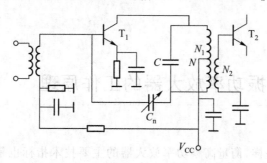

习题 3.10 图

3.11 高频小信号选频放大器的主要技术指标有哪些？设计时遇到的主要问题是什么？如何解决？

3.12 一个 1 kΩ 的电阻在温度为 290 K、频带为 10 MHz 的条件下工作，试计算它两端产生的噪声电压和噪声电流的均方根值。

第4章 高频功率放大器

高频功率放大器通常用在发射机中,对高频信号的功率进行放大,使之达到足够的功率馈送给发射天线。此外,高频加热装置和微波功率源等许多电子设备也离不开高频功率放大器。

根据被放大信号相对频带的宽窄,高频功率放大器可分为负载为谐振回路的窄带高频功放(又称为谐振功率放大器)和负载为"传输线变压器"的宽带高频功放(也称为非谐振功率放大器)。

高频功率放大器的输出功率范围,可以小到便携式发射机的毫瓦级,大到无线电广播电台的几十千瓦甚至兆瓦级。目前,功率大小为几百瓦以上的高频功率放大器大多采用电子管,几百瓦以下的高频功率放大器则主要采用晶体管和大功率场效应管。

本章首先利用第2章介绍的折线分析法分析丙类谐振功率放大器的基本原理及其特性;然后讨论丙类谐振功率放大器的实际电路;最后介绍宽带高频功率放大器和功率合成器。

4.1 丙类谐振功率放大器的工作原理

与低频功率放大器一样,衡量高频功率放大器的主要技术指标也是输出功率和效率。由于电源提供的功率等于输出功率与损耗功率之和,所以在电源提供的功率不变的情况下,若能够尽可能地减小损耗功率,那么自然就提高了输出功率和效率。由于损耗功率包括静态损耗和动态损耗,显然低频功率放大器所选择的乙类工作状态就是使静态损耗为零的情况;为了进一步提高输出功率和效率,除了使静态损耗为零外,还要尽可能地减小动态损耗,即进一步减小放大管集电极电流的导通时间。如果在一个周期内晶体管始终导通,称为甲类功放;只有半个周期导通,称为乙类功放;若导通时间小于半个周期,则称为丙类功放。为了进一步提高功放的效率,近年来又出现了开关型(丁类、戊类等)高频功放。本章重点介绍丙类功放。

由于丙类高频功率放大器工作在大信号非线性状态,所以晶体管的小信号等效电路的分析方法不再适用。虽然采用折线近似法分析会存在一定的误差,但是它对高频功率放大器进行定性分析是一种较为简便的方法。

4.1.1 原理电路及其基本工作原理

> **导学**
>
> 谐振功放工作在丙类工作状态的条件。
> 周期性尖顶余弦脉冲电流 i_c 包含的分量。
> 作为负载的 LC 并联谐振回路选频原理。

1. 原理电路

共射组态谐振功率放大器的原理电路如图 4.1.1 所示。它由晶体管 T、LC 并联谐振回路和直流供电电源(常称为馈电)三部分组成。电路具有如下特点:

(1) 基极偏置电压 V_{BB} 小于导通电压 U_{on}

为了提高效率,在静态损耗为零的条件下还需要尽可能地减小晶体管的动态损耗。解决的办法是:基极偏压 V_{BB} 应小于晶体管的导通电压 U_{on},也就是说 V_{BB} 可以选择较小的正偏压、零偏压或负偏压,此时电路工作在丙类状态。其目的是在一个周期内使晶体管的导通时间小于半个周期,且偏压越小,动态损耗越小,效率也就越高。此时流过晶体管的电流为尖顶余弦脉冲波形,如图 4.1.2 所示。

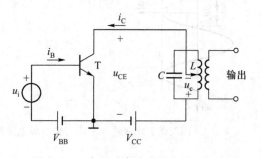

图 4.1.1　高频功率放大器的原理电路

(2) 负载为 LC 并联谐振回路

由于工作在丙类状态的晶体管集电极电流是图 4.1.2 所示的周期性余弦脉冲序列,当选用 LC 谐振回路做负载,且其谐振频率等于输入信号的频率时,在 LC 回路两端可以得到与输入信号同频率的输出电压。此外,还能实现放大器的阻抗匹配,同时 LC 谐振回路采用的部分接入方式可以减小晶体管的输出阻抗和后级负载对谐振回路本身的影响。

2. 基本工作原理

为保证放大器工作于丙类状态,应满足 $V_{BB} < U_{on}$。当输入信号 $u_i(t) = U_{im}\cos\omega t$ 时,晶体管基极与发射极之间的瞬时电压

$$u_{BE} = V_{BB} + u_i(t) = V_{BB} + U_{im}\cos\omega t \tag{4.1.1}$$

可见,只有当 $V_{BB} + U_{im}\cos\omega t > U_{on}$ 时晶体管才导通。集电极电流流通的角度是 $2\theta_c$,通常

把 θ_c 称为通角。即晶体管导通的角度是 $-\theta_c$ 到 θ_c，其余时间晶体管处于截止状态。这样对于一个周期性的输入信号而言，将产生如图 4.1.2 所示的集电极尖顶余弦脉冲电流 i_c。

由于丙类谐振功放产生了一系列尖顶余弦脉冲电流 i_c，若利用傅里叶级数可展开为

$$i_C = I_{C0} + i_{c1} + i_{c2} + \cdots + i_{cn} \tag{4.1.2}$$
$$= I_{C0} + I_{c1m}\cos\omega t + I_{c2m}\cos2\omega t + \cdots + I_{cnm}\cos n\omega t$$

式中，I_{C0}、i_{c1}、i_{c2}、$\cdots$、i_{cn} 分别表示集电极余弦脉冲电流中的直流电流、基波电流、二次谐波电流和 n 次谐波电流，I_{C0}、I_{c1m}、I_{c2m}、$\cdots$、I_{cnm} 等分别为 i_c 的直流、基波、二次谐波以及高次谐波分量的振幅。i_c 分解后的波形如图 4.1.3 所示。为了清楚起见，图中仅画出 I_{C0}、i_{c1} 和 i_{c2} 的波形。

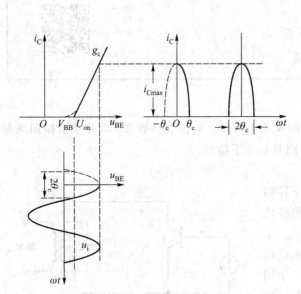

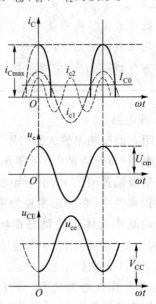

图 4.1.2　丙类谐振功放输入电压与集电极电流的关系　图 4.1.3　丙类谐振功放集电极电流与电压波形

由图 4.1.1 可以看出，当 I_{C0}、i_{c1}、i_{c2}、$\cdots$、i_{cn} 等不同分量的电流通过集电极负载 LC 并联谐振回路时，如果 LC 并联回路的谐振频率等于输入信号的频率 ω，此时直流分量(I_{C0})被负载回路中的电感支路短路，各次谐波分量(如 i_{c2}、$\cdots$、i_{cn})因负载回路对其失谐呈现很小的阻抗而被忽略，只有基波分量 i_{c1} 流经负载回路时因呈现一较大的谐振电阻 R_p 而产生较大的电压 u_c，起到了选择基波信号的作用，波形如图 4.1.3 所示。为此，在集电极脉冲电流的各个成分中，只有基波分量在回路两端产生压降，它可表示为

$$u_c(t) = i_{c1}R_p = I_{c1m}R_p\cos\omega t = U_{cm}\cos\omega t \tag{4.1.3}$$

式中，$U_{cm} = I_{c1m}R_p$，如图 4.1.3 所示。由图 4.1.1 可知晶体管瞬时管压降

$$u_{CE} = V_{CC} - u_c = V_{CC} - U_{cm}\cos\omega t = V_{CC} + u_{ce} \tag{4.1.4}$$

式中 $u_{ce} = -U_{cm}\cos\omega t$，它与 $u_i = U_{im}\cos\omega t$ 反相。可见，高频功放中的晶体管虽然处于非线性工作状态，但与有选频作用的负载相结合，就能完成对输入信号的线性放大。

实用的高频信号通常是"窄带信号"。所谓窄带信号是指带宽远远小于其中心频率。例如带宽为 6 MHz 的电视信号调制到 450 MHz 的频率上，显然，它的带宽（6 MHz）远小于其中心频率（450 MHz）。由于窄带信号具有类似于单一频率正弦波的特性，尽管丙类功放的集电极电流为脉冲电流，但仍可用调谐在输入信号频率的输出谐振回路选择脉冲信号中的基波信号。

如果将谐振回路调谐在输入信号的 n 次谐波上，即 $\omega_0 = n\omega$，则在回路两端将得到频率是 $n\omega$ 的输出电压，由于它的频率是输入信号频率的 n 倍，所以丙类高频功放具有倍频功能。

4.1.2 集电极尖顶余弦脉冲电流的分解

> **导 学**
>
> 通角 θ_c 的数学表达式。
> 尖顶余弦脉冲电流 i_{Cmax} 的表达式。
> 决定尖顶余弦脉冲电流大小的参数。

1. 余弦脉冲电流的解析式

当 $V_{BB} + U_{im}\cos\omega t > U_{on}$ 时，折线化后的转移特性可用式（2.2.5）$i_C = g_c(u_{BE} - U_{on})$ 表示，将式（4.1.1）代入可得

$$i_C = g_c(V_{BB} + U_{im}\cos\omega t - U_{on}) \tag{4.1.5}$$

由图 4.1.2 可看出，当 $\omega t = \theta_c$ 时，$i_C = 0$，由上式可得

$$\cos\theta_c = \frac{U_{on} - V_{BB}}{U_{im}} \tag{4.1.6}$$

将式（4.1.6）代入式（4.1.5）得

$$i_C = g_c U_{im}(\cos\omega t - \cos\theta_c) \tag{4.1.7}$$

当 $\omega t = 0$ 时，i_C 达到最大，用 i_{Cmax} 表示，由式（4.1.7）得

$$i_{Cmax} = g_c U_{im}(1 - \cos\theta_c) \tag{4.1.8}$$

将式（4.1.7）除以式（4.1.8）得 $\dfrac{i_C}{i_{Cmax}} = \dfrac{\cos\omega t - \cos\theta_c}{1 - \cos\theta_c}$，即

$$i_C = i_{Cmax}\left(\frac{\cos\omega t - \cos\theta_c}{1 - \cos\theta_c}\right) \tag{4.1.9}$$

式（4.1.9）为集电极尖顶余弦脉冲电流的解析式，其形状可由"高矮"（i_{Cmax} 的大小）和"胖瘦"（θ_c 的大小）加以描述。

2. 余弦脉冲电流的分解系数

下面利用傅里叶级数求系数法,可分别求出式(4.1.2)中各分量的振幅。

$$I_{C0} = \frac{1}{2\pi} \int_{-\pi}^{\pi} i_C \, \mathrm{d}\omega t = \frac{1}{2\pi} \int_{-\theta_c}^{\theta_c} i_C \, \mathrm{d}\omega t = i_{C\max} \frac{\sin\theta_c - \theta_c \cos\theta_c}{\pi(1-\cos\theta_c)} = i_{C\max} \alpha_0(\theta_c)$$

$$I_{c1m} = \frac{1}{\pi} \int_{-\pi}^{\pi} i_C \cos\omega t \, \mathrm{d}\omega t = \frac{1}{\pi} \int_{-\theta_c}^{\theta_c} i_C \cos\omega t \, \mathrm{d}\omega t = i_{C\max} \frac{\theta_c - \sin\theta_c \cos\theta_c}{\pi(1-\cos\theta_c)} = i_{C\max} \alpha_1(\theta_c)$$

$$\cdots\cdots\cdots$$

$$I_{cnm} = \frac{1}{\pi} \int_{-\pi}^{\pi} i_C \cos n\omega t \, \mathrm{d}\omega t = \frac{1}{\pi} \int_{-\theta_c}^{\theta_c} i_C \cos n\omega t \, \mathrm{d}\omega t$$

$$= i_{C\max} \frac{2(\sin n\theta_c \cos\theta_c - n\cos n\theta_c \sin\theta_c)}{\pi n(n^2-1)(1-\cos\theta_c)} = i_{C\max} \alpha_n(\theta_c)$$

式中,$\alpha_0(\theta_c)$、$\alpha_1(\theta_c)$、$\cdots$、$\alpha_n(\theta_c)$ 是 θ_c 的函数,称为集电极尖顶余弦脉冲电流的分解系数。分别为

$$
\begin{cases}
\alpha_0(\theta_c) = \dfrac{\sin\theta_c - \theta_c \cos\theta_c}{\pi(1-\cos\theta_c)} \\[2mm]
\alpha_1(\theta_c) = \dfrac{\theta_c - \sin\theta_c \cos\theta_c}{\pi(1-\cos\theta_c)} \\[1mm]
\cdots\cdots\cdots \\[1mm]
\alpha_n(\theta_c) = \dfrac{2}{\pi} \cdot \dfrac{\sin n\theta_c \cos\theta_c - n\cos n\theta_c \sin\theta_c}{n(n^2-1)(1-\cos\theta_c)}
\end{cases}
\tag{4.1.10}
$$

电流分解系数可由图 4.1.4 给出的 θ_c 在 0~180° 范围内的电流分解系数曲线得到,也可以查表 4.1.1 余弦脉冲分解系数表得到。

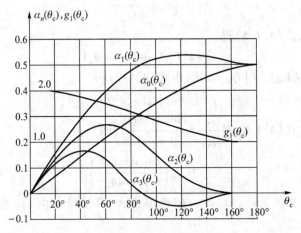

图 4.1.4　尖顶余弦脉冲分解系数曲线

表 4.1.1　余弦脉冲分解系数表

$\theta_c/(°)$	$\cos\theta_c$	α_0	α_1	α_2	g_1	$\theta_c/(°)$	$\cos\theta_c$	α_0	α_1	α_2	g_1
0	1.000	0.000	0.000	0.000	2.00	36	0.809	0.133	0.255	0.226	1.92
1	1.000	0.004	0.007	0.007	2.00	37	0.799	0.136	0.261	0.230	1.92
2	0.999	0.007	0.015	0.015	2.00	38	0.788	0.140	0.268	0.234	1.91
3	0.999	0.011	0.022	0.022	2.00	39	0.777	0.143	0.274	0.237	1.91
4	0.998	0.014	0.030	0.030	2.00	40	0.766	0.147	0.280	0.241	1.90
5	0.996	0.018	0.037	0.037	2.00	41	0.755	0.151	0.286	0.244	1.90
6	0.994	0.022	0.044	0.044	2.00	42	0.743	0.154	0.292	0.248	1.90
7	0.993	0.025	0.052	0.052	2.00	43	0.731	0.158	0.298	0.251	1.89
8	0.990	0.029	0.059	0.059	2.00	44	0.719	0.162	0.304	0.253	1.88
9	0.988	0.032	0.066	0.066	2.00	45	0.707	0.165	0.311	0.256	1.88
10	0.985	0.036	0.073	0.073	2.00	46	0.695	0.169	0.316	0.259	1.87
11	0.982	0.040	0.080	0.080	2.00	47	0.682	0.172	0.322	0.261	1.87
12	0.978	0.044	0.088	0.087	2.00	48	0.669	0.176	0.327	0.263	1.86
13	0.974	0.047	0.095	0.094	2.00	49	0.656	0.179	0.333	0.265	1.85
14	0.970	0.051	0.102	0.101	2.00	50	0.643	0.183	0.339	0.267	1.85
15	0.966	0.055	0.110	0.108	2.00	51	0.629	0.187	0.344	0.269	1.84
16	0.961	0.059	0.117	0.115	1.98	52	0.616	0.190	0.350	0.270	1.84
17	0.956	0.063	0.124	0.121	1.98	53	0.602	0.194	0.355	0.271	1.83
18	0.951	0.066	0.131	0.128	1.98	54	0.588	0.197	0.360	0.272	1.82
19	0.945	0.070	0.138	0.134	1.97	55	0.574	0.201	0.366	0.273	1.82
20	0.940	0.074	0.146	0.141	1.97	56	0.559	0.204	0.371	0.274	1.81
21	0.934	0.078	0.153	0.147	1.97	57	0.545	0.208	0.376	0.275	1.81
22	0.927	0.082	0.160	0.153	1.97	58	0.530	0.211	0.381	0.275	1.80
23	0.920	0.085	0.167	0.159	1.97	59	0.515	0.215	0.386	0.275	1.80
24	0.914	0.089	0.174	0.165	1.96	60	0.500	0.218	0.391	0.276	1.80
25	0.906	0.093	0.181	0.171	1.95	61	0.485	0.222	0.396	0.276	1.78
26	0.899	0.097	0.188	0.177	1.95	62	0.469	0.225	0.400	0.275	1.78
27	0.891	0.100	0.195	0.182	1.95	63	0.454	0.229	0.405	0.275	1.77
28	0.883	0.104	0.202	0.188	1.94	64	0.438	0.232	0.410	0.274	1.77
29	0.875	0.107	0.209	0.193	1.94	65	0.423	0.236	0.414	0.274	1.76
30	0.866	0.111	0.215	0.198	1.94	66	0.407	0.239	0.419	0.273	1.75
31	0.857	0.115	0.222	0.203	1.93	67	0.391	0.243	0.423	0.272	1.74
32	0.848	0.118	0.229	0.208	1.93	68	0.375	0.246	0.427	0.270	1.74
33	0.839	0.122	0.235	0.213	1.93	69	0.358	0.249	0.432	0.269	1.74
34	0.829	0.125	0.241	0.217	1.93	70	0.342	0.253	0.436	0.267	1.73
35	0.819	0.129	0.248	0.221	1.92	71	0.326	0.256	0.440	0.266	1.72

$\theta_c/(°)$	$\cos\theta_c$	α_0	α_1	α_2	g_1	$\theta_c/(°)$	$\cos\theta_c$	α_0	α_1	α_2	g_1
72	0.309	0.259	0.444	0.264	1.71	108	−0.309	0.373	0.529	0.139	1.42
73	0.292	0.263	0.448	0.262	1.70	109	−0.326	0.376	0.53	0.135	1.41
74	0.276	0.266	0.452	0.260	1.70	110	−0.342	0.379	0.531	0.131	1.40
75	0.259	0.269	0.455	0.258	1.69	111	−0.358	0.382	0.53	0.127	1.39
76	0.242	0.273	0.459	0.256	1.68	112	−0.375	0.384	0.532	0.123	1.38
77	0.225	0.276	0.463	0.253	1.68	113	−0.391	0.387	0.533	0.119	1.38
78	0.208	0.279	0.466	0.251	1.67	114	−0.407	0.390	0.534	0.115	1.37
79	0.191	0.283	0.469	0.248	1.66	115	−0.423	0.392	0.534	0.111	1.36
80	0.174	0.286	0.472	0.245	1.65	116	−0.438	0.395	0.535	0.107	1.35
81	0.156	0.289	0.475	0.242	1.64	117	−0.454	0.398	0.535	0.103	1.34
82	0.139	0.293	0.478	0.239	1.63	118	−0.469	0.401	0.535	0.099	1.33
83	0.122	0.296	0.481	0.236	1.62	119	−0.485	0.404	0.536	0.096	1.33
84	0.105	0.299	0.484	0.233	1.61	120	−0.500	0.406	0.536	0.092	1.32
85	0.087	0.302	0.487	0.230	1.61	121	−0.515	0.408	0.536	0.088	1.31
86	0.070	0.305	0.490	0.226	1.61	122	−0.530	0.411	0.536	0.084	1.30
87	0.052	0.308	0.493	0.223	1.60	123	−0.545	0.413	0.536	0.081	1.30
88	0.035	0.312	0.496	0.219	1.59	124	−0.559	0.416	0.536	0.078	1.29
89	0.017	0.315	0.498	0.216	1.58	125	−0.574	0.419	0.536	0.074	1.28
90	0.000	0.319	0.500	0.212	1.57	126	−0.588	0.422	0.536	0.071	1.27
91	−0.017	0.322	0.502	0.208	1.56	127	−0.602	0.424	0.535	0.068	1.26
92	−0.035	0.325	0.504	0.205	1.55	128	−0.616	0.426	0.535	0.064	1.25
93	−0.052	0.328	0.506	0.201	1.54	129	−0.629	0.428	0.535	0.061	1.25
94	−0.070	0.331	0.508	0.197	1.53	130	−0.643	0.431	0.534	0.058	1.24
95	−0.087	0.334	0.510	0.193	1.53	131	−0.656	0.433	0.534	0.055	1.23
96	−0.105	0.337	0.512	0.189	1.52	132	−0.669	0.436	0.533	0.052	1.22
97	−0.122	0.340	0.514	0.185	1.51	133	−0.682	0.438	0.533	0.049	1.22
98	−0.139	0.343	0.516	0.181	1.50	134	−0.695	0.440	0.532	0.047	1.21
99	−0.156	0.347	0.518	0.177	1.49	135	−0.707	0.443	0.532	0.044	1.20
100	−0.174	0.350	0.520	0.172	1.49	136	−0.719	0.445	0.531	0.041	1.19
101	−0.191	0.353	0.521	0.168	1.48	137	−0.731	0.447	0.530	0.039	1.19
102	−0.208	0.355	0.522	0.164	1.47	138	−0.743	0.449	0.530	0.037	1.18
103	−0.225	0.358	0.524	0.160	1.46	139	−0.755	0.451	0.529	0.034	1.17
104	−0.242	0.361	0.525	0.156	1.45	140	−0.766	0.453	0.528	0.032	1.17
105	−0.259	0.364	0.526	0.152	1.45	141	−0.777	0.455	0.527	0.030	1.16
106	−0.276	0.366	0.527	0.147	1.44	142	−0.788	0.457	0.527	0.028	1.15
107	−0.292	0.369	0.528	0.143	1.43	143	−0.799	0.459	0.526	0.026	1.15

$\theta_c/(°)$	$\cos\theta_c$	α_0	α_1	α_2	g_1	$\theta_c/(°)$	$\cos\theta_c$	α_0	α_1	α_2	g_1
144	−0.809	0.461	0.526	0.024	1.14	163	−0.956	0.490	0.508	0.003	1.04
145	−0.819	0.463	0.525	0.022	1.13	164	−0.961	0.491	0.507	0.002	1.03
146	−0.829	0.465	0.524	0.020	1.13	165	−0.966	0.492	0.506	0.002	1.03
147	−0.839	0.467	0.523	0.019	1.12	166	−0.970	0.493	0.506	0.002	1.03
148	−0.848	0.468	0.522	0.017	1.12	167	−0.974	0.494	0.505	0.001	1.02
149	−0.857	0.470	0.521	0.015	1.11	168	−0.978	0.495	0.504	0.001	1.02
150	−0.866	0.472	0.520	0.014	1.10	169	−0.982	0.496	0.503	0.001	1.01
151	−0.875	0.474	0.519	0.013	1.09	170	−0.985	0.496	0.502	0.001	1.01
152	−0.883	0.475	0.517	0.012	1.09	171	−0.988	0.497	0.502	0.001	1.01
153	−0.891	0.477	0.517	0.010	1.08	172	−0.990	0.498	0.501	0.000	1.01
154	−0.899	0.479	0.516	0.009	1.08	173	−0.993	0.498	0.501	0.000	1.01
155	−0.906	0.480	0.515	0.008	1.07	174	−0.994	0.499	0.501	0.000	1.00
156	−0.914	0.481	0.514	0.007	1.07	175	−0.996	0.499	0.500	0.000	1.00
157	−0.920	0.483	0.513	0.007	1.07	176	−0.998	0.499	0.500	0.000	1.00
158	−0.927	0.485	0.512	0.006	1.06	177	−0.999	0.500	0.500	0.000	1.00
159	−0.934	0.486	0.511	0.005	1.05	178	−0.999	0.500	0.500	0.000	1.00
160	−0.940	0.487	0.510	0.004	1.05	179	−1.000	0.500	0.500	0.000	1.00
161	−0.946	0.488	0.509	0.004	1.04	180	−1.000	0.500	0.500	0.000	1.00
162	−0.951	0.489	0.509	0.003	1.04						

4.1.3 丙类谐振功放的功率和效率

导学

电源功率 $P_{V_{CC}}$ 和输出功率 P_o 的数学表达式。

为了兼顾效率 η_c 和输出功率 P_o，通角 θ_c 的选取。

高频功放与低频功放的区别。

如果输出回路调谐在基波频率上，则输出回路中的高次谐波将处于失谐状态，产生的输出电压很小，因此只需讨论直流及基波功率即可。

1. 直流电源供给功率

集电极直流电源供给功率 $P_{V_{CC}}$ 等于 V_{CC} 与集电极电流直流分量 I_{C0} 的乘积，即

$$P_{V_{CC}} = V_{CC}I_{C0} = V_{CC}i_{Cmax}\alpha_0(\theta_c) \qquad (4.1.11)$$

2. 输出功率

输出功率 P_o 等于集电极电流基波分量作用在负载 R_p 上产生的平均功率，或者说是基波电流

i_{c1} 流经负载回路产生的功率(基波功率)。可表示为

$$P_o = \frac{U_{cm}I_{c1m}}{2} = \frac{U_{cm}^2}{2R_P} = \frac{I_{c1m}^2 R_P}{2} = \frac{U_{cm}i_{Cmax}\alpha_1(\theta_c)}{2} \tag{4.1.12}$$

3. 损耗功率

集电极损耗功率 P_c 等于电源供给功率 $P_{V_{CC}}$ 与输出功率 P_o 之差,即

$$P_c = P_{V_{CC}} - P_o \tag{4.1.13}$$

4. 效率

集电极效率 η_c 等于输出功率 P_o 与直流电源供给功率 $P_{V_{CC}}$ 之比,表示为

$$\eta_c = \frac{P_o}{P_{V_{CC}}} = \frac{\alpha_1(\theta_c)U_{cm}}{2\alpha_0(\theta_c)V_{CC}} = \frac{g_1(\theta_c)\xi}{2} \tag{4.1.14}$$

式中,$g_1(\theta_c) = \dfrac{\alpha_1(\theta_c)}{\alpha_0(\theta_c)} = \dfrac{I_{c1m}}{I_{C0}}$ 称为波形系数,是 θ_c 的函数,由图 4.1.4 或表 4.1.1 可以查得;$\xi = \dfrac{U_{cm}}{V_{CC}}$ 称为集电极电压利用系数,一般情况下,$0.9 < \xi < 1$。

从式(4.1.14)可见,欲提高效率有两种方式:一是提高电压利用系数 ξ,即提高 U_{cm},它可以通过提高回路谐振电阻 R_P 来实现,那么如何选择 R_P 是下面所要讨论的一个重要问题。二是提高波形系数 $g_1(\theta_c)$,而 $g_1(\theta_c)$ 与 θ_c 有关。从图 4.1.4 可直观看到,θ_c 越小,$g_1(\theta_c)$ 越大,效率 η_c 也就越高,但 θ_c 过小时将使 $\alpha_1(\theta_c)$ 急剧减小,致使输出功率随之下降。为了兼顾 η_c 和 P_o,通常取 $\theta_c = 60° \sim 80°$,此时谐振功率放大器工作在丙类状态,η_c 和 P_o 都比较高。

在 $\xi = 1$ 的理想条件下,由式(4.1.14)可得出不同工作状态下的效率:

甲类工作状态:$\theta_c = 180°$,$g_1(\theta_c) = 1$,$\eta_c = 50\%$;

乙类工作状态:$\theta_c = 90°$,$g_1(\theta_c) = 1.57$,$\eta_c = 78.5\%$;

丙类工作状态:$\theta_c = 60°$,$g_1(\theta_c) = 1.8$,$\eta_c = 90\%$。

4.2　丙类谐振功率放大器的性能分析

4.2.1　动态特性曲线及其画法

导 学

表示高频功放外部特性和晶体管内部特性的方程。

作动态线时 Q 点的作用。

动态线斜率与谐振电阻的关系。

在高频功放的电路参数确定后,即晶体管参数及电路参数 V_{CC}、V_{BB}、U_{im} 和 R_p 一定时,$i_C = f(u_{BE}, u_{CE})$ 称为放大器的动态特性。

对于工作在甲类的小信号线性放大器,放大器的动态特性是一条直线。而工作于丙类的大信号高频功放,由于通角 $\theta_c < 90°$ 致使集电极电流 i_C 为脉冲状,其动态特性不再是一条直线,而是折线。由于是大信号,晶体管的特性将采用第 2 章介绍过的理想化的特性曲线。

当放大器工作在谐振状态下,高频功放的动态特性可由外部特性方程

$$u_{BE} = V_{BB} + U_{im}\cos\omega t$$
$$u_{CE} = V_{CC} - U_{cm}\cos\omega t$$

来确定。为了方便画出动态特性曲线,在晶体管的输出特性曲线上,确定三个特殊点:

当 $\omega t = 0$ 时,$u_{BE} = u_{BEmax} = V_{BB} + U_{im}$,$u_{CE} = u_{CEmin} = V_{CC} - U_{cm}$,从而确定出 A 点。

当 $\omega t = \theta_c$,$i_C = 0$ 时,$u_{CE} = V_{CC} - U_{cm}\cos\theta_c$,确定出 B 点。

当 $\omega t = \pi$,$i_C = 0$ 时,$u_{CE} = V_{CC} + U_{cm}$,确定出 C 点。

连接 A、B、C 三点,即直线段 AB、BC 两条折线称为折线化的动态特性曲线,如图 4.2.1 所示。动态特性曲线是在理想化的输出特性曲线的基础上获得的,由于直线段 BC 与横轴重合,故有时常被初学者忽略。虽然 $i_C = 0$,但由于谐振回路的作用,回路电压不为零,故表现在动态特性的 BC 直线段上。实际的动态特性曲线,其 AB 段不是直线,而是图 4.2.1 中的虚线表示的曲线段。

下面进一步分析 AB 直线段。将外部特性方程中的 $\cos\omega t$ 消去得

$$u_{BE} = V_{BB} + \frac{U_{im}}{U_{cm}}(V_{CC} - u_{CE})$$

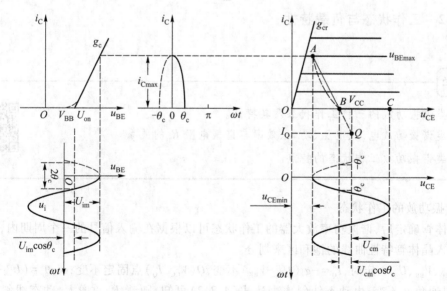

图 4.2.1 谐振功放集电极电流、基波电压和动态特性曲线

将上式代入晶体管的折线化方程式(2.2.5),即导通段($u_{BE}>U_{on}$)的内部特性方程

$$i_C = g_c(u_{BE}-U_{on})$$

可得动态线方程

$$i_C = g_c\left[V_{BB}+\frac{U_{im}}{U_{cm}}(V_{CC}-u_{CE})-U_{on}\right] = -g_c\left(\frac{U_{im}}{U_{cm}}\right)\left(u_{CE}-V_{CC}+U_{cm}\frac{U_{on}-V_{BB}}{U_{im}}\right) \tag{4.2.1}$$

可见,式(4.2.1)表示的是动态线 AB 段的直线方程。由该方程可以确定出 B 点的横坐标是

$$u_{CE} = V_{CC}-U_{cm}\frac{U_{on}-V_{BB}}{U_{im}} = V_{CC}-U_{cm}\cos\theta_c$$

实际上,B 点的位置也可以采用下面的一种方法来确定。

在静态时,$u_{CE}=V_{CC}$,由式(4.2.1)可得 $i_C=I_Q=-g_c(U_{on}-V_{BB})<0$,如图 4.2.1 中的 Q 点。表明此时的集电极电流 i_C 倒流,这在实际中是不可能的。可见,Q 点坐标(V_{CC},I_Q)中的 I_Q 只是用来确定 Q 点位置的虚拟电流。显然,连接 A、Q 两点,与横轴的交点即为 B 点。

式(4.2.1)所表示的动态线方程的斜率为

$$g_d = -g_c\left(\frac{U_{im}}{U_{cm}}\right) = -g_c\left(\frac{U_{im}}{I_{c1m}R_p}\right) = -\frac{g_c U_{im}}{i_{Cmax}\alpha_1(\theta_c)R_p} = -\frac{g_c U_{im}}{g_c U_{im}(1-\cos\theta_c)\alpha_1(\theta_c)R_p}$$

即

$$g_d = -\frac{1}{(1-\cos\theta_c)\alpha_1(\theta_c)R_p} \tag{4.2.2}$$

可见,动态线是一条经过 Q 点且斜率与通角 θ_c 和回路谐振电阻 R_p 有关的直线。

4.2.2　工作状态与负载特性

> **导 学**
>
> 丙类谐振功放的三种工作状态及其特点。
> 丙类谐振功放电流、电压、功率、效率与谐振电阻 R_p 的关系。
> 丙类谐振功放工作状态的特点。

1. 谐振功放的工作状态

当晶体管确定后,谐振功率放大器的工作状态可以根据在输入信号的一个周期内,动态工作点是否进入晶体管特性曲线的饱和区来划分。

当 V_{CC}、V_{BB}、U_{im} 一定时,$I_Q=-g_c(U_{on}-V_{BB})$ 不变,$Q(V_{CC}$,$I_Q)$ 点固定不变;$\cos\theta_c=(U_{on}-V_{BB})/U_{im}$ 不变,所以通角 θ_c 不变;由动态线斜率表达式(4.2.2)可知,随着 R_p 的增大,动态线斜率随之减小,此时动态线将以 Q 点为中心逆时针旋转;由于 $u_{BEmax}=V_{BB}+U_{im}$ 不变,则动态工作点 A 将沿着

u_{BEmax}对应的输出特性曲线随着R_{p}的增大而左移,如图 4.2.2 所示。为了便于分析,可分别用A_1Q、A_2Q、A_4Q所对应的①、②、③三条动态线表示,显然从输出波形幅度U_{cm}的大小可以直观地断定三条动态线分别对应放大器的三种工作状态。下面分别对三种工作状态的特点加以说明。

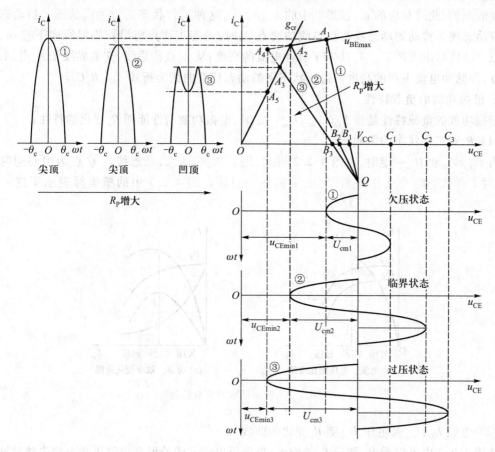

图 4.2.2 三种工作状态下的动态特性及集电极电流波形

由R_{p}较小时的动态线①可以看出,如果动态线与u_{BEmax}对应的输出特性曲线的交点A_1点位于临界线的右侧,u_{CE}波形①中的U_{cm1}较小,这种工作状态称为欠压状态。此时的集电极电流i_{C}波形为尖顶余弦脉冲,A_1点决定了脉冲电流的高度。欠压状态下的动态特性曲线为折线$A_1B_1C_1$。

随着R_{p}的逐渐增大,动态线斜率逐渐减小,动态线逆时针旋转。当动态线②与u_{BEmax}对应的输出特性曲线的交点正好落在临界线A_2点上,对应的工作状态称为临界状态。此时u_{CE}波形②中的输出电压U_{cm2}较大,且集电极电流i_{C}波形仍为尖顶余弦脉冲,只是比欠压状态时的脉冲幅度略小,临界状态下的动态特性曲线为折线$A_2B_2C_2$。

由图 4.2.2 可见,在临界状态时,集电极电流波形②的高度可由式(2.2.7)得$i_{\mathrm{C}} = g_{\mathrm{cr}}u_{\mathrm{CEmin2}} = g_{\mathrm{cr}}(V_{\mathrm{CC}} - U_{\mathrm{cm2}})$,可表示为

$$i_{Cmax} = g_{cr}(V_{CC} - U_{cm}) \tag{4.2.3}$$

注意此式只适用于临界状态。

随着 R_p 的继续增大,使得动态线③与 u_{BEmax} 对应的输出特性曲线的交点 A_4 进入饱和区,位于临界线的左侧,此时对应的 u_{CE} 波形③中的 U_{cm3} 较大,这种工作状态称为过压状态。当动态工作点沿着动态线③移动到动态线与临界线的交点 A_3 时,动态工作点将沿着临界线向下移动,集电极电流 i_C 的波形出现凹陷。A_3 决定了脉冲电流的高度;从 A_4 点作垂线,交临界线于 A_5 点,A_5 点确定谷点,即脉冲电流下凹的高度。过压状态下的动态特性曲线为折线 $A_5A_3B_3C_3$。

2. 谐振功放的负载特性

谐振功放的负载特性是指 V_{CC}、V_{BB}、U_{im} 一定时,谐振功放的性能随 R_p 变化的特性。

(1) R_p 对工作状态的影响

当 V_{CC}、V_{BB} 和 U_{im} 一定时,由图 4.2.2 可知,随着 R_p 的增大,动态线以 Q 点为中心逆时针旋转,此时工作状态的变化趋势为:欠压→临界→过压。图 4.2.3 中的横坐标表示了这一变化过程。

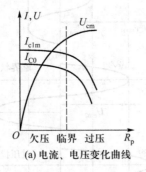
(a) 电流、电压变化曲线

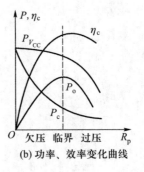
(b) 功率、效率变化曲线

图 4.2.3　谐振功放的负载特性

(2) 电流 I_{C0}、I_{c1m} 及电压 U_{cm} 随 R_p 变化的曲线

从图 4.2.2 中可以看出,随着 R_p 的增大,集电极电流 i_C 的波形是由欠压状态的尖顶脉冲减小到临界状态的尖顶脉冲,而后变成过压状态的凹顶脉冲。减小的程度是:在欠压状态,I_{C0} 和 I_{c1m} 随着 R_p 的增大略有下降;进入过压状态后,I_{C0} 和 I_{c1m} 将急剧下降。如图 4.2.3(a) 所示。

因为 $U_{cm} = I_{c1m}R_p$,所以在欠压状态,由于 I_{c1m} 变化不大,使得 U_{cm} 仅随 R_p 的增大而上升;进入过压状态后,虽然 I_{c1m} 显著下降,但是 R_p 的继续增大将最终导致 U_{cm} 缓慢上升。如图 4.2.3(a) 所示。

鉴于欠压状态时 I_{c1m} 几乎不变,过压状态时 U_{cm} 基本不变,因此可以把欠压状态时的谐振功放看作一个恒流源,把过压状态时的谐振功放看作一个恒压源。

(3) 功率和效率随 R_p 变化的曲线

由 $P_{V_{CC}} = V_{CC}I_{C0}$ 可知,当 V_{CC} 不变时,$P_{V_{CC}}$ 随 R_p 的变化趋势与 I_{C0}-R_p 曲线相近,如图 4.2.3(b) 所示。

由 $P_o = U_{cm}I_{c1m}/2$ 可知,由于欠压状态的 I_{c1m} 变化不大,此时 P_o 随 R_p 的变化曲线与 U_{cm}-R_p 曲线相近;进入过压状态后,由于 U_{cm} 变化不大,此时 P_o 随 R_p 的变化曲线与 I_{c1m}-R_p 曲线相近,如图 4.2.3(b) 所示。特点是在临界状态 P_o 达到最大值。

由 $P_c = P_{V_{CC}} - P_o$ 可知,它可由 $P_{V_{CC}}$-R_p 和 P_o-R_p 曲线相减画出,如图 4.2.3(b) 所示。注意:当 $R_p = 0$ 时,P_c 达到最大值。

由 $\eta_c = \dfrac{1}{2} g_1(\theta_c) \dfrac{U_{cm}}{V_{CC}}$ 可知,由于 θ_c 不变,则 $g_1(\theta_c)$ 不变,所以 η_c 随 R_p 变化的趋势与 U_{cm}-R_p 曲线相近。如图 4.2.3(b) 所示。

3. 三种工作状态的特点综述

在欠压状态,由于集电极损耗大、输出电压不稳定,输出功率和效率均较低,因此作为高频功放一般很少采用。若谐振回路出现失谐,由于阻抗 R_p 减小将使放大器工作在欠压状态,严重失谐时,可能会使损耗功率 P_c 过大而烧坏功率管。所以调谐时务必注意,不要使回路严重失谐,最好在过压状态下进行调谐。

在临界状态,输出功率最大,且效率也足够高,因此是谐振功放的最佳工作状态。这种状态主要用于发射机末级。

在过压状态,输出电压比较平稳,且弱过压时效率最高。它常用于需要维持输出电压平稳的场合,例如作为发射机的中间级放大器。

例 4.2.1 某谐振功放中晶体管临界线的斜率 $g_{cr} = 0.5$ S,导通电压 $U_{on} = 0.6$ V。电源电压 $V_{CC} = 24$ V,$V_{BB} = -0.2$ V。输入信号振幅 $U_{im} = 2$ V,输出回路谐振电阻 $R_p = 50$ Ω,输出功率 $P_o = 2$ W。(1)求集电极电流最大值、输出电压振幅、集电极效率。(2)判断放大器工作于什么状态。

解:(1)本题虽给出 g_{cr},但未指明是临界状态,故不能使用 $i_{Cmax} = g_{cr}(V_{CC} - U_{cm})$ 来计算 i_{Cmax} 和 U_{cm}。

由 $\cos\theta_c = \dfrac{U_{on} - V_{BB}}{U_{im}} = \dfrac{0.6 + 0.2}{2} = 0.4$,得 $\theta_c \approx 66°$,查表 4.1.1 可知 $\alpha_0(66°) = 0.239$,$\alpha_1(66°) = 0.419$。

由 $P_o = \dfrac{I_{c1m}^2 R_p}{2}$ 得 $I_{c1m} = \sqrt{\dfrac{2P_o}{R_p}} = \sqrt{\dfrac{2 \times 2}{50}}$ A ≈ 0.28A,故

$$i_{Cmax} = \dfrac{I_{c1m}}{\alpha_1(66°)} = \dfrac{0.28 \text{ A}}{0.419} \approx 0.67 \text{ A}$$

$$U_{cm} = I_{c1m} R_p = (0.28 \times 50) \text{ V} = 14 \text{ V}$$

$$P_{V_{CC}} = V_{CC} i_{Cmax} \alpha_0(66°) = (24 \times 0.67 \times 0.239) \text{W} \approx 3.84 \text{ W}$$

$$\eta_c = \dfrac{P_o}{P_{V_{CC}}} \times 100\% = \dfrac{2}{3.84} \times 100\% \approx 52.08\%$$

(2)说明放大器的工作状态,可以 $U_{cm} = 14$ V、$i_{Cmax} = 0.67$ A 为前提,利用临界状态时的 $i_{Cmax} = $

$g_{cr}(V_{CC} - U_{cm})$ 来判断。即假设 $i_{Cmax} = 0.67$ A 时对应于临界状态,那么此时 $U'_{cm} = V_{CC} - \dfrac{i_{Cmax}}{g_{cr}} =$

$\left(24 - \dfrac{0.67}{0.5}\right)$ V $= 22.66$ V。因为 $U_{cm} < U'_{cm}$,所以可以判断出该谐振功放工作在欠压状态。

例 4.2.2   某谐振功放工作于临界状态,$\theta_c = 75°$,$P_o = 30$ W,$V_{CC} = 24$ V,晶体管临界线的斜率 $g_{cr} = 1.67$ S。查表得 $\alpha_0(75°) = 0.269$,$\alpha_1(75°) = 0.455$,$\alpha_2(75°) = 0.258$。(1)求集电极效率和临界负载电阻。(2)输入信号的频率减小一半,而保持其他条件不变,其输出功率和集电极效率各为多少?

解:(1)将临界状态时的 $i_{Cmax} = g_{cr}(V_{CC} - U_{cm})$ 代入 $P_o = \dfrac{U_{cm} i_{Cmax} \alpha_1(\theta_c)}{2}$ 得 $U_{cm}^2 - V_{CC} U_{cm} + 2P_o/g_{cr}$

$\alpha_1(\theta_c) = 0$,代入数据求得 $U_{cm1} \approx 20.06$ V 和 $U_{cm2} \approx 3.94$ V(舍去)。

将 $U_{cm1} = 20.06$ V 代入 $i_{Cmax} = g_{cr}(V_{CC} - U_{cm})$ 得 $i_{Cmax} = [1.67 \times (24 - 20.06)]$ A ≈ 6.58 A,则

$$I_{C0} = i_{Cmax} \alpha_0(75°) = (6.58 \times 0.269) \text{ A} \approx 1.77 \text{ A}, I_{c1m} = i_{Cmax} \alpha_1(75°) = (6.58 \times 0.455) \text{ A} \approx 2.99 \text{ A}$$

$$P_{V_{CC}} = V_{CC} I_{C0} = (24 \times 1.77) \text{ W} = 42.48 \text{ W}$$

$$\eta_c = \frac{P_o}{P_{V_{CC}}} \times 100\% = \frac{30}{42.48} \times 100\% \approx 70.62\%$$

$$R_P = \frac{U_{cm1}}{I_{c1m}} = \frac{20.06}{2.99} \ \Omega \approx 6.71 \ \Omega$$

(2)若输入信号的频率减小一半,此时输出回路的谐振频率为输入信号频率的二倍,即电路变为二倍频器,集电极电流 i_c 的二次谐波 I_{c2m} 最大。因为其他条件不变,所以

$$U_{c2m} = I_{c2m} R_p = i_{Cmax} \alpha_2(75°) R_p = (6.58 \times 0.258 \times 6.71) \text{ V} \approx 11.39 \text{ V}$$

$$P_{o2} = \frac{U_{c2m}^2}{2R_p} = \frac{11.39^2}{2 \times 6.71} \text{ W} \approx 9.67 \text{ W}$$

$$\eta_{c2} = \frac{P_{o2}}{P_{V_{CC}}} \times 100\% = \frac{9.67}{42.48} \times 100\% \approx 22.76\%$$

4.2.3   各极电压对工作状态的影响

导学

丙类谐振功放的放大特性。
丙类谐振功放的基极调制特性。
丙类谐振功放的集电极调制特性。

从谐振功放原理电路图 4.1.1 不难看出,U_{im}、V_{BB}、V_{CC}、R_p 四个参数中的任何一个参数的变化都会引起工作状态发生变化。下面我们将从各极电压 U_{im}、V_{BB}、V_{CC} 入手,定性分析谐振功放的特性。

1. 谐振功放的放大特性

谐振功放的放大(也称振幅)特性是指 V_{BB}、V_{CC}、R_p 一定时,谐振功放的性能随 U_{im} 变化的特性。讨论放大特性是为了正确地选择谐振功放的工作状态,使之减小放大失真。

(1) U_{im} 变化时对工作状态的影响

当 V_{CC}、V_{BB} 和 R_p 一定时,Q 点固定不变,随着 U_{im} 的增大,u_{BEmax}($= V_{BB} + U_{im}$)也随之增大,u_{BEmax} 对应的输出特性曲线将向上平移,使得谐振功放工作状态的变化趋势为:欠压→临界→过压,集电极脉冲电流 i_C 的波形由欠压状态的尖顶脉冲变化到过压状态的凹顶脉冲,如图 4.2.4(a)所示。

(2) 电流 I_{C0}、I_{c1m} 及电压 U_{cm} 随 U_{im} 变化的曲线

由式(4.1.6)及式(4.1.8)可知,θ_c 和 i_{Cmax} 随着 U_{im} 的增大而增大,如图 4.2.4(a)所示。由于 i_C 面积的增大,由其分解出来的 I_{C0}、I_{c1m} 也将随着 U_{im} 的增大而增大。增大的趋势是:在欠压状态,I_{C0}、I_{c1m} 和相应的 U_{cm} 随着 U_{im} 的增大而迅速增大;在过压状态,U_{im} 的增大使 i_C 的脉冲高度和宽度虽有增大,但凹陷也随之加深,致使 I_{C0}、I_{c1m} 和 U_{cm} 增大缓慢,如图 4.2.4(b)所示。

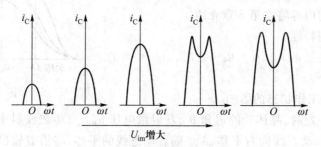

(a) 脉冲电流高度和宽度的变化

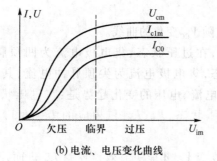

(b) 电流、电压变化曲线

图 4.2.4 谐振功放的放大特性

2. 谐振功放的调制特性

研究基极电源 V_{BB} 和集电极电源 V_{CC} 对高频功放工作状态的影响,是为了明确利用谐振功放实现调幅应满足的条件。

（1）基极调制特性

基极调制特性是指当 V_{CC}、U_{im}、R_p 一定时,谐振功放的性能随 V_{BB} 变化的特性。

① V_{BB} 变化时对工作状态的影响。

由 $u_{BEmax}(=V_{BB}+U_{im})$ 可知,当 V_{BB} 由负值逐渐增加到正值(即从负电压向小于 U_{on} 的正电压变化)时,u_{BEmax} 对应的输出特性曲线将向上平移,谐振功放工作状态的变化如同放大特性。显然,随着 V_{BB} 的增大,谐振功放工作状态的变化趋势是:欠压→临界→过压。图 4.2.5 中的横坐标表示了这一变化过程。

② 电流 I_{C0}、I_{c1m} 及电压 U_{cm} 随 V_{BB} 变化的曲线。

既然改变 V_{BB} 和改变 U_{im} 是等效的,那么就可以借助图 4.2.4(a)所示电流变化趋势画出 V_{BB} 的变化对电流 I_{C0}、I_{c1m} 和电压 U_{cm} 影响的曲线,如图 4.2.5 所示。与图 4.2.4(b)相比,所不同的是 V_{BB} 可以取负值也可以取正值,而 U_{im} 只能由零开始变化。

从图 4.2.5 中不难看出,在欠压状态,I_{c1m} 对应的曲线比过压状态的曲线陡得多。因此只有在欠压状态,改变 V_{BB} 才能更有效地控制 I_{c1m} 进而控制 U_{cm},可实现基极调幅。有关基极调幅的内容将在第 6 章介绍。

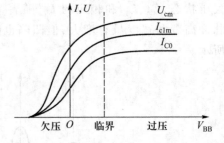

图 4.2.5　谐振功放的基极调制特性

（2）集电极调制特性

集电极调制特性是指 V_{BB}、U_{im}、R_p 一定时,谐振功放的性能随 V_{CC} 变化的特性。

① V_{CC} 变化时对工作状态的影响。

当 V_{BB}、U_{im}、R_p 一定时,晶体管的通角 θ_c、发射结电压 u_{BEmax}、动态线斜率 g_d 和 Q 点纵坐标均不变。当 V_{CC} 增大时,动态线向右平移,A 点随着动态线的平移,将沿着输出特性曲线向右移动,如图 4.2.6(a)所示。可见,随着 V_{CC} 的增大,谐振功放工作状态的变化趋势是:过压→临界→欠压。

② 电流 I_{C0}、I_{c1m} 及电压 U_{cm} 随 V_{CC} 变化的曲线。

由图 4.2.6(a)不难看出,在过压状态,集电极电流为凹顶脉冲电流,其凹陷程度随着 V_{CC} 的增加而减小;在欠压状态,集电极电流为尖顶脉冲电流,其尖顶脉冲电流的高度随着 V_{CC} 的增加而略有增高。因此电流、电压的变化趋势是:在过压状态,I_{C0}、I_{c1m} 和相应的 U_{cm} 随 V_{CC} 的增加而迅速增大;在欠压状态,I_{C0}、I_{c1m} 和相应的 U_{cm} 随 V_{CC} 的增加而缓慢增大,如图 4.2.6(b)所示。

可见,只有在过压状态时改变 V_{CC} 才能更有效地控制 I_{c1m} 进而控制 U_{cm},可实现集电极调幅。有关集电极调幅的内容将在第 6 章介绍。

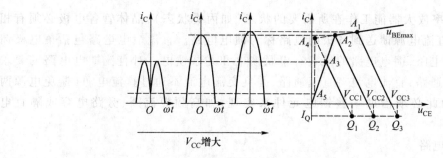

(a) 脉冲电流高度和动态线的变化

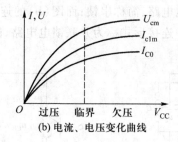

(b) 电流、电压变化曲线

图 4.2.6 谐振功放的集电极调制特性

4.3 丙类谐振功率放大器的实际电路

在前几节中,为了直观起见,采用图 4.1.1 所示的原理电路进行讨论。其实,实际电路要比原理电路复杂得多。任何一个完整的谐振功放都是由功放管、直流馈电电路和滤波匹配网络组成的。

4.3.1 直流馈电电路

导学

直流馈电电路的组成原则。
集电极馈电电路的形式及其组成特点。
基极馈电电路的形式及其组成特点。

为了使谐振功率放大器能工作在所需要的状态(如丙类状态),晶体管各电极必须有相应的直流电源,把直流电源馈送到各极的电路称为馈电电路。直流馈电电路包括集电极馈电电路和基极馈电电路,馈电电路的形式有串联馈电和并联馈电。对直流馈电电路的要求是交流电流有交流通路,直流电流有直流通路,并且交流电流不通过直流电源(避免电源两端的电压波动),为此必须借助一些馈电元件来实现,如高频扼流圈、旁路电容或隔直电容等。

1. 集电极馈电电路

集电极馈电电路如图 4.3.1 所示。在图(a)中,功放管、直流电源和负载回路三部分串联连接,把这种连接形式称为串联馈电电路,简称串馈;而图(b)的连接方式是功放管、直流电源和负载回路三部分并联连接,所以这种连接形式称为并联馈电电路,简称并馈。

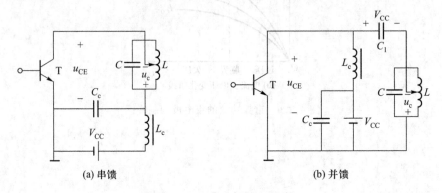

(a) 串馈   (b) 并馈

图 4.3.1   集电极馈电电路

在图 4.3.1 中,L_c 为高频扼流圈,它与高频旁路电容 C_c 共同构成直流电源滤波电路,要求在信号频率上 L_c 的感抗很大近似开路,C_c 容抗很小近似短路,其作用是防止交流成分进入直流电源,在电源内阻上形成交流电压而引起电源两端电压的波动。C_1 为耦合电容,防止直流电源被回路电感短路。对于电压来说,无论是串馈还是并馈,u_c 与 V_{CC} 总是串联的,因此基本关系式 $u_{CE} = V_{CC} - U_{cm}\cos\omega t$ 对两种电路都适用。

由于直流电源与"地"之间有一定的杂散电容,且容量比较大。为了防止这些杂散电容成为回路电容的一部分,引起电路不稳定和限制最高工作频率,直流电源的一端必须接地,这可以说是电子线路中馈电的一条基本原则。

图 4.3.1(a)所示串馈电路的优点是馈电元件 L_c、C_c 处于高频低电位,分布参数不会影响负载回路的谐振频率;缺点是谐振回路处于直流高电位,使得对回路进行调谐时感应大、不安全以及安装、调试不方便,所以这种电路适合于频率较高的场合。图 4.3.1(b)所示并馈电路的优点是谐振回路处于直流低电位,LC 回路元件直接接地,安装、调试方便;缺点是馈电元件 L_c、C_c 与谐振回路并联,它们的分布参数将直接影响谐振回路的稳定性,限制了放大器的高端频率,故它一般适用于频率较低的场合。

2. 基极馈电电路

基极馈电电路也有串馈和并馈两种形式,并且提供偏压的方法有外加直流电源和自偏压式两种。

(1) 外加直流电源的基极馈电电路

如图 4.3.2 所示,V_{BB} 为基极偏置电压源,C_b 为高频旁路电容,C_{b1} 为耦合电容,L_b 为高频扼流圈。在实际电路中,工作频率较低或工作频带较宽的功率放大器一般采用互感耦合,即采用图 (a)(b)所示的馈电形式;对于甚高频段的功率放大器,由于采用电容耦合比较方便,故常采用图 (c)所示的馈电形式。

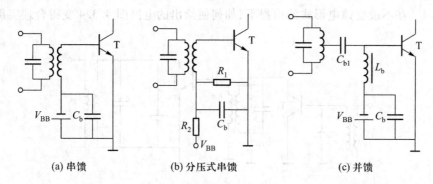

(a) 串馈   (b) 分压式串馈   (c) 并馈

图 4.3.2   外加直流电源的基极馈电电路

基极偏置电压源 V_{BB} 可以单独由稳压电源供给,也可以由集电极电源 V_{CC} 分压供给。

(2) 自偏压式基极馈电电路

在实际应用中,有时采用单独直流电源提供 V_{BB} 并不方便,在输出功率大于 1 W 的功率级,常采用以下的方法来产生 V_{BB}。

① 利用基极脉冲电流中的直流分量 I_{B0} 在基极电阻 R_b 上产生的压降形成自给负偏压 V_{BB},如图 4.3.3(a)所示。C_b 为高频旁路电容,对基波和各次谐波电流具有短路作用,使 R_b 上产生稳定的直流压降。改变 R_b 的大小,可以调节反偏电压的大小。

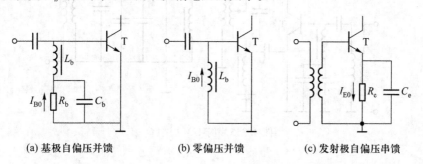

(a) 基极自偏压并馈   (b) 零偏压并馈   (c) 发射极自偏压串馈

图 4.3.3   自偏压式基极馈电电路

② 利用基极脉冲电流的直流分量 I_{B0} 在高频扼流圈固有的直流电阻上产生很小的电压,形成自给负偏压 V_{BB} ,如图 4.3.3(b)所示。由于高频扼流圈的直流电阻很小,使发射结仅有很小的直流负偏压,故将此电路近似称为零偏压基极馈电电路。一般只在需要很小的负偏压时,才采用这种形式。

③ 利用发射极脉冲电流的直流分量 I_{E0} 在发射极偏置电阻 R_e 上产生的压降形成自给负偏压 V_{BB} ,如图 4.3.3(c)所示。这种方式的优点是可以自动维持放大器的工作状态,当信号增大时 I_{E0} 增大,使负偏压增大;当信号减小时 I_{E0} 减小,使负偏压减小。实质上起到了直流负反馈的作用。 C_e 的作用与图 4.3.3(a)中的 C_b 相同。

例 4.3.1　在不改变馈电形式的前提下,如何使给出的电路图 4.3.4 变得合理实用。

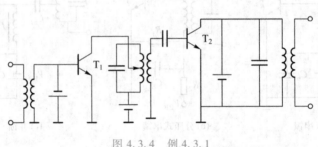

图 4.3.4　例 4.3.1

解:题型通常有电路改错和按要求画出电路两类。此题是电路改错题,是检验学习者对本节教学内容(集电极的两种馈电电路和基极常见的六种馈电电路结构)的掌握程度。其修改方案(基本属于对号入座)如图 4.3.5 所示。

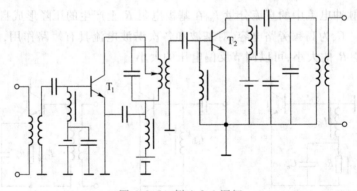

图 4.3.5　例 4.3.1图解

4.3.2 滤波匹配网络

导学

滤波匹配网络应满足的要求。

分析滤波匹配网络的方法。

π 形或 T 形滤波匹配网络与 L 形相比所具有的优点。

在发射机高频部分,通常采用多级方式获得大的高频输出功率。根据丙类功放在发射机中所处位置不同,选用由 L 和 C 组成的 L 形、π 形或 T 形网络实现输入、级间耦合和输出三种电路的滤波与阻抗匹配。故将此双重作用的网络称为滤波匹配网络。

滤波匹配网络的电路形式虽然很多,但归结起来除了前面用到的 LC 谐振回路外,还常用较为复杂的网络。但无论是哪种形式的滤波匹配网络,都应该满足以下几点要求:

(1) 具有阻抗匹配功能。即将实际阻抗变换为功放管工作状态所要求的最佳阻抗。如最佳阻抗可使级间功放处于过压状态,使输出功放处于临界状态。

(2) 具有滤波功能。即滤波匹配网络应对工作频率之外的分量具有良好的抑制能力。

(3) 固有损耗尽可能小。即滤波匹配网络能够高效率地将功率传送给负载。

1. 分析基础——串、并联阻抗变换

滤波匹配网络的分析,是以串、并联阻抗变换为基础。利用阻抗电路的串、并联之间的等效变换和 LC 回路的选频特性,可以求得滤波匹配网络在所要求频率处实现的阻抗变换。

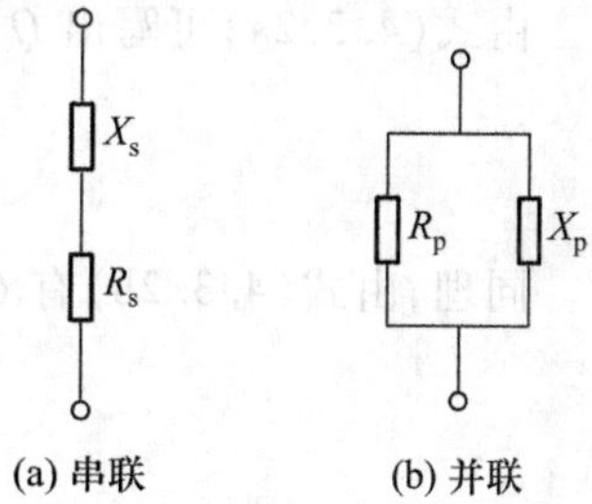

图 4.3.6 串并联阻抗转换

由式(2.1.12a)可写出图 4.3.6 中 R_s 与 R_p 之间的变换关系

$$R_p=(1+Q^2)R_s \tag{4.3.1}$$

式中,Q 为两个电路的品质因数,根据 Q 的定义可写为

$$Q=\frac{|X_s|}{R_s} \tag{4.3.2a}$$

或

$$Q=\frac{R_p}{|X_p|} \tag{4.3.2b}$$

式(4.3.1)、式(4.3.2)是分析以下几种滤波匹配网络阻抗变换特性的依据。

2. 滤波匹配网络的分析

常用的滤波匹配网络有 L 形、T 形和 π 形。其中,L 形是最基本、最简单的滤波匹配网络,T

形和 π 形可以视为由 L 形滤波匹配网络演变而来的。因此,弄清楚 L 形滤波匹配网络的匹配条件至关重要。

（1）L 形滤波匹配网络

L 形滤波匹配网络由两个异性电抗元件 X_1、X_2 组成,常用的有图 4.3.7（a）和图 4.3.8（a）所示的两种。图中,R_L 是外接负载电阻,R_i 是双端口网络在工作频率处的最佳输入电阻（或看作谐振功放所要求的最佳负载电阻）。

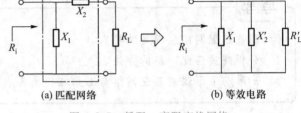

图 4.3.7 低阻→高阻变换网络

① 低阻 → 高阻变换网络。

如图 4.3.7（a）所示。为了便于分析,将图（a）中的 X_2、R_L 串联形式等效为图（b）中的并联形式。等效后的并联回路谐振,则有 $X_1 + X_2' = 0$,$R_i = R_L'$。由式（4.3.1）可知

$$R_L' = (1 + Q^2) R_L = R_i \qquad (4.3.3)$$

可见在谐振频率处,相当于负载电阻增大了。并由式（4.3.3）得

$$Q = \sqrt{\frac{R_i}{R_L} - 1} \qquad (4.3.4)$$

由式（4.3.2a）可写出 $Q = \dfrac{|X_2|}{R_L}$,进而得

$$|X_2| = QR_L = \sqrt{R_L(R_i - R_L)} \qquad (4.3.5)$$

同理,由式（4.3.2b）有 $Q = \dfrac{R_L'}{|X_2'|} = \dfrac{R_i}{|X_1|}$,由此可得

$$|X_1| = \frac{R_i}{Q} = R_i\sqrt{\frac{R_L}{R_i - R_L}} \qquad (4.3.6)$$

显然,式（4.3.5）、式（4.3.6）成立必须满足 $R_i > R_L$ 的条件,表明在谐振频率处的滤波匹配网络,可将原来的低阻 R_L 变换成高阻 R_i。故图 4.3.7（a）称为低阻 → 高阻变换网络。

② 高阻 → 低阻变换网络。

如果外接负载电阻 R_L 比较大,而放大器要求的负载电阻 R_i 较小时,可采用图 4.3.8（a）所示的电路形式。仿照上述推导过程,将图 4.3.8（a）中的 X_1、R_L 并联形式等效为图（b）中的串联形式,并在回路谐振时,有 $X_2 + X_1' = 0$,$R_i = R_L'$。由式（4.3.1）可知

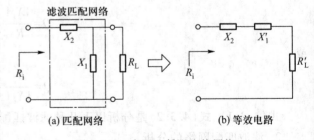

图 4.3.8 高阻→低阻变换网络

$$R_L' = \frac{R_L}{1+Q^2} = R_i \tag{4.3.7}$$

可见,在谐振频率处,相当于负载电阻变小。由式(4.3.7)可得

$$Q = \sqrt{\frac{R_L}{R_i} - 1} \tag{4.3.8}$$

由式(4.3.2a)得 $Q = \dfrac{|X_1'|}{R_L'} = \dfrac{|X_2|}{R_i}$,即

$$|X_2| = QR_i = \sqrt{R_i(R_L - R_i)} \tag{4.3.9}$$

由式(4.3.2b)可得 $Q = \dfrac{R_L}{|X_1|}$,即

$$|X_1| = \frac{R_L}{Q} = R_L\sqrt{\frac{R_i}{R_L - R_i}} \tag{4.3.10}$$

为使式(4.3.9)、式(4.3.10)成立,必须满足 $R_i < R_L$ 的条件,显然图4.3.8(a)可在谐振频率处将大电阻 R_L 等效变换成小电阻 R_i,故该电路称为高阻 → 低阻变换网络。

例4.3.2 已知某电阻性负载为 10 Ω,请设计并画出一个匹配网络,使该负载在 20 MHz 时转换为 50 Ω。

解:由题意可知,欲使负载增大,应采用低阻→高阻变换网络。如果 X_1 表示容抗,X_2 表示感抗,则所设计的电路如图4.3.9所示。由式(4.3.5)得 $|X_2| = \sqrt{10 \times (50-10)}\ \Omega = 20\ \Omega$,则有

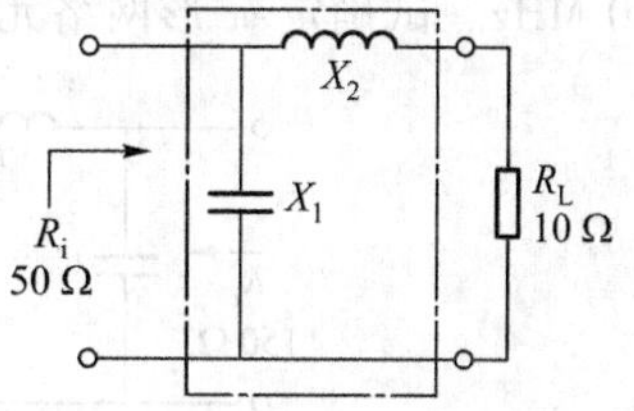

$$L = \frac{|X_2|}{\omega} = \frac{20}{2\pi \times 20 \times 10^6}\ \text{H} \approx 0.16\ \mu\text{H}$$

由式(4.3.6)得 $|X_1| = 50\sqrt{\dfrac{10}{50-10}}\ \Omega = 25\ \Omega$,则有

图4.3.9　例4.3.2解图

$$C = \frac{1}{\omega|X_1|} = \frac{1}{2\pi \times 20 \times 10^6 \times 25}\ \text{F} \approx 318.47\ \text{pF}$$

故所设计出来的 L 形滤波匹配网络的电感和电容值分别为 0.16 μH 和 318.47 pF。

（2）π 形和 T 形匹配网络

由于 L 形滤波匹配网络阻抗变换前、后的电阻相差（$1+Q^2$）倍,若在实际中要求的变换倍数并不高,这将势必造成回路 Q 值过小,使滤波性能变差。为了克服上述矛盾,可采用 π 形或 T 形滤波匹配网络,它们分别由三个电抗元件（其中两个同性、一个异性）组成,如图4.3.10所示,且可以看作是由两个 L 形滤波匹配网络串接组成的。

图4.3.10(a)所示的 π 形滤波匹配网络,可以分解为由 X_2''、X_3 组成的高阻→低阻变换网络,及 X_1、X_2' 组成的低阻→高阻变换网络两部分,图中 R_L' 为中间变换电阻。

图4.3.10(b)所示的 T 形滤波匹配网络,可以分解为由 X_2''、X_3 组成的低阻→高阻变换网络及

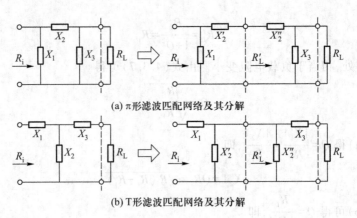

(a) π形滤波匹配网络及其分解

(b) T形滤波匹配网络及其分解

图 4.3.10　π、T形匹配网络及其分解

X_1、X_2'组成的高阻→低阻变换网络两部分,而且 R_L' 也是中间变换电阻。

综上可见,若恰当选择两个 L 形滤波匹配网络的 Q 值,就可以兼顾到滤波和阻抗匹配的要求。由于 T 形滤波匹配网络的输入端有近似于串联谐振电路的特性,一般不用做功放的输出匹配网络,常用于高频功放的级间耦合。

例4.3.3　π形滤波匹配网络如图 4.3.11(a)所示。已知 $R_L = 50\ \Omega$,$R_i = 150\ \Omega$,工作频率 $f = 50\ \text{MHz}$。试确定 π 形网络元件的参数。

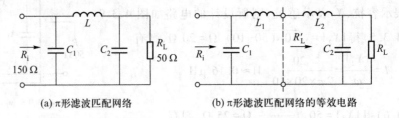

(a) π形滤波匹配网络　　　　　(b) π形滤波匹配网络的等效电路

图 4.3.11　例 4.3.3 及其变换图

解:首先将图 4.3.11(a)中的 π 形滤波匹配网络分解成图 4.3.11(b)所示的两个 L 形网络。其中,L_2、C_2 构成高阻变低阻的 L 形网络,其品质因数为 Q_2;C_1、L_1 构成低阻变高阻的 L 形网络,其品质因数为 Q_1。R_L' 为中间变换电阻。

现设 $Q_2 = 4$,则由式(4.3.7)可得中间变换阻抗 $R_L' = \dfrac{R_L}{1+Q_2^2} = \dfrac{50\ \Omega}{1+4^2} \approx 2.94\ \Omega$。

由式(4.3.9)和式(4.3.10)可分别求出:

$$|X_{L2}| = \sqrt{R_L'(R_L - R_L')} = \sqrt{2.94 \times (50 - 2.94)}\ \Omega \approx 11.76\ \Omega$$

$$L_2 = \frac{X_{L2}}{\omega} = \frac{11.76}{2\pi \times 50 \times 10^6}\ \text{H} \approx 37.45\ \text{nH}$$

$$|X_{C2}| = R_L\sqrt{\frac{R_L'}{R_L - R_L'}} = 50\sqrt{\frac{2.94}{50 - 2.94}}\ \Omega \approx 12.5\ \Omega$$

$$C_2 = \frac{1}{\omega X_{C2}} = \frac{1}{2\pi \times 50 \times 10^6 \times 12.5}\ F \approx 254.78\ pF$$

再由式(4.3.5)和式(4.3.6)分别求出：

$$|X_{L1}| = \sqrt{R_L'(R_i - R_L')} = \sqrt{2.94 \times (150 - 2.94)}\ \Omega \approx 20.79\ \Omega$$

$$L_1 = \frac{X_{L1}}{\omega} = \frac{20.79}{2\pi \times 50 \times 10^6}\ H \approx 66.21\ nH$$

$$|X_{C1}| = R_i\sqrt{\frac{R_L'}{R_i - R_L'}} = 150\sqrt{\frac{2.94}{150 - 2.94}}\ \Omega \approx 21.21\ \Omega$$

$$C_1 = \frac{1}{\omega X_{C1}} = \frac{1}{2\pi \times 50 \times 10^6 \times 21.21}\ F \approx 150.15\ pF$$

将 L_1 和 L_2 合并为 L，则 $L = L_1 + L_2 = (66.21 + 37.45)\ mH = 103.66\ nH$。

因此，在选取 $Q_2 = 4$ 的条件下，确定了图 4.3.11(a) 中的元件参数。

4.3.3 实用电路

图 4.3.12 是一工作频率为 160 MHz 的谐振功放，向 50 Ω 的外接负载提供 13 W 的功率，功率增益为 9 dB。该电路由功放管、馈电电路和匹配网络等组成。

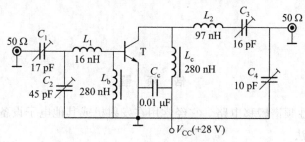

图 4.3.12　实际谐振功放

馈电电路:基极采用自给偏置,由高频扼流圈 L_b 中的直流电阻产生很小的负偏压 V_{BB},使电路工作在丙类工作状态;集电极采用并馈,L_c 为高频扼流圈,C_c 为旁路电容。

匹配网络:放大器输入端采用 C_1、C_2、L_1 构成的 T 形输入滤波匹配网络,调节 C_1、C_2,可使功放管的输入阻抗在工作频率上变换为前级电路所要求的 50 Ω 匹配电阻;功放输出端采用 L_2、C_3、C_4 构成的 L 形滤波匹配网络,调节 C_3、C_4 使得 50 Ω 外接负载电阻在工作频率上变换为放大器所要求的匹配电阻。显然,在输入端调节 C_1、C_2 和在输出端调节 C_3、C_4 的目的是实现调谐和调匹配,体现了滤波和匹配的双重作用。

例 4.3.4 试画出两级谐振功放的实际电路,要求:

(1) 两级均采用 NPN 型晶体管,发射极直接接地。

(2) 第一级基极采用分压式外加直流电源的馈电电路,与前级之间采用互感耦合,第二级基极采用零偏馈电电路。

(3) 第一级和第二级集电极馈电电路分别采用并馈和串馈形式。

(4) 两级间的耦合采用 T 形滤波匹配网络,输出回路采用 π 形滤波匹配网络,负载为天线。

解:此题是对直流馈电电路和滤波匹配网络相关知识的梳理和综合运用。在画馈电电路时,首先根据串馈、并馈的要求画出非线性器件、直流电源、负载(或信号源)之间的连接关系。然后在适当的位置添加适当的旁路电容、隔直电容、高频扼流圈等器件。如果是两级放大电路级联,应注意工作点是否隔离。依据上述原则,可画出符合题意各项要求的电路,如图 4.3.13 所示。

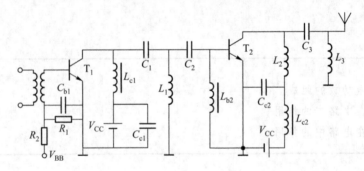

图 4.3.13 例 4.3.4 图解

✖ [拓展知识]

倍 频 器

倍频器是一种线性频谱搬移电路。它经常用在发射机或其他电子设备的中间级。

1. 实现倍频的方法

倍频器按工作原理可分为以下几种:

（1）利用丙类谐振放大器脉冲电流中的谐波经选频回路获得倍频，称为丙类倍频器；

（2）利用模拟相乘器实现倍频；

（3）利用 PN 结电容的非线性变化，得到输入信号频率的谐波，经选频回路获得倍频，称为参数倍频器；

（4）利用锁相环路实现倍频，参见 8.4.2 节相关内容。

当工作频率为几十兆赫兹时，主要采用丙类倍频器；当工作频率高于 100 MHz 时，主要采用参数倍频器；相乘器构成的倍频器主要受相乘器上限工作频率的限制。本节仅介绍前两种倍频器的实现方法。

2. 倍频器的工作原理

（1）丙类倍频器

晶体管倍频器的电路结构与晶体管丙类谐振功率放大器基本相同，其区别在于选频回路的谐振频率不同，前者的谐振频率为输入信号频率的 n 倍（n 为正整数），而后者的谐振频率与输入信号频率相等。

晶体管倍频器由于下述两个因素，它的倍频次数不能太高，一般用作二倍频或三倍频器。

① 应根据倍频次数选择最佳的通角。

由丙类谐振功放的工作原理可知，集电极电流中第 n 次谐波分量 I_{cnm} 与尖顶余弦脉冲的分解系数 $\alpha_n(\theta_c)$ 成正比，即 $I_{cnm} = i_{Cmax}\alpha_n(\theta_c)$。再由尖顶余弦脉冲分解系数曲线图 4.1.4 可以看出，一、二、三次谐波分解系数的最大值依次减小，经计算可得最大值及对应的通角为

$$\alpha_1(120°) = 0.536, \alpha_2(60°) = 0.276, \alpha_3(40°) = 0.185$$

可见，二倍频、三倍频时的最佳通角分别是 60° 和 40°，并且在相同 i_{Cmax} 的情况下，所获得的最大电流振幅分别是基波最大电流振幅的 1/2 和 1/3。显然，在相同的情况下，倍频次数越高，获得的输出电压或功率越小，这就是为什么倍频次数一般不超过 3～4 的原因。若需要更高次倍频，可以将倍频器级联使用，或者采用参数倍频器，其倍频次数可高达 40 倍以上。

② 必须采取良好的输出滤波措施。

倍频器的输出回路需要滤除高于 n 次和低于 n 次的分量。低于 n 次的分量（包括基波分量）振幅比有用的分量大，要将它们滤除较为困难。所以可以采用以下方法：一是提高输出选频回路的有载品质因数；二是采用选择性好的带通滤波器，如多个 LC 串、并联谐振回路组成的 π 形滤波网络。

（2）模拟相乘器倍频器

用模拟相乘器实现倍频的原理是将输入信号同时输入到模拟相乘器的两个输入端进行自身线性相乘，则模拟相乘器输出交流分量就是输入信号的二倍频信号。若输入单频信号 $u_s(t) = U_{sm}\cos\omega_s t$，则输出信号

$$u_o(t) = ku_s^2(t) = k(U_{sm}\cos\omega_s t)^2 = \frac{k}{2}U_{sm}^2(1+\cos 2\omega_s t)$$

可见，输出电压中包含直流分量和二倍频分量，通过隔直电容滤除直流分量，可在负载上得到二

倍频电压。

3. 倍频器的应用

倍频器在通信系统及其他电子系统中均有广泛的应用,下面仅举几例。

(1) 对振荡器输出信号进行倍频,得到更高的振荡频率。例如调幅广播发射机组成框图 1.3.1 中,由于采用了倍频器,可使主振器的频率降低,这对稳频是有利的。一般主振器频率不宜超过 5 MHz,当发射机频率高于 5 MHz 时,通常采用倍频器。

(2) 在第 5 章的石英晶体振荡器中,我们将会知道振荡频率越高,石英晶体越薄,越易振碎,最薄的石英晶体的固有频率限制在 20 MHz 以下,超过这一频率就宜在石英晶体振荡器后面采用倍频器。

(3) 在第 7 章的直接和间接调频电路中,采用倍频器可扩展频偏或相移。

(4) 在第 8 章的频率合成器中,倍频器是不可缺少的组成部分。

4.4　宽带高频功率放大器

导学

> 传输线变压器的特点。
> 传输线变压器的作用。
> 由传输线变压器构成的宽带高频功放的特点。

虽然丙类谐振功放的效率高,但它只适用于窄带(或单一)工作频率,当需要改变工作频率时,必须改变电路中匹配网络的谐振频率,这在实际应用中是很烦琐的。对于工作于多个频道、能快速换频的发射机或是多频道频率合成器构成的发射机等,都要求采用快速调谐跟踪的放大器,显然谐振高频功放是不能满足要求的,这时必须采用无须调节工作频率的宽带高频功率放大器。这类放大器的负载不再采用谐振回路,而是通过传输线变压器的耦合,进行阻抗变换。为此,本节我们首先了解一下传输线变压器的作用,然后再讨论由传输线变压器构成的宽带高频功放。

1. 传输线变压器

(1) 结构及其特点

将两根等长的导线(可以是漆包线、同轴线等)绕在高磁导率的铁心磁环上就构成了传输线变压器,如图 4.4.1(a)所示,图(b)和图(c)分别是传输线方式和变压器方式的工作原理图。

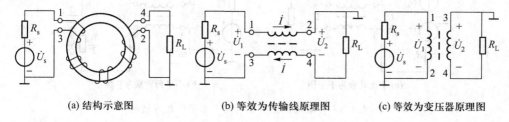

(a) 结构示意图   (b) 等效为传输线原理图   (c) 等效为变压器原理图

图 4.4.1   1∶1 传输线变压器结构示意图及其等效电路

由图 4.4.1(b)不难看出,由于 2、3 端同时接地,这样信号电压 $\dot{U}_1$ 加至传输线始端(即同名端)1、3 时,同时也加至绕组 1、2 两端,负载 R_L 也就接到了绕组 3、4 两端,如图 4.4.1(c)所示,传输线变压器按变压器方式工作。因此传输线变压器的工作原理将是传输线原理与变压器原理的结合。那么是工作在传输线方式还是变压器方式,将取决于信号源:高频时主要以传输线方式为主,低频时主要以变压器方式为主。

传输线工作方式的主要特点:一是在传输线的任一点上,两根导线上流过的电流大小相等、方向相反;二是能量的传输主要靠两绕组之间分布电容的耦合,磁心没有功率损耗,对传输线的工作没有影响,因而最高工作频率可以有很大的提高。

变压器工作方式的主要特点:一是在两绕组端(1、2 和 3、4 端)有同相的电压;二是能量的传输主要靠绕组的磁耦合,在磁心中有功率损耗。

应该指出的是,传输线变压器与普通变压器传递能量的方式是不同的。对于普通变压器来说,信号电压加到一次侧的 1、2 端,使一次侧有电流流过,然后通过磁通在二次侧 3、4 两端感应出交变的电压,将能量由一次侧传递到二次侧的负载上。而传输线变压器的信号是加在 1、3 输入端,能量由输入端通过导线间的介质传输到 2、4 输出端的负载上。

(2) 传输线变压器的极性变换

传输线变压器用作极性变换电路,就是 1∶1 倒相传输线变压器。如图 4.4.1(b)(c)所示。对于图 4.4.1(c),在信号源的作用下,一次侧 1、2 两端的电压为 $\dot{U}_1$,极性为 1 端正、2 端负;在 $\dot{U}_1$ 的作用下,通过电磁感应,在变压器二次侧 3、4 两端产生等值的电压 $\dot{U}_2$,极性为 3 端正、4 端负。由于 3 端接地,故负载电阻上的电压与 3、4 端的电压 $\dot{U}_2$ 极性相反,从而实现了倒相作用。

(3) 传输线变压器平衡与不平衡的相互变换

图 4.4.2 是传输线变压器平衡与不平衡的相互变换电路。其中图 4.4.2(a)是将平衡输入变换为不平衡输出的电路,输入端两个信号源的电压和内阻均相等,分别接在地的两侧,这种接法称为平衡接法;输出负载只有单端接地,称为不平衡接法。图 4.4.2(b)是将不平衡输入变换为平衡输出的电路。

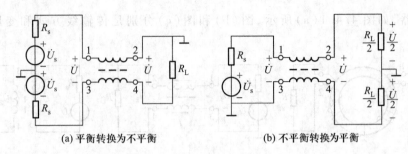

(a) 平衡转换为不平衡   (b) 不平衡转换为平衡

图 4.4.2 传输线变压器平衡与不平衡的相互转换

（4）传输线变压器的阻抗变换

① 4:1 阻抗变换器。

在图 4.4.3(a) 所示的电路中,设输入电流为 $\dot{I}$, R_L 的端电压为 $\dot{U}$。由传输线变压器的特点可以标出电路中各处的电流及电压。

因为 $R_L = \dfrac{\dot{U}}{2\dot{I}}$, $R_i = \dfrac{\dot{U}_{14}}{\dot{I}} = \dfrac{2\dot{U}}{\dot{I}} = 4 \cdot \dfrac{\dot{U}}{2\dot{I}} = 4R_L$,所以 $\dfrac{R_i}{R_L} = 4 : 1$。

为了实现阻抗匹配,要求传输线的特性阻抗 $Z_C = \dfrac{\dot{U}}{\dot{I}} = 2 \cdot \dfrac{\dot{U}}{2\dot{I}} = 2R_L = \dfrac{1}{2}R_i$,进而可得到特性阻抗的通式 $Z_C = \sqrt{R_i R_L}$。

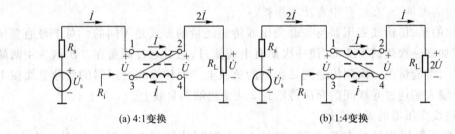

(a) 4:1变换   (b) 1:4变换

图 4.4.3 传输线变压器的两种基本阻抗变换电路

② 1:4 阻抗变换器。

在图 4.4.3(b) 所示的电路中,设输出电流为 $\dot{I}$,输入端电压为 $\dot{U}$。由传输线变压器的特点可以标出电路中各处的电流及电压。

因为 $R_L = \dfrac{2\dot{U}}{\dot{I}}$, $R_i = \dfrac{\dot{U}_{13}}{2\dot{I}} = \dfrac{\dot{U}}{2\dot{I}} = \dfrac{1}{4} \cdot \dfrac{2\dot{U}}{\dot{I}} = \dfrac{1}{4}R_L$,所以 $\dfrac{R_i}{R_L} = 1 : 4$。

特性阻抗 $Z_C = \dfrac{\dot{U}}{\dot{I}} = \dfrac{1}{2} \cdot \dfrac{2\dot{U}}{\dot{I}} = \dfrac{1}{2}R_L = 2R_i = \sqrt{R_i R_L}$。

例 4.4.1 试分析图 4.4.4 所示电路的输入输出阻抗比,并求各传输线变压器的特性阻抗。

解:设输入电流为 $\dot{I}$,输出电压为 $\dot{U}$。根据传输线变压器的特点,可标出电路中各处的电流、电压,如图 4.4.4 所示。则

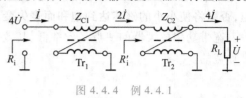

图 4.4.4 例 4.4.1

$$R_i = \frac{4\dot{U}}{\dot{I}}, R_L = \frac{\dot{U}}{4\dot{I}}, \frac{R_i}{R_L} = 16$$

显然该电路是由传输线变压器构成的 16∶1 阻抗变换电路。

又因为 $R_i' = \dfrac{2\dot{U}}{2\dot{I}} = 4\,\dfrac{\dot{U}}{4\dot{I}} = 4R_L$,根据特性阻抗的通式 $Z_C = \sqrt{R_i R_L}$,有

$$Z_{C1} = \sqrt{R_i R_i'} = \sqrt{16R_L \cdot 4R_L} = 8R_L$$

$$Z_{C2} = \sqrt{R_i' R_L} = \sqrt{4R_L \cdot R_L} = 2R_L$$

2. 传输线变压器的应用

为了说明传输线变压器在放大电路中的应用,下面我们介绍一个以传输线变压器为耦合网络的宽带高频功率放大电路,如图 4.4.5 所示。

图中,Tr_1 和 Tr_2 串接组成 16∶1 的阻抗变换器,使 T_1 的高输出阻抗与 T_2 的低输入阻抗匹配;对 50 Ω 的负载而言,经过 Tr_3 构成的 4∶1 阻抗变换器变换后,使得晶体管 T_2 的集电极负载为 200 Ω。

电路没有采用谐振回路,而是采用了两级分压式静态工作点稳定共射放大电路,放大电路工作在甲类状态。

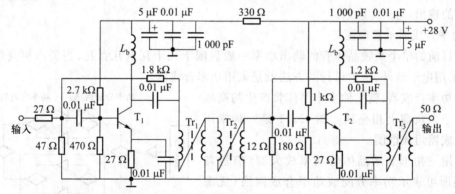

图 4.4.5 传输线变压器耦合宽带高频功率放大器

为了进一步改善放大器的性能,每一级都引入了电压负反馈。其中 1.8 kΩ 与 47 Ω 电阻的串联是 T_1 的反馈支路,1.2 kΩ 与 12 Ω 电阻的串联是 T_2 的反馈支路。为了避免放大器的交流信号通过电源内阻产生寄生耦合,每级的集电极直流电源都采用了 RC 去耦滤波电路,滤波电容是由大小不同的三个电容并联组成,分别对不同的频率滤波。并且集电极直流供电采用由电感 L_b

和0.01 μF电容组成的并馈电路,其作用是避免较大的集电极直流电源通过传输线变压器的绕组,否则将使小小的磁芯达到饱和而丧失变压器应有的功能。

宽带功率放大器的缺点是效率低,其效率一般在 20%左右。它是以牺牲效率来换取工作频带加宽的。

4.5　功率合成器

宽带高频功率放大器是以牺牲效率来换取工作频带加宽的。为了解决宽带功率放大器效率低、输出功率小的问题,在实际中常采用功率合成技术来实现多个功率放大器的联合工作,以获得大功率的输出。

1. 功率合成器示意框图

由于目前的单个高频晶体管的输出功率一般只限于几十瓦至几百瓦,当要求更高的输出功率时,除采用电子管外,一个可行的方法就是采用功率合成器。

所谓功率合成器,就是使多个晶体管产生的高频功率在同一个负载上相叠加。图 4.5.1 是一种常用的功率合成器组成框图。

图中用三角形表示晶体管功率放大器(有源器件),用菱形可表示功率分配或功率合成网络(无源器件),两者只是信号源与负载的位置不同而已,通常将这两种网络称为混合网络。

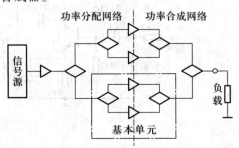

图 4.5.1　功率合成器的组成框图

混合网络应满足以下条件:

(1)功率相加条件

如果每个放大器的输出功率相等,供给匹配负载的额定功率均为 P_1,那么 N 个同类型放大器作用在负载上的总功率应为 NP_1。

（2）相互无关条件

合成器中的各放大单元电路应彼此相互隔离,其中任何一个放大单元电路损坏或出现故障时,不影响其他放大单元电路的工作状态。当一个或多个放大单元电路损坏时,要求负载上的功率下降尽可能小。

欲实现上述条件,关键在于选择合适的混合网络——传输线变压器,它是组成混合网络的核心。

由 4∶1 传输线变压器构成的混合网络有 A、B、C、D 四个端口,如图 4.5.2 所示,以实现功率合成和分配功能。根据混合网络功能的不同,其中的电阻 R_A、R_B、R_C 以及 R_D 可能是激励源的内阻,也可能是得到功率的负载电阻或平衡电阻。为了满足功率合成或分配网络所需要的条件,通常情况下取 $R_A = R_B = 2R_C = R_D/2 = R$

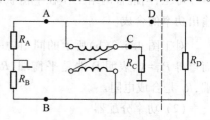

图 4.5.2　传输线变压器
组成的混合网络

2. 混合网络原理

（1）功率合成器

如果在图 4.5.2 中 A、B 两端同时加上激励源,则可实现功率合成,如图 4.5.3 所示。其中,图（a）中的两个功率源是反相输入的,电路构成的是反相功率合成器;图（b）中的两个功率源是同相输入的,电路构成的是同相功率合成器。

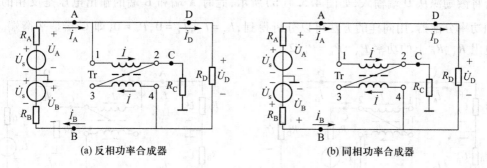

(a) 反相功率合成器　　　　　(b) 同相功率合成器

图 4.5.3　功率合成器

设传输线变压器 Tr 的电流为 $\dot{i}$,两个功率源输出的电流分别为 $\dot{i}_A$ 和 $\dot{i}_B$,流过 R_D 的电流为 $\dot{i}_D$。由图 4.5.3（a）可得

$$\dot{i} = \dot{i}_A - \dot{i}_D = \dot{i}_D - \dot{i}_B$$

则

$$\dot{i}_D = \frac{1}{2}(\dot{i}_A + \dot{i}_B)$$

$$\dot{i} = \frac{1}{2}(\dot{i}_A - \dot{i}_B)$$

由于电路的对称性,所以 $\dot{i}_A = \dot{i}_B$,$\dot{U}_A = \dot{U}_B$,$\dot{i} = 0$,$\dot{U}_D = \dot{U}_A + \dot{U}_B = 2\dot{U}_A$,则两个功率源输出的功率为

$$P_A = P_B = I_A U_A = I_B U_B$$

负载电阻 R_D 获得的功率

$$P_D = I_D U_D = I_A U_A + I_B U_B = P_A + P_B$$

因为 $\dot I = 0$，所以 R_C 上的功率 $P_C = 0$。

可见，当混合网络工作在平衡状态时，平衡电阻 R_C 将不消耗功率，R_D 上得到的是两功率源输出功率的合成。

对于图 4.5.3(b) 所示的同相功率合成器，由电路的对称性可知 $\dot U_A = \dot U_B$，$\dot U_D = \dot U_A - \dot U_B = 0$，进而可得 $P_D = 0$，表明 D 端是平衡端，R_D 为平衡电阻，不消耗功率。$P_C = P_A + P_B$，说明 C 端是合成端，R_C 是合成电阻。

（2）功率分配器

如果将图 4.5.2 中的一个激励源从 C 端或 D 端输入，则可实现功率分配。

当激励源由 C 端输入，如图 4.5.4(a) 所示，由于电路对称，$\dot U_A = \dot U_B$，$\dot U_D = \dot U_A - \dot U_B = 0$，则电阻 R_D 上没有功率，D 端为平衡端。两个负载电阻 R_A、R_B 上的功率 $P_A = P_B = P_C/2$，也就是将激励源的功率平均分配到两个负载上。由于 A 端和 B 端的电压大小相等，相位相同，所以该电路是同相功率分配器。

若将激励源从 D 端输入，如图 4.5.4(b) 所示，此时 A 端和 B 端的输出电压是反相的，可构成反相功率分配器，用同样的方法可以分析得到 $\dot I_A = \dot I_B$，$\dot I_C = 0$，$P_C = 0$，即 C 端是平衡端。两个负载电阻 R_A、R_B 上的功率 $P_A = P_B = P_D/2$。

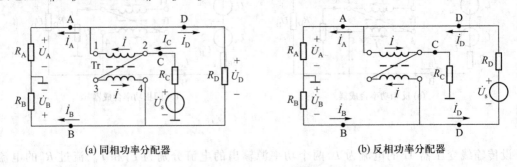

(a) 同相功率分配器　　　　　　　　　　　　(b) 反相功率分配器

图 4.5.4　功率分配器

3. 典型电路

图 4.5.5 是一个反相（推挽）功率合成器的典型电路，它是一个输出功率为 75 W、带宽为 30~75 MHz 的放大电路的一部分。图中 Tr_1 与 Tr_6 是具有平衡-不平衡转换作用的 1∶1 传输线变压器；Tr_2 与 Tr_5 是具有耦合网络作用的 1∶4 传输线变压器，混合网络各端仍用 A、B、C、D 来标明；Tr_3 与 Tr_4 为 4∶1 阻抗变换器，它的作用是完成阻抗匹配。

由图 4.5.5 可知，Tr_1 实现了不平衡-平衡的转换；Tr_2 是功率分配网络，在输入端由 D 端激励，A、B 两端得到反相激励功率，再经 Tr_3 和 Tr_4 两个 4∶1 阻抗变换器与晶体管的输入阻抗（约

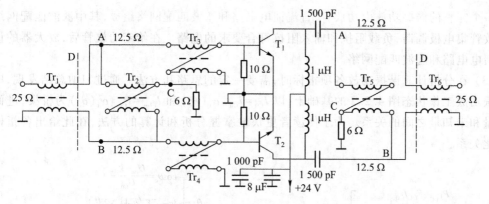

图 4.5.5　反相功率合成器典型电路举例

3 Ω)进行匹配。两个晶体管的输出功率是反相的,对于功率合成网络 Tr₅ 来说,A、B 端获得反相功率,在 D 端获得合成功率输出;再经 Tr₆ 实现平衡-不平衡转换。在完全匹配时,Tr₂ 和 Tr₅ 两个输入、输出混合网络的 C 端不会有功率损耗。但在匹配不完善和不十分对称的情况下,C 端还是有功率损耗的。C 端连接的电阻(6 Ω)即为吸收这不平衡功率之用,称为假负载电阻。

每个晶体管基极到地的 10 Ω 电阻是用来稳定放大器、防止寄生振荡的,并在晶体管截止期间作为耦合网络的负载。

反相功率合成器的优点是:输出无偶次谐波,输入电阻比单边工作时高,因而引线电感的影响小。至于同相功率合成器,可查阅相关文献。

本章小结

本章主要内容体系为:谐振功放的工作原理→谐振功放的性能分析→谐振功放的实际电路→宽带高频功率放大器→功率合成。

(1) 高频功率放大器的任务是为负载提供足够大的信号功率,主要用于发射机中。根据放大器负载的不同,放大器可分为谐振功率放大器和非谐振功率放大器。

(2) 为了提高效率,谐振功放一般工作在丙类(在兼顾效率和输出功率时,综合考虑 60°~80°为最佳通角)状态,虽然集电极电流 i_c 是严重失真的余弦脉冲电流,但由于采用了 LC 谐振回路作为放大器的负载,且谐振在信号频率上,这样便得到了不失真的信号电压输出。丙类谐振功放工作在大信号非线性状态,采用折线近似分析法可以对丙类谐振功放进行性能分析。根据动态工作点是否进入饱和区而分为欠压、临界和过压三种状态。

　　一个完整的谐振功放由功放管、直流馈电电路和滤波匹配网络组成,其中滤波匹配网络是保证功放管集电极调谐、负载阻抗和输入阻抗符合要求的电路。在给定功放管后,放大器的设计主要是馈电电路和滤波匹配网络。

　　(3) 在分析计算谐振功放各项指标时,需要一定的思路和方法。通过归纳总结发现,应在理解谐振功放工作状态图 4.2.2 的基础上,以 $I_{C0}=i_{Cmax}\alpha_0(\theta_c)$ 和 $I_{c1m}=i_{Cmax}\alpha_1(\theta_c)$ 为桥梁,进而找出已知量和未知量之间的关系。为了使读者更快地掌握分析和计算的方法,在此给出各指标之间的量化关系:

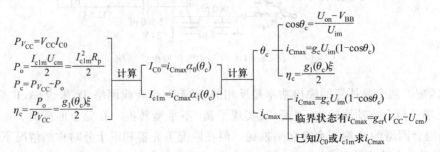

$$P_{V_{CC}}=V_{CC}I_{C0}$$

$$P_o=\frac{I_{c1m}U_{cm}}{2}=\frac{I_{c1m}^2 R_p}{2}$$

$$P_c=P_{V_{CC}}-P_o$$

$$\eta_c=\frac{P_o}{P_{V_{CC}}}=\frac{g_1(\theta_c)\xi}{2}$$

$$\xrightarrow{\text{计算}}\quad I_{C0}=i_{Cmax}\alpha_0(\theta_c)\quad I_{c1m}=i_{Cmax}\alpha_1(\theta_c)\quad \xrightarrow{\text{计算}}$$

$$\theta_c \begin{cases} \cos\theta_c=\dfrac{U_{on}-V_{BB}}{U_{im}} \\ i_{Cmax}=g_c U_{im}(1-\cos\theta_c) \\ \eta_c=\dfrac{g_1(\theta_c)\xi}{2} \end{cases}$$

$$i_{Cmax} \begin{cases} i_{Cmax}=g_c U_{im}(1-\cos\theta_c) \\ \text{临界状态有}\ i_{Cmax}=g_{cr}(V_{CC}-U_{cm}) \\ \text{已知}\ I_{C0}\ \text{或}\ I_{c1m}\ \text{求}\ i_{Cmax} \end{cases}$$

　　值得注意的是,由于过压状态的集电极电流为凹顶脉冲,不能用尖顶余弦脉冲分解系数进行计算,因此对过压状态的谐振功放只能进行定性分析。

　　(4) 倍频器有丙类倍频器、模拟相乘器倍频器、参数倍频器和锁相环路倍频器等几种类型,广泛应用于发射机或其他电子设备的中间级。

　　(5) 传输线变压器是构成宽带高频功率放大器和实现功率合成技术的基本单元电路,掌握其极性变换、平衡与不平衡变换和阻抗变换是理解和分析实际电路的基础。由于宽带高频功放级间选用了传输线变压器作为耦合网络,放大器选在甲类工作状态,效率低。为了提高效率,可采用功率合成技术实现多个功率放大器的联合工作,从而得到大功率输出。

自　测　题

一、填空题

1. 在谐振功率放大器中谐振回路的作用是＿＿＿＿＿＿＿、＿＿＿＿＿＿、＿＿＿＿＿＿。

2. 谐振功率放大器集电极电流为＿＿＿＿＿＿波形,经负载回路选频后输出的是＿＿＿＿＿＿波形。

3. 随着动态线斜率的增大,谐振功率放大器工作状态变化的规律是从＿＿＿＿＿＿＿＿

到_____再到_____。在这三种工作状态中,_____是发射机末级的最佳工作状态。

4. 谐振功率放大器原来工作于临界状态,当谐振电阻增大时,将工作于_____状态,此时 I_{C0}、I_{c1m}_____,i_C 波形出现_____,P_o_____,P_e_____,η_e_____。

5. 在谐振功率放大器三种工作状态中,_____状态时输出功率最大、效率也较高,_____状态主要用于调幅电路,_____状态用于中间级放大。

6. 谐振功率放大器集电极馈电电路有_____和_____两种形式。

7. 宽带高频功率放大器,负载采用_____调谐形式,常用_____,其作用是_____。

8. 传输线变压器工作原理是_____和_____的结合。

9. 功率合成器中的混合网络应满足_____和_____的条件。

二、选择题

1. 谐振功率放大器输出功率是指_____。
 A. 信号总功率　　　　　　　　　　 B. 直流信号输出功率
 C. 二次谐波输出功率　　　　　　　 D. 基波输出功率

2. 在丙类功率放大器中,集电极电流 i_C 为余弦脉冲电流,而 i_{c1} 为_____。
 A. 余弦脉冲电流　　　　　　　　　 B. 连续余弦波形电流
 C. 周期性矩形波电流　　　　　　　 D. 正弦脉冲电流

3. 丙类谐振功率放大器的输出功率为 6 W,当集电极效率为 60% 时,晶体管集电极损耗为_____。
 A. 2 W　　　　　　 B. 4 W　　　　　　 C. 6 W　　　　　　 D. 10 W

4. 对谐振功率放大器进行调谐时,应在_____工作状态下进行,以保护功放管。
 A. 欠压状态　　　 B. 临界状态　　　 C. 过压状态　　　 D. 弱过压状态

5. 为使发射机末级具有最大的输出功率和较高的效率,谐振高频功放应工作在_____。
 A. 欠压状态　　　 B. 临界状态　　　 C. 过压状态　　　 D. 弱过压状态

6. 丙类高频功率放大器,若要求效率高,应工作在_____状态。
 A. 欠压状态　　　 B. 临界状态　　　 C. 过压状态　　　 D. 弱过压状态

7. 欲使丙类谐振功放的工作状态为欠压→临界→过压,通过_____可以实现。
 A. 增大 U_{im}　　 B. 增大 V_{BB}　　 C. 增大 V_{CC}　　 D. 增大 R_p

8. 由传输线变压器构成的宽带功率放大器具有_____的特点。
 A. 效率高、频带宽　　　　　　　　 B. 效率低、频带宽
 C. 效率高、频带窄　　　　　　　　 D. 效率低、频带窄

9. 理想的功率合成器,当其中某一个功率放大器损坏时,功率合成器输出的总功率_____。
 A. 不变　　　　　　 B. 增大　　　　　　 C. 减小　　　　　　 D. 等于零

三、判断题

1. 丙类谐振功放中调谐回路的作用是提高效率。　　　　　　　　　　　　　（　　）

2. 谐振功放工作于丙类状态的原因是为了提高效率。　　　　　　　　　　　（　　）

3. 丙类高频功率放大器的输出功率为 $P_o = I_{c1m}^2 R_p / 2$，当 V_{CC}、V_{BB}、U_{im} 一定时，R_p 越大，则 P_o 也越大。　　　　　　　　　　　　　　　　　　　　　　　　　　　　　　（　　）

4. 某丙类谐振功率放大器原工作于过压状态，现希望它工作于临界状态，则可以通过提高输入信号的幅度来实现。　　　　　　　　　　　　　　　　　　　　　　　　（　　）

5. 某丙类谐振功率放大器原工作于欠压状态，现希望它工作于临界状态，则可减小电源电压 V_{CC}。　　　　　　　　　　　　　　　　　　　　　　　　　　　　　　　（　　）

6. 在谐振功率放大器的输出回路中，匹配网络的阻抗变换作用是将负载转换为放大器所要求的最佳负载电阻。　　　　　　　　　　　　　　　　　　　　　　　　　（　　）

7. 对于丙类高频功率放大器，若要求其输出电压平稳，放大器应选择临界工作状态。　　　　　　　　　　　　　　　　　　　　　　　　　　　　　　　　　　　（　　）

8. 原工作于临界状态的丙类高频功放，当其负载断开，I_{C0}、I_{c1m} 和 P_o 都减小。　（　　）

9. 传输线变压器应用于宽带放大器，它可实现电压合成。　　　　　　　　　（　　）

习　题

4.1　试说明谐振高频功率放大器与低频功率放大器的异同点。

4.2　什么叫高频功率放大器？对它有哪些主要要求？为什么高频功放一般工作在乙类或丙类状态？为什么通常采用谐振回路作负载？如果回路失谐会产生什么结果？

4.3　试说明丙类高频功率放大器与小信号谐振放大器有哪些主要区别。

4.4　已知某谐振功率放大器的 $V_{CC} = 24$ V，$I_{C0} = 250$ mA，$P_o = 5$ W，电压利用系数 $\xi = 0.95$。试求 $P_{V_{CC}}$、η_c、R_p、I_{c1m} 和 θ_c。

4.5　试说明高频功放三种工作状态分别适合于哪种应用电路。当 V_{CC}、V_{BB}、U_{im}、R_p 四个外部参量只变化其中的一个时，高频功放的工作状态如何变化？

4.6　根据负载特性曲线，估算处于临界状态的谐振功放，当集电极负载电阻 R_p 变化时，P_o 将如何变化？（1）R_p 增加一倍。（2）R_p 减小一半。

4.7　某谐振功率放大器工作于临界状态，已知晶体管的临界线斜率 $g_{cr} = 0.8$ S，最小管压降 $u_{CEmin} = 2$ V，输出电压幅度 $U_{cm} = 22$ V，通角 $\theta_c = 70°$。试求 P_o、$P_{V_{CC}}$、P_c 和 η_c。查表得 $\alpha_0(70°) = 0.253$，$\alpha_1(70°) = 0.436$。

4.8　某高频功放晶体管的临界线斜率 $g_{cr} = 0.9S$，$U_{on} = 0.6\ \text{V}$，电源电压 $V_{CC} = 18\ \text{V}$，$V_{BB} = -0.5\ \text{V}$，输入电压振幅 $U_{im} = 2.5\ \text{V}$，集电极脉冲电流幅值 $i_{Cmax} = 1.8\ \text{A}$，且放大器工作于临界状态。试计算 $P_{V_{CC}}$、P_o、P_c、η_c 和 R_p。

4.9　已知某高频功放晶体管的临界线斜率 $g_{cr} = 0.6S$，若高频功放电路工作于临界状态，输出功率 $P_o = 1.8\ \text{W}$，$\theta_c = 80°$，$V_{CC} = 18\ \text{V}$。试计算集电极脉冲电流幅值 i_{Cmax}、$P_{V_{CC}}$、P_c、η_c 和 R_p。查表得 $\alpha_0(80°) = 0.286$，$\alpha_1(80°) = 0.472$。

4.10　已知谐振功放晶体管临界线的斜率 $g_{cr} = 0.33S$，转移特性曲线的斜率 $g_c = 0.24\ \text{S}$，$U_{on} = 0.65\ \text{V}$，$V_{CC} = 24\ \text{V}$。若高频功放工作于临界状态，输出功率 $P_o = 3\ \text{W}$，$\theta_c = 70°$。试计算 i_{Cmax}、$P_{V_{CC}}$、η_c、U_{im} 和 V_{BB}。查表得 $\alpha_0(70°) = 0.253$，$\alpha_1(70°) = 0.436$。

4.11　谐振功率放大器工作在临界状态，晶体管的 $g_c = 10\ \text{mS}$，$U_{on} = 0.5\ \text{V}$，$g_{cr} = 6.94\ \text{mS}$，电源电压 $V_{CC} = 24\ \text{V}$，$V_{BB} = -0.5\ \text{V}$，输入电压振幅 $U_{im} = 2\ \text{V}$，试计算通角 θ_c、输出电压振幅 U_{cm}、直流电源 V_{CC} 输入的功率 $P_{V_{CC}}$、高频输出功率 P_o、集电极效率 η_c 和输出回路谐振电阻 R_p。

4.12　试画出一高频功率放大器的实际线路，要求：（1）采用 NPN 型晶体管，发射极直接接地。（2）集电极馈电电路采用并联形式，与谐振回路抽头连接。（3）基极采用串联馈电，自偏压，与前级互感耦合。

4.13　试画出一高频功率放大器的实际线路，要求：（1）集电极采用并馈，基极采用自偏压电路，且采用 NPN 型晶体管，发射极直接接地。（2）输出端采用 π 形滤波匹配网络，输入端采用 T 形滤波匹配网络，且输入端和输出端分别外接 $50\ \Omega$ 的阻抗。

4.14　改正习题 4.14 图中的错误，不得改变馈电形式，重新画出正确的线路。

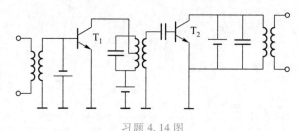

习题 4.14 图

4.15　已知实际负载 $R_L = 50\ \Omega$，谐振功率放大器要求的最佳负载电阻 $R_i = 121\ \Omega$，工作频率 $f = 30\ \text{MHz}$。试计算习题 4.15 图所示 π 形输出滤波匹配网络的元件值，取中间变换阻抗 $R_L' = 2\ \Omega$。

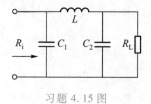

习题 4.15 图

4.16   试分析习题 4.16 图所示传输线变压器的阻抗比。

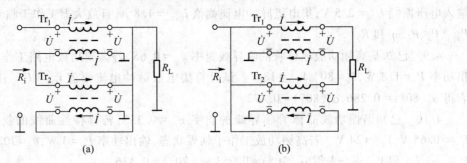

习题 4.16 图

第 5 章 正弦波振荡器

　　无论是发射机还是接收机中都有振荡器。例如,发射机(图 1.3.1)中的高频振荡器产生高频载波信号,接收机(图 1.3.2)中的本地振荡器产生混频器所需的本地振荡信号,显见,振荡器是无线电发送设备的心脏部分,也是超外差式接收机的主要部分。此外,在诸多仪器中,如信号发生器、频率计、f_T测试仪、自动控制等,其核心部分都离不开振荡器。

　　前几章介绍的各种电路都有一个共同的特点,即给电路一定的激励,然后才会有响应,或者说有输入信号才有输出信号。而振荡器则是不需要外加激励信号而自动产生振荡信号的装置,它可以产生正弦波和非正弦波。本章仅讨论正弦波振荡器。正弦波振荡器按工作原理又可分为反馈型 LC 振荡器和负阻振荡器。

　　本章在介绍反馈型 LC 振荡器组成框图及振荡条件的基础上,重点讨论 LC 正弦波振荡器、石英晶体振荡器和压控振荡器,最后介绍负阻振荡器和集成电路振荡器。

5.1　反馈型 LC 振荡器原理

导学

　　反馈型 LC 振荡器的组成。
　　振荡器的起振条件和平衡条件。
　　振荡器由起振到平衡有可能经历的工作状态。
　　反馈振荡器的分析方法。

1. 反馈型 LC 振荡器的组成

若将一个单调谐选频放大器通过一个反馈网络演变为图 5.1.1(a)的形式,即反馈网络将放大器的输出信号馈至输入端,并使 $\dot{U}_i$ 与 $\dot{U}_f$ 等幅同相,便形成了反馈型 LC 振荡器。为了具有一般性,我们不妨依据图 5.1.1(a)的组成特点给出振荡器的组成框图,如图 5.1.1(b)所示。显然,反馈型 LC 振荡器一般由放大器 $\dot{A}$、正反馈网络 $\dot{F}$、选频网络和稳幅环节组成。其中,选频网络既可以包含在放大器中,也可以包含在正反馈网络中;稳幅环节一般由放大器中的非线性元件或其他负反馈网络实现。

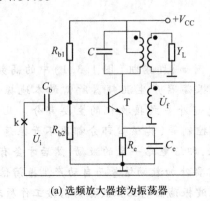 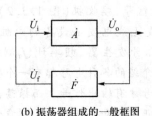

(a) 选频放大器接为振荡器   (b) 振荡器组成的一般框图

图 5.1.1   变压器反馈型 LC 振荡器的基本组成

2. 振荡器的起振和平衡条件

在图 5.1.1(b)中,放大器 $\dot{A}=\dfrac{\dot{U}_o}{\dot{U}_i}=Ae^{j\varphi_A}$,反馈系数 $\dot{F}=\dfrac{\dot{U}_f}{\dot{U}_o}=Fe^{j\varphi_F}$,式中,$A$、$\varphi_A$ 为放大器增益的模和相角,F、φ_F 为反馈系数的模和相角。则反馈电压 $\dot{U}_f=\dot{F}\dot{U}_o=\dot{F}\dot{A}\dot{U}_i=AF\dot{U}_ie^{j(\varphi_A+\varphi_F)}$。

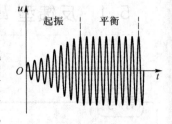

振荡器工作时,其初始的输入信号 $\dot{U}_i$ 是当接通电源时,所激起的频谱很宽且很微弱的扰动信号,为了建立起振荡,必须使此时的反馈电压 $\dot{U}_f$ 大于前一时刻的输入电压 $\dot{U}_i$,即需要满足 $\dot{U}_f>\dot{U}_i$,形成一种增幅振荡,如图 5.1.2 所示的起振阶段。因此有环路增益 $AF>1$,且环路中信号的相移 $\varphi_{AF}=\varphi_A+\varphi_F=2n\pi$,$n$ 为整数。为了区别起振和平衡时的电压增益,通常将起振时的电压增益用 A_0 表示。故起振条件为

图 5.1.2   振荡的建立过程

振幅起振条件 $A_0F>1$ (5.1.1a)

相位起振条件 $\varphi_{AF}=\varphi_A+\varphi_F=2n\pi$ (n 为整数)   (5.1.1b)

由于 $\dot{U}_f>\dot{U}_i$,振荡信号的幅度会不断增大,放大器的动态范围将延伸到非线性区,使放大器的增益随之下降,最终达到平衡的条件,即 $\dot{U}_f=\dot{U}_i$,如图 5.1.2 所示的平衡阶段。振荡器从起振

到平衡的过程是非常短暂的,可以认为一接通电源,振荡器就有稳定的输出。此时的平衡条件为

振幅平衡条件 $\qquad\qquad AF = 1$ (5.1.2a)

相位平衡条件 $\qquad\varphi_{AF} = \varphi_A + \varphi_F = 2n\pi \quad (n\ 为整数)$ (5.1.2b)

式(5.1.1)与式(5.1.2)相比,式(5.1.1b)与式(5.1.2b)相同,表明振荡器闭环相位差为零,满足正反馈。而式(5.1.1a)中的 A_0 为振荡器起振时放大器工作于甲类状态的电压增益,它与式(5.1.2a)中的 A(进入非线性区)不同。

起振时 $A_0F > 1$ 是增幅振荡,表明振幅不断增大,此时电路尚未进入非线性区,可用小信号等效电路来计算环路增益 A_0。而随着信号幅度的加大,放大器将进入非线性状态,谐振回路可从失真波形中取出基波电压 $U_{cm} = I_{c1m}R_p$(式中,I_{c1m} 为基波电流,R_p 为谐振回路的谐振电阻),此时振荡器进入 $AF = 1$ 的振幅平衡状态,放大器的电压增益为

$$A = \frac{U_{cm}}{U_i} = \frac{I_{c1m}R_p}{U_{im}} = \frac{i_{Cmax}\alpha_1(\theta_c)R_p}{U_{im}} = \frac{g_c U_{im}(1-\cos\theta_c)\alpha_1(\theta_c)R_p}{U_{im}} = g_c(1-\cos\theta_c)\alpha_1(\theta_c)R_p$$

由于振荡器起振时放大器处于甲类放大状态,$\theta_c = 180°$,此时 $\alpha_1(\theta_c) = 0.5$。将它们代入上式可得起振时的电压增益 $A_0 = g_c R_p$。则有

$$A = A_0(1-\cos\theta_c)\alpha_1(\theta_c)$$ (5.1.3)

可见,当振幅增大进入非线性工作状态后,通角 $\theta_c < 180°$,出现 A 小于 A_0 的情况,即引起 A 的下降,直到 $AF = 1$。为此,振荡器振幅平衡条件又可写为

$$AF = A_0 F(1-\cos\theta_c)\alpha_1(\theta_c) = 1$$ (5.1.4)

振荡器起振后由甲类逐渐向甲乙类、乙类或丙类状态过渡,最后工作于什么状态完全由 $A_0 F$ 值来决定。例如,当 $A_0 F = 2$ 时,$(1-\cos\theta_c)\alpha_1(\theta_c) = 0.5$,解得 $\theta_c = 90°$,振荡器工作在乙类状态;当 $A_0 F > 2$ 时,$(1-\cos\theta_c)\alpha_1(\theta_c) < 0.5$,解得 $\theta_c < 90°$,振荡器工作在丙类状态;当 $1 < A_0 F < 2$ 时,$1 > (1-\cos\theta_c)\alpha_1(\theta_c) > 0.5$,解得 $180° > \theta_c > 90°$,振荡器工作在甲乙类状态。

3. 振荡器的稳定条件

对于一个振荡器而言,仅仅满足起振条件和平衡条件还不够。平衡不等于稳定,当振荡器受外界因素的影响时将会破坏原平衡状态,此时的振荡器还必须满足

振幅平衡的稳定条件 $\qquad\qquad \dfrac{\partial A}{\partial U_{cm}}\Big|_{U_{cm}=U_{cmQ}} < 0$ (5.1.5a)

相位平衡的稳定条件 $\qquad\qquad \dfrac{\partial \varphi}{\partial \omega}\Big|_{\omega=\omega_Q} < 0$ (5.1.5b)

式中,Q 点分别为振幅稳定和相位稳定的平衡点。

式(5.1.5a)表示在平衡点上放大器的电压放大倍数 A 随振幅 U_{cm} 的增大而减小,即 A 随放大器输出电压的变化曲线为负斜率,且斜率越大,振荡幅度就越稳定。其稳幅作用可由放大管的非线性特性实现稳幅(称为内稳幅)或由外偏置电路的稳定静态工作点引入负反馈进行稳幅(称为外稳幅)。

式(5.1.5b)表示在平衡点上相频特性具有负斜率,且斜率越大,频率稳定度越高。如振荡

器的谐振回路常采用并联谐振回路,其相频特性曲线如图 2.1.3(b)所示,Q 值越大,相频曲线越陡(即负斜率越大),其频率稳定度就越高。

应当指出的是,要使振荡器能够输出稳定的信号(即稳定工作),必须同时满足起振条件、平衡条件和稳定条件。

4. 振荡器的分析方法

(1)分析电路组成

一看组成:观察电路是否包含振荡器的基本组成部分。注意,选频网络与正反馈网络有时会"合二为一"。

二查静、动态:对于分立电路,首先查看电路的静态工作点是否合理,即放大元件是否处于放大状态;其次查看动态时信号能否正常传递,即是否存在开路或短路现象。

三找反馈电压:寻找反馈电压取自何处,加在何方。

(2)判断振荡条件

包括相位平衡条件和振幅平衡条件。其中,判断相位平衡条件,一般采用"断回路、引输入、看相位"的"三步曲法",方法是"瞬时极性法"。至于振幅平衡条件的判断,往往需要通过电路参数求解 $\dot{A}$ 和 $\dot{F}$,然后判断 $|\dot{A}\dot{F}|$ 的大小。

(3)估算振荡频率

振荡频率由相位平衡条件决定,它取决于选频网络的参数。

5.2　*LC* 正弦波振荡器

　　LC 正弦波振荡器是采用 *LC* 并联谐振回路作为选频网络,常用的有互感耦合式和三点式两种电路形式。

5.2.1　互感耦合式振荡器

导学

互感耦合式 *LC* 振荡器的类型。

决定相位平衡条件的主要因素。

决定振幅平衡条件的主要因素。

　　根据 *LC* 回路的端点接到晶体管电极的不同形式,互感耦合式 *LC* 振荡器可分为集电极调谐(又分为共射和共基两种)、发射极调谐和基极调谐三类,如图 5.2.1 所示。图 5.2.2(a)属于集电极调谐共射振荡器。由于这些电路的正反馈信号是通过电感 *L* 和 L_1 之间的互感 *M* 来耦合,所以通常称为互感耦合式振荡器。互感耦合式振荡器在调整反馈(改变 *M*)时基本不影响振荡频率,但是由于互感耦合元件分布电容的存在,限制了振荡频率的提高,为此一般工作在中、短波波段。

　　在图 5.2.1 所示的三种电路中,变压器的同名端必须满足振荡的相位平衡条件,在此基础上适当调节互感 *M* 以满足振荡的振幅条件。并且后两种电路由于基极和发射极之间的输入阻抗较低,为了不过多地影响回路的 *Q* 值,采用了部分接入。判断相位平衡条件仍然是用"三步曲法"。下面分别对图 5.2.1 所示三个电路进行相位平衡条件的分析。

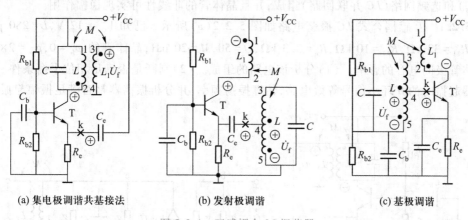

(a) 集电极调谐共基接法　　　　　(b) 发射极调谐　　　　　(c) 基极调谐

图 5.2.1　互感耦合 *LC* 振荡器

1. 集电极调谐振荡器

　　如图 5.2.1(a)所示。选频网络接在集电极,称为集电极调谐。由于 L_1 下端接地,上端通过 C_e 接晶体管发射极,则反馈电压取自 L_1 两端,加在 T 的发射极,放大电路为共基组态。假想断开 k 点,并引入 $\dot{U}_k$ 为 ⊕ 的信号,则电路各点瞬时极性可表示为:

$$\dot{U}_k \oplus \rightarrow \dot{U}_c \oplus (共基同相放大) \rightarrow 由同名端可知 L_1 上端为 \oplus \rightarrow \dot{U}_f \oplus。$$

可见,经过一个反馈环路后,$\dot{U}_f$ 与 $\dot{U}_k$ 同相位,引入了正反馈,满足相位平衡条件。显然,它由放大器(共基组态)、反馈网络(L_1)、选频网络(*LC* 并联回路)组成,并且晶体管的非线性可实现稳幅作用。

2. 发射极调谐振荡器

　　如图 5.2.1(b)所示。选频网络接在发射极,称为发射极调谐。由于线圈与端接地,线圈抽头 4 端接至晶体管发射极,则反馈电压取自 L_{45} 两端,加在 T 的发射极,放大电路为共基组态。假想断开 k 点,并引入 $\dot{U}_k$ 为 ⊕ 的信号,则电路各点瞬时极性可表示为:

$$\dot{U}_k \oplus \rightarrow \dot{U}_c \oplus (\text{共基同相放大}) \rightarrow \text{由同名端可知} L_{45} \text{上端为} \oplus \rightarrow \dot{U}_f \oplus 。$$

可见,经过一个反馈环路后,引入了正反馈,满足相位平衡条件。该振荡器由放大器(共基组态)、反馈网络(L_{45})和选频网络(LC 并联回路)组成,并且晶体管的非线性可实现稳幅作用。

3. 基极调谐振荡器

如图 5.2.1(c)所示。选频网络接在基极,称为基极调谐。由于线圈 5 端通过大电容 C_b 接地,线圈抽头 4 端接至晶体管基极,则反馈电压取自 L_{45} 两端,加在 T 的基极,放大电路为共射组态。假想断开 k 点,并引入 $\dot{U}_k$ 为 $\oplus$ 的信号,则电路各点瞬时极性可表示为:

$$\dot{U}_k \oplus \rightarrow \dot{U}_c \ominus (\text{共射反相放大}) \rightarrow \text{由同名端可知} L_{45} \text{上端为} \oplus \rightarrow \dot{U}_f \oplus 。$$

可见,经过一个反馈环路后,引入了正反馈,满足相位平衡条件。它由放大器(共射组态)、反馈网络(L_{45})和选频网络(LC 并联回路)组成,并且晶体管的非线性可实现稳幅作用。

例 5.2.1　互感耦合式 LC 振荡电路如图 5.2.2(a)所示。已知 $V_{CC} = 12$ V,$L = 280$ μH,$C = 360$ pF,$R_{b1} = 33$ kΩ,$R_{b2} = 10$ kΩ,$R_e = 3.3$ kΩ,$Q = 50$,$M = 20$ μH;晶体管的 $\varphi_{fe} = 0$,$g_{oe} = 2 \times 10^{-5}$ S,略去晶体管极间电容的影响。(1)分析该电路的组成。(2)判断是否满足相位平衡条件。(3)画出振荡器起振时的开环小信号等效电路,估算振荡频率,并分析振荡器是否满足振幅起振条件。

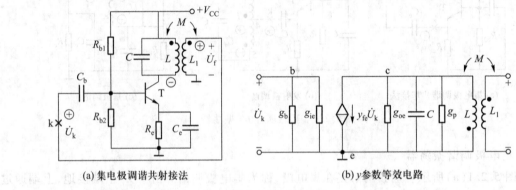

(a) 集电极调谐共射接法　　　　　　　　　(b) y 参数等效电路

图 5.2.2　例 5.2.1

解:此题考查的是初学者对振荡器分析方法的理解程度以及实际能力。

(1)分析振荡器可以从"一看、二查、三找"入手。该电路包括放大器、反馈网络(L_1)、选频网络(LC 并联回路)和稳幅环节(由晶体管的非线性来实现);V_{CC} 通过 R_{b1}、R_{b2} 和 R_e 为晶体管提供合适的静态工作点,使晶体管工作在放大状态;反馈电压取自 L_1,加在 T 的基极。

(2)判断相位平衡条件一般采用"断回路、引输入、看相位"的"三步曲法"。其具体方法是:首先假想在反馈线 k 点(往往是放大器的输入端)处断开,其次是在断开处加频率为 f_0(振荡频率)的输入电压 $\dot{U}_k$,并设 $\dot{U}_k$ 为 $\oplus$;然后用"瞬时极性法"判断反馈电压 $\dot{U}_f$ 与输入电压 $\dot{U}_k$ 两者的瞬时极性。图 5.2.2(a)中的放大电路为共射组态,各点的瞬时极性可表示为:

$$\dot{U}_k \oplus \rightarrow \dot{U}_c \ominus \rightarrow \text{由同名端可知} L_1 \text{上端为} \oplus \rightarrow \text{反馈电压} \dot{U}_f \oplus 。$$

可见,$\dot{U}_\text{f}$ 与 $\dot{U}_\text{k}$ 同相位,引入了正反馈,满足相位平衡条件。

（3）振荡器起振时的开环小信号等效电路如图 5.2.2(b)所示,图中令 $y_\text{re}=0$。

由振荡频率计算公式得

$$f_0=\frac{1}{2\pi\sqrt{LC}}=\frac{1}{2\pi\sqrt{280\times10^{-6}\times360\times10^{-12}}}\text{ Hz}\approx0.5\text{ MHz}$$

谐振回路等效电导

$$g_\Sigma=g_\text{oe}+g_\text{p}=g_\text{oe}+\frac{1}{Q\omega_0L}$$

$$=\left(2\times10^{-5}+\frac{1}{50\times2\pi\times0.5\times10^6\times280\times10^{-6}}\right)\text{ S}\approx42.75\ \mu\text{S}$$

静态基极电位

$$U_\text{B}=\frac{R_\text{b2}}{R_\text{b1}+R_\text{b2}}V_\text{CC}=\frac{10}{33+10}\times12\text{ V}\approx2.79\text{ V}$$

由静态电流 $I_\text{EQ}=\dfrac{U_\text{B}-U_\text{BE}}{R_\text{e}}=\dfrac{2.79-0.7}{3.3\times10^3}\text{ A}\approx0.63\text{ mA}$ 可得

$$|y_\text{fe}|=g_\text{m}=\frac{I_\text{EQ}}{26\text{ mV}}=\frac{0.63\text{ mA}}{26\text{ mV}}\approx0.024\text{ S}$$

放大器的谐振电压增益 $\dot{A}_0=\dfrac{\dot{U}_\text{o}}{\dot{U}_\text{k}}=-\dfrac{g_\text{m}}{g_\Sigma}$,反馈系数 $\dot{F}=\dfrac{\dot{U}_\text{f}}{\dot{U}_\text{o}}=\dfrac{\text{j}\omega M\dot{I}}{-(r+\text{j}\omega L)\dot{I}}\approx-\dfrac{M}{L}$,进而可求出振荡器的环路增益 $|\dot{A}_0\dot{F}|=\dfrac{|y_\text{fe}|}{g_\Sigma}\cdot\dfrac{M}{L}=\dfrac{0.024}{42.75\times10^{-6}}\times\dfrac{20}{280}\approx40.1>1$

振荡器满足振幅起振条件。

5.2.2　三点式振荡器的组成原则

导学

与互感耦合式振荡器相比,三点式振荡器的优点。
三点式振荡器的组成原则。
区分电感或电容三点式振荡器。

在学习互感耦合式振荡器时不难发现,同名端是实现正反馈的关键。在实际工作中,为了避免确定同名端的麻烦,以及互感耦合不紧密的缺点,采用了自耦形式的接法。此接法是把 LC 并

联回路中的 L 或 C 变为两个,将有三个端点。如果这三个端点与晶体管三个电极分别连接,便组成了我们将要介绍的 LC 三点式振荡电路。

1. 晶体管三点式振荡器的组成原则

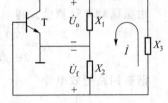

图 5.2.3   三点式振荡器的组成原则

在图 5.2.3 所示的三点式振荡电路中,当回路元件的电阻很小可以忽略不计时,Z_1、Z_2 和 Z_3 可以用纯电抗元件 X_1、X_2 和 X_3 表示。若令回路电流为 $\dot{I}$,则电路的反馈系数为

$$\dot{F} = \frac{\dot{U}_f}{\dot{U}_o} = \frac{-jX_2\dot{I}}{jX_1\dot{I}} = -\frac{X_2}{X_1} \qquad (5.2.1)$$

因为放大器采用共射接法,$\varphi_A = 180°$;为了满足相位平衡条件,反馈系数 $\dot{F}$ 必须有 $180°$ 的相移。那么,欲使 $\varphi_F = 180°$,由式(5.2.1)可知,电抗元件 X_1 与 X_2 必须性质相同(同号)。

考虑到谐振时回路呈纯电阻性,总电抗为零,则有

$$X_1 + X_2 + X_3 = 0 \text{,即 } X_3 = -(X_1 + X_2)$$

此式表明 X_3 必须是与 X_1、X_2 性质相反的电抗元件。

综上可知,与发射极相连的两电抗元件性质相同,与基极相连的两电抗元件性质相反,简称"射同基反",这就是晶体管三点式振荡器的基本组成原则。

依据晶体管 LC 三点式振荡器的组成原则,我们可以得到两种重要的三点式振荡器。在图 5.2.3 中与发射极相连的 X_1、X_2 同为电感时,得到的振荡器称为电感三点式振荡器,也称哈特莱振荡器,如图 5.2.4(a)所示。在图 5.2.3 中与发射极相连的 X_1、X_2 同为电容时,得到的振荡器称为电容三点式振荡器,也称考毕兹振荡器,如图 5.2.4(b)所示。显然,三点式振荡器两种形式的判据是"射同",即发射极所接的两个相同电抗元件是电感时为电感三点式,是电容时为电容三点式。

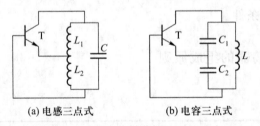

(a) 电感三点式   (b) 电容三点式

图 5.2.4   三点式振荡器的两种形式

2. 场效应管三点式振荡器的组成原则

若放大器件采用场效应管,依据两三极管电极的对应关系,可推知"源同栅反"。它也有电感三点式和电容三点式两种形式,判据是"源同"。

3. 集成运放三点式振荡器的组成原则

若放大器件采用集成运放,由图 5.2.5 可见集成运放的两个输入端和一个输出端分别与振荡回路的三个端点相接。鉴于运放的同相输入端接相同电抗元件,反相输入端接相反电抗元件,

又推知"同同反反"。在此,我们通过瞬时极性法加以验证。

在图 5.2.5 中,由于运放同相输入端接地,可知输入信号一定从运放反相输入端输入,然后从反相输入端出发向外看遇到的回路,由 L_2 上端接地,可断定线圈 L_2 为反馈线圈。假想在运放反相输入端的 k 点断开,并引入瞬时极性为正的信号,由此可知运放输出端瞬时极性为负,反馈线圈 L_2 下端为正,即反馈电压 $\dot{U}_f$ 为正。可见,经过一个反馈环路后,引入了正反馈,满足相位平衡条件。因集成运放的同相端接有两个相同的电抗元件电感,由判据"同同"可知该电路为电感三点式振荡器。

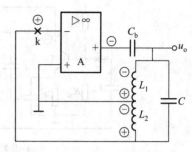

图 5.2.5 集成运放三点式振荡器

5.2.3 电感三点式振荡器(哈特莱振荡器)

导 学

振荡器的组成和相位平衡条件。
电感三点式振荡器振荡频率的计算。
电感三点式振荡器主要缺点。

1. 电路组成

电路如图 5.2.6 所示。图中,R_{b1}、R_{b2} 和 R_e 为分压式偏置电阻;C_b、C_e 为耦合电容;R_L 为负载电阻;L_1、L_2 和电容 C 组成并联谐振回路作为选频网络,且 L_2 将输出电压的一部分作为反馈电压 $\dot{U}_f$ 加到放大器的输入端。图 5.2.6(a)中的 C_e 为旁路电容;图 5.2.6(b)中的 C_e 起隔直(防止 R_e 被 L_2 短路)和耦合作用,L_c 为高频扼流圈,该电路多用于频率较高场合。由于晶体管三个电极交流连接于回路电感的三个端,并且发射极接有相同的电感元件,故称为电感三点式振荡器。

可见,图 5.2.6 所示的振荡器是由放大器(共射和共基组态)、反馈网络(L_2)和选频网络(LC 并联回路)组成,并且晶体管的非线性可实现稳幅作用。

2. 相位平衡条件

相位条件的判断一般有两种方法:

【方法一】根据"射同基反"的基本组成原则来判断。

在图 5.2.6(a)中,对高频信号来说,晶体管发射极通过旁路电容 C_e 到地,又经电源 V_{CC}(处于交流地电位)至线圈的中心抽头,显然抽头两侧皆为电感,即所谓"射同";晶体管基极经电容 C_b 至 LC 回路的下端,再由此向上看,左边为振荡电容,右边为振荡线圈,是两种不同性质的电抗元件,即所谓"基反"。满足相位平衡条件。

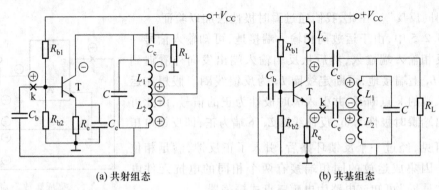

(a) 共射组态   (b) 共基组态

图 5.2.6   电感三点式振荡器

在图 5.2.6(b) 中,晶体管发射极通过 C_e 直接接线圈的中心抽头。由于发射极上、下两侧皆为电感,即"射同";基极通过 C_b 接至 L_2 和 C,即"基反"。满足相位平衡条件。

【方法二】根据"瞬时极性法"来判断。

一般采用"断回路、引输入、看相位"的"三步曲法"。假想从反馈线的 k 点断开,并加入瞬时极性为 ⊕ 的 $\dot U_k$,则电路中各点瞬时极性变化如下:

对于图 5.2.6(a),$\dot U_k \oplus \rightarrow \dot U_c \ominus \rightarrow L_2$ 下端为 ⊕ $\rightarrow L_2$ 两端的反馈电压 $\dot U_f \oplus$。

对于图 5.2.6(b),$\dot U_k \oplus \rightarrow \dot U_c \oplus \rightarrow L_2$ 上端为 ⊕ $\rightarrow L_2$ 两端的反馈电压 $\dot U_f \oplus$。

$\dot U_f$ 与 $\dot U_k$ 同相位,满足相位平衡条件。

3. 起振条件

求起振条件的方法是,先分别求出起振时小信号放大器的电压增益 A_0 和反馈系数 F,然后根据振幅起振条件 $A_0 F > 1$ 求出相关参数。下面以图 5.2.6(a) 为例加以说明。

为了便于分析,画出图 5.2.6(a) 所示电路的交流小信号等效电路,如图 5.2.7(a) 所示。因为外部的反馈作用远大于晶体管的内部反馈,所以可忽略晶体管的内部反馈,即 $y_{re} \approx 0$。图 5.2.7(b) 为简化后的等效电路。图中忽略了 C_{ie}、C_{oe} 对电路的影响,$g_L = 1/R_L$,g_p' 是电感线圈的内电导折合到 c、e 两端的总电导值,且 $g_p' = g_{p1} + p^2 g_{p2}$,其中 $p = (L_2 + M)/(L_1 + M)$。由图 5.2.7(b) 可知 $g_\Sigma = g_{oe} + g_L + g_p' + p^2 g_{ie}$。

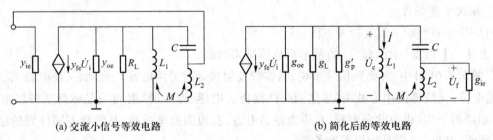

(a) 交流小信号等效电路   (b) 简化后的等效电路

图 5.2.7   共射组态电感三点式振荡器等效电路

振荡器起振时的谐振电压增益为

$$|\dot{A}_0| = \left| \frac{\dot{U}_c}{\dot{U}_i} \right| = \left| \frac{-y_{fe}\dot{U}_i/g_\Sigma}{\dot{U}_i} \right| = \frac{|y_{fe}|}{g_\Sigma} \tag{5.2.2}$$

设 $\dot{I}$ 为振荡回路的电流,则电路的反馈系数为

$$|\dot{F}| = \left| \frac{\dot{U}_f}{\dot{U}_{L1}} \right| = \left| \frac{-\dot{I} \cdot j\omega(L_2+M)}{\dot{I} \cdot j\omega(L_1+M)} \right| = \frac{L_2+M}{L_1+M} \tag{5.2.3}$$

式中,M 为 L_1 和 L_2 之间的互感,有时可忽略 M。由起振条件 $A_0F>1$ 可得 $A_0F = \dfrac{|y_{fe}|}{g_\Sigma} \cdot \dfrac{L_2+M}{L_1+M} > 1$,即

$$|y_{fe}| > g_\Sigma \frac{L_1+M}{L_2+M} = \frac{g_{oe}+g_L+g'_p+p^2g_{ie}}{F} = \frac{g_{oe}+g_L+g'_p}{F} + Fg_{ie} \tag{5.2.4}$$

式中,第一项表示晶体管的输出电导和负载电导对振荡器的影响,F 越大越容易起振;第二项表示输入电导对振荡器的影响,F 和 g_{ie} 越大越不容易起荡。可见,考虑到晶体管输入电导对回路的加载作用时,反馈系数 F 并不是越大越容易起振。

4. 振荡频率

对于工程计算来说,振荡频率可近似表示为

$$f_0 \approx \frac{1}{2\pi\sqrt{(L_1+L_2+2M)C}} \tag{5.2.5}$$

当忽略互感 M 时,则有

$$f_0 \approx \frac{1}{2\pi\sqrt{LC}} \tag{5.2.6}$$

式中,$L = L_1 + L_2$。

5. 电路特点

(1)由于 L_1 和 L_2 之间耦合紧密,故易起振,且输出电压幅度大。

(2)当调节电容 C 时反馈系数不变,因此调频方便。例如,在信号发生器中,常用此电路作频率可调的振荡器。

(3)因为反馈电压取自 L_2 两端,高次谐波在电感上产生的反馈压降较大,致使输出电压的高频谐波分量较大,输出波形较差。

5.2.4 电容三点式振荡器(考毕兹振荡器)

导 学

振荡器的组成和相位平衡条件。
电容三点式振荡器的振荡频率稳定度不高的原因。
电容三点式振荡器的优点。

1. 电路组成

电路如图 5.2.8 所示。其中,共基组态用于振荡频率较高场合。可以仿照图 5.2.6 电路中各元件的作用来进行分析。由于发射极接有相同的电容元件,故为电容三点式振荡器。

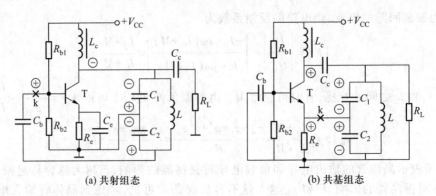

图 5.2.8　电容三点式振荡器

为了分析方便,下面以图 5.2.8(a)为例进行分析。

2. 相位平衡条件

相位平衡条件的判断一般有两种方法:

【方法一】根据"射同基反"的基本组成原则来判断。

对高频信号而言,晶体管发射极通过旁路电容 C_e 到地,再沿地到 C_1、C_2 的连接线,由此向上、下看分别为振荡电容 C_1 和 C_2,即"射同"。晶体管基极沿导线经电容 C_b 至并联谐振回路的下端,再由此向上看,左边为振荡电容 C_2,右边为振荡线圈 L,即"基反",满足相位平衡条件。

【方法二】根据"瞬时极性法"来判断。

采用"断回路、引输入、看相位"的"三步曲法"判断。假想从反馈线的 k 点断开,并加入瞬时极性为 $\oplus$ 的 $\dot{U}_k$,则电路中各点瞬时极性变化如下:

$\dot{U}_k \oplus \rightarrow \dot{U}_c \ominus \rightarrow C_2$ 上端为 $\ominus$,下端为 $\oplus \rightarrow C_2$ 两端的反馈电压 $\dot{U}_f$ 为 $\oplus$。

$\dot{U}_f$ 与 $\dot{U}_k$ 同相位,满足相位平衡条件。

3. 起振条件

为了便于分析,画出图 5.2.9(a)所示的交流小信号等效电路。因为外部的反馈作用远大于晶体管的内部反馈,所以可忽略晶体管的内部反馈,即 $y_{re} \approx 0$。图 5.2.9(b)为简化后的等效电路。图中 $g_L = 1/R_L$;$C_1' = C_1 + C_{oe}$;$C_2' = C_2 + C_{ie}$,其中 C_{oe}、C_{ie} 为晶体管的极间电容;g_p' 是电感线圈的内电导 g_p 折合到 c、e 两端的电导值,$g_p' = p_1^2 g_p$,且 $p_1 = (C_1' + C_2')/C_2'$。由图 5.2.9(b)可知 $g_\Sigma = g_{oe} + g_L + g_p' + p_2^2 g_{ie}$,式中 $p_2 = C_1'/C_2'$。

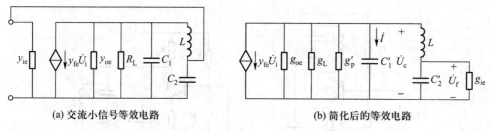

(a) 交流小信号等效电路　　　　　　　　(b) 简化后的等效电路

图 5.2.9　共射组态电容反馈三点式振荡器等效电路

设 $\dot{I}$ 为振荡回路的电流,则电路的反馈系数为

$$|\dot{F}| = \left| \frac{\dot{U}_f}{\dot{U}_c} \right| = \left| \frac{-\dot{I}/j\omega C_2'}{\dot{I}/j\omega C_1'} \right| = \frac{C_1'}{C_2'} \tag{5.2.7}$$

再由起振条件 $A_0 F > 1$ 同理可得式(5.2.4)。

4. 谐振频率

当考虑晶体管极间电容 C_{ie}、C_{oe} 时,由图 5.2.9(b)可得

$$f_0 = \frac{1}{2\pi\sqrt{L\dfrac{C_1'C_2'}{C_1'+C_2'}}} = \frac{1}{2\pi\sqrt{L\dfrac{(C_1+C_{oe})(C_2+C_{ie})}{C_1+C_{oe}+C_2+C_{ie}}}} \tag{5.2.8}$$

若适当提高 C_1、C_2 的值,则晶体管极间电容 C_{ie}、C_{oe} 的影响会大为减小。此时将有

$$f_0 \approx \frac{1}{2\pi\sqrt{L\dfrac{C_1C_2}{C_1+C_2}}} \tag{5.2.9}$$

电容三点式振荡器的最高工作频率一般比电感三点式振荡器高。这是因为电感三点式振荡器晶体管的极间电容与回路电感并联,在频率较高时可能改变电抗性质;而电容三点式振荡器虽然不会出现上述现象,但受到 C_{ie}、C_{oe} 的影响,其频率稳定度不高。

5. 电路特点

(1) 因振荡频率受到晶体管极间电容 C_{ie}、C_{oe} 的影响,且 C_1、C_2 的取值过大将使振荡频率降低,故频率稳定度较差。

(2) 若通过可变电容器来改变振荡频率,会影响反馈系数的变化,严重时会影响输出电压的稳定和起振条件。因此这种振荡器常用于频率固定的场合。

(3) 反馈电压取自电容两端,高次谐波在电容上产生的反馈电压较小,输出的中高频谐波小,振荡波形较好。

例 5.2.2　图 5.2.10 所示为三点式 *LC* 振荡器。试判断其能否振荡。若不能,应如何修改?

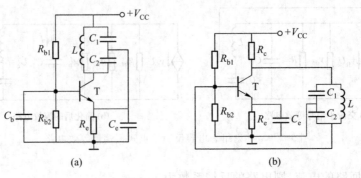

图 5.2.10 例 5.2.2

解:分析要点是电路除了满足相位条件外,还应检查电路的交、直流通路是否合理。

图(a)不能振荡。因为 C_e 起旁路作用,使反馈信号不能加到发射极上,即 $F=0$,不满足振幅条件。解决的方法是去掉 C_e。图(b)不能振荡。因为 L 对直流短路,使晶体管 $U_b=U_e$ 而失去放大作用,即 $A=0$,不满足振幅条件。解决的方法是在集电极和 LC 回路之间接入隔直电容。

例 5.2.3 图 5.2.11 所示为三谐振回路振荡器的交流通路。若回路参数 $L_1C_1>L_2C_2>L_3C_3$,试分析电路能否振荡,振荡频率与各回路的固有频率有何关系。

解:由 $L_1C_1>L_2C_2>L_3C_3$ 的关系可知 $\omega_{01}<\omega_{02}<\omega_{03}$。因为三个谐振回路皆为并联回路,它们呈现感性还是容性可通过比较 ωC 和 $1/\omega L$ 的大小来判断,即 $\omega>\omega_0$ 时回路呈容性;$\omega<\omega_0$ 时回路呈感性。再由图 5.2.11 可知,欲使电路振荡,需满足"射同基反"的组成原则,即必须使 L_1C_1 和 L_2C_2 组成的并联谐振回路呈现容性,L_3C_3 组成的回路呈现

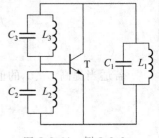

图 5.2.11 例 5.2.3

感性。因此可得在 $\omega_{02}<\omega_0<\omega_{03}$ 范围内 L_1C_1 和 L_2C_2 组成的回路呈现容性,L_3C_3 组成的回路呈感性。

例 5.2.4 分析如图 5.2.12(a)所示振荡器,画出该振荡器的交流通路,计算振荡频率。

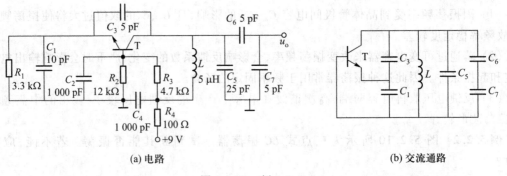

图 5.2.12 例 5.2.4

解：在图 5.2.12(a)的振荡电路中，R_3、R_2 和 R_1 组成 T 的分压式偏置电路，C_2 为基极旁路电容，T 构成共基极放大电路。R_4 和 C_4 组成电源滤波电路。图中的小电容与电感组成电容三点式振荡回路，采用 C_6 和 C_7 电容分压输出的目的是为了减小负载对振荡器的影响。其交流通路如图 5.2.12(b)所示。

图 5.2.12(b)中的总电容

$$C_\Sigma = \frac{1}{1/C_3 + 1/C_1} + C_5 + \frac{1}{1/C_6 + 1/C_7}$$

$$= \left(\frac{1}{1/5 + 1/10} + 25 + \frac{1}{1/5 + 1/5} \right) \text{pF} \approx 30.83 \text{ pF}$$

由此可得振荡器的振荡频率 $f_0 = \dfrac{1}{2\pi\sqrt{LC_\Sigma}} = \dfrac{1}{2\pi\sqrt{5 \times 10^{-6} \times 30.83 \times 10^{-12}}}$ Hz ≈ 12.83 MHz。

5.2.5 改进型电容三点式振荡器

> **导 学**
>
> 引出改进型电容三点式振荡器的目的。
> 克拉泼振荡器的优缺点。
> 西勒振荡器的优点。

正弦波振荡器不仅要输出具有一定幅度和频率的正弦波，而且还要保证振幅和频率的稳定。评价振荡器的主要指标有振荡频率、频率稳定度、输出波形的幅度和波形失真情况、输出功率和效率等。在通信电路中，更强调如何提高其频率稳定度。

振荡器的频率稳定度是指在指定的时间间隔内，外界条件的变化引起振荡器的实际工作频率 f 偏离标称频率 f_0 的程度，可表示为 $\dfrac{\Delta f}{f_0} = \dfrac{f - f_0}{f_0}$。根据时间间隔，频率稳定度可分为长期稳定度、短期稳定度、瞬时稳定度等。一般所说的频率稳定度主要是指短期稳定度，产生这种频率不稳定的因素有温度、电源电压、噪声等。振荡器的频率主要取决于谐振回路的参数，同时与晶体管的参数也有关。为此，稳频的主要措施有：提高振荡回路的标准性；减小晶体管的影响，降低晶体管和回路之间的耦合；提高回路的品质因数等。

前面介绍的电感、电容三点式振荡器，由于存在不稳定的极间电容 C_{ie}、C_{oe}，使振荡频率稳定度较差，一般为 10^{-3} 量级。本节将要介绍的两种改进型电容三点式振荡器，由于降低了晶体管和回路之间的耦合，其频率稳定度可达 10^{-4} 量级。

1. 串联改进型电容三点式振荡器(克拉泼振荡器)

与电容三点式振荡器相比较，克拉泼振荡器的特点是在回路中增加了一个与 L 串联的电容

C_3, 如图 5.2.13(a)所示,这正是此电路名称——串联改进型电容三点式振荡器的由来。相应的交流通路如图 5.2.13(b)所示。

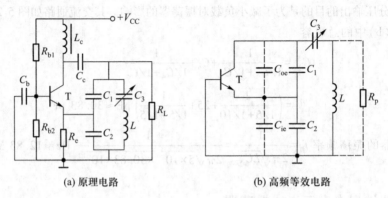

(a) 原理电路　　　　　(b) 高频等效电路

图 5.2.13　克拉泼振荡器

因回路总电容$\dfrac{1}{C_\Sigma}=\dfrac{1}{C_1+C_{oe}}+\dfrac{1}{C_2+C_{ie}}+\dfrac{1}{C_3}$, 若 $C_3\ll C_1$、$C_3\ll C_2$, 此时 $C_\Sigma\approx C_3$, 故回路振荡频率可近似为

$$f_0=\frac{1}{2\pi\sqrt{LC_\Sigma}}\approx\frac{1}{2\pi\sqrt{LC_3}} \tag{5.2.10}$$

可见,振荡频率主要由电感 L 和电容 C_3 决定,两个寄生电容的影响相对降低,此时可通过改变 C_1、C_2 来获得满意的反馈系数,不用担心振荡频率也会发生变化。并且 C_1、C_2 只是回路的一部分,晶体管以部分接入的形式与回路连接,减小了晶体管与回路之间的耦合。

为了满足相位平衡条件,L、C_3 串联支路应呈感性,所以实际振荡频率必须略高于 L、C_3 串联支路的谐振频率。振荡频率主要由 C_3 决定,而且 C_3 越小,振荡频率越稳定。那么 C_3 是不是越小越好呢?

谐振回路相对于晶体管来说,以部分接入的形式与晶体管连接。回路的一部分作为集电极负载,将其折合到晶体管 c、e 两端,接入系数 p 为

$$p=\frac{C_1+C_{oe}}{C_\Sigma}\approx\frac{C_1}{C_3} \tag{5.2.11}$$

假设电感两端的并联电阻为 R_p(回路空载谐振电阻),则由图 5.2.13(b)可知,等效到晶体管 c、e 两端的负载电阻为

$$R_L'=\frac{R_p}{p^2}=\left(\frac{C_3}{C_1}\right)^2 R_p \tag{5.2.12}$$

式(5.2.12)表明,C_1 过大或 C_3 过小,都将使 R_L' 很小,致使放大器增益较低,有可能造成振荡器不满足振幅起振条件而停振;另外,调节 C_3 使得 R_L' 变化,导致振荡器输出幅度发生变化,所以克拉泼振荡器主要用于固定频率或波段范围较窄的场合。克拉泼振荡器的频率覆盖系数(最高

工作频率与最低工作频率之比)一般只有 1.2~1.3。

2. 并联改进型电容三点式振荡器(西勒振荡器)

为了克服克拉泼振荡器的缺陷,出现了西勒振荡器,如图 5.2.14 所示。它是在克拉泼振荡器的基础上,在电感 L 两端并联一个可变电容 C_4,并且必须使 C_3、C_4 和 L 支路在振荡频率上呈感性,以满足电容三点式振荡器的组成原则,故称为并联改进型电容三点式振荡器。

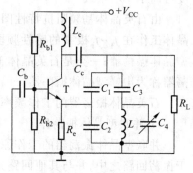

图 5.2.14 西勒振荡器

因回路总电容 $C_\Sigma = C'_\Sigma + C_4$,其中 $\dfrac{1}{C'_\Sigma} = \dfrac{1}{C_1 + C_{oe}} + \dfrac{1}{C_2 + C_{ie}} + \dfrac{1}{C_3}$,若 $C_3 \ll C_1$、$C_3 \ll C_2$,则 $C'_\Sigma \approx C_3$。故回路振荡频率可近似为

$$f_0 = \frac{1}{2\pi\sqrt{LC_\Sigma}} \approx \frac{1}{2\pi\sqrt{L(C_3 + C_4)}} \tag{5.2.13}$$

式(5.2.13)表明,西勒振荡器的振荡频率主要取决于 C_3 和 C_4 的大小。其中,C_3 的选择要合理,因为 C_3 过小时难以起振,甚至出现停振,C_3 过大则频率稳定度会下降。所以应在保证起振的前提下尽可能减小 C_3。此时,可通过改变 C_4 来改变频率,这样既不影响接入系数 p(克拉泼和西勒两振荡器的接入系数相同)及输出幅度,又使频率覆盖系数较大,可达 1.6~1.8。

可见,与克拉泼振荡器相比,西勒振荡器不仅振荡频率高、输出幅度稳定、频率调节方便,而且振荡频率范围宽,因此是目前应用较为广泛的一种三点式振荡器。

5.3 石英晶体振荡器

导学

石英晶体振荡器的类型。
皮尔斯和密勒振荡器的特点。
采用泛音晶体振荡器的目的。

克拉泼和西勒振荡器的频率稳定度较高是因为接入了小电容 C_3,但是 C_3 的减小是有限的,且回路电感 L 的 Q 值不可能做得很高。由第 2 章可知,与 LC 谐振回路相比,石英晶体具有很好的标准性和极高的品质因数,若用石英晶体作为高 Q 值谐振回路元件接入电路中,其频率稳定

度可高于 10^{-5} 量级。

由石英晶体基频阻抗特性图 2.1.10(c)可知,用石英晶体构成的振荡器有两类:一类是石英晶体工作在 $f_s \sim f_p$ 极窄的感性频段内,等效为三点式振荡器中的回路电感,这类振荡器称为并联型晶体振荡器;一类是石英晶体工作在 f_s 处,作为选频短路线元件串接于正反馈支路中,这类振荡器称为串联型晶体振荡器。

石英晶体振荡器的工作频率就是晶振的标称频率。

1. 并联型晶体振荡器

并联型晶体振荡器的工作原理与一般反馈型 LC 振荡器的不同之处是晶体作为一个电感置于振荡回路之中,并与其他回路元件一起按照三点式振荡器的基本原则组成三点式振荡器。实际应用中有图 5.3.1 所示的两种基本类型。图(a)是将石英晶体接在晶体管的 c、b 极之间,相当于电容三点式振荡器,称为皮尔斯振荡器;图(b)是将石英晶体接在晶体管的 b、e 极之间,相当于电感三点式振荡器,称为密勒振荡器。

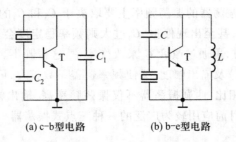

(a) c-b型电路   (b) b-e型电路

图 5.3.1 并联型晶体振荡器的两种基本形式

(1) 皮尔斯振荡器

图 5.3.2(a)是典型的 c-b 型晶体振荡器,图 5.3.2(b)是其谐振回路等效电路,图中虚线框内是石英晶体的等效电路(见图 2.1.10(b)所示)。由于振荡回路与晶体管、负载之间的耦合很弱,所以外电路中的不稳定参数对振荡回路的影响很小,从而使频率稳定度大为提高。

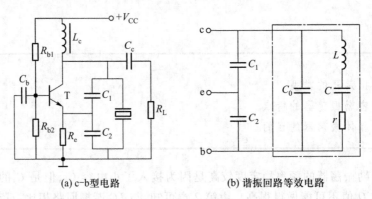

(a) c-b型电路   (b) 谐振回路等效电路

图 5.3.2 皮尔斯振荡器

由于石英晶体接在阻抗很高的 c、b 极之间,石英晶体的标准性受晶体管的影响很小。因此,在频率稳定度要求较高的电路中几乎都采用 c-b 型电路。

（2）密勒振荡器

图 5.3.3(a)所示为典型的 b-e 型晶体振荡器,图 5.3.3(b)为其高频等效电路。由三点式振荡器的组成原则可知,L_1C_1 回路应呈感性,因此 L_1C_1 回路的谐振频率 f_1 应略高于振荡器的工作频率 f_0。从等效电路可以看出,此电路相当于一个电感三点式振荡器。

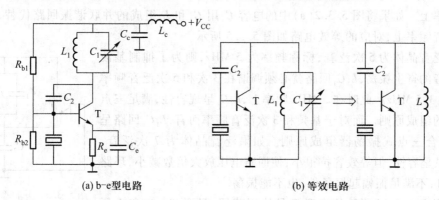

(a) b-e 型电路　　　　　(b) 等效电路

图 5.3.3　密勒振荡器

由于石英晶体接在输入阻抗较低的 b、e 极之间,降低了石英晶体的标准性。因此,可采用输入阻抗高的场效应管作放大器来克服此缺点。

2. 串联型晶体振荡器

串联型晶体振荡器是把晶体接在正反馈支路中,如图 5.3.4(a)所示,图(b)为其高频等效电路。可见,如果晶体短路,该电路实际上是电容三点式振荡器。

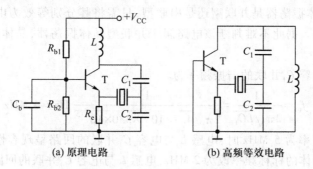

(a) 原理电路　　　　　(b) 高频等效电路

图 5.3.4　串联型晶体振荡器

当回路的谐振频率等于晶体的串联谐振频率时,晶体的阻抗很小,近似为一短路线,电路满足相位平衡条件和振幅平衡条件;反之,当回路的谐振频率不等于晶体的串联谐振频率时,晶体的阻抗增大,使反馈减弱,电路不满足振幅起振条件,从而不能工作。

3. 泛音晶体振荡器

受工艺水平所限,上述石英晶体的基频目前不能做得很高(因为石英晶体的频率越高,要求晶片越薄,造成晶体机械强度差,易振碎)。为了获得更高的工作频率,除了在电路中采用倍频技术外,还可采用泛音晶体。泛音晶体在工作频率相同的条件下,比基频晶体稳定性更好,其泛音次数通常选为 3~7 奇次泛音。如果泛音次数太高,晶体性能也会显著下降。

图 5.3.2(a)所示的振荡器只适用于基频谐振器,对泛音谐振器它无法控制使其工作在指定的泛音频率上。如果将图 5.3.2(a)中的电容 C_1 用 C_1 和 L 组成的并联谐振回路代替,即可工作在某一泛音频率上,对应的等效电路如图 5.3.5 所示。

假设泛音晶体为 5 次泛音,标称频率为 5 MHz,则为了抑制基波和 3 次泛音的寄生振荡,L_1C_1 回路就必须调谐在 3 次和 5 次泛音频率之间,例如 3.5 MHz。此时在 5 MHz 频率上,L_1C_1 呈现容性,满足三点式振荡器的组成原则。而对于基频和 3 次泛音频率而言,L_1C_1 回路呈感性,不符合三点式振荡器组成原则。如果泛音晶体为 7 次泛音,L_1C_1 回路虽呈容性,但等效容抗很小,使回路电压放大倍数减小,环路增益小于 1,不满足振幅起振条件,也不能振荡。

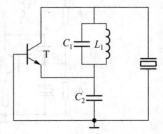

图 5.3.5　并联型泛音晶体
振荡器等效电路

对于图 5.3.4(a)所示的串联型晶体振荡器,只要 C_1、C_2 和 L 所组成的回路调谐在泛音谐振电路的标称频率上,自然就能起到抑制基频和其他泛音的作用。所以这种电路既适用于基频晶体振荡器,又适用于泛音晶体振荡器。

例 5.3.1　晶体振荡器交流等效电路如图 5.3.6 所示。

(1) 该电路属于何种类型的晶体振荡器?晶体在电路中的作用是什么?

(2) 若将标称值为 5 MHz 的晶体换成标称值为 2 MHz 的晶体,该电路是否能够正常工作?为什么?

解:(1) 判断晶体振荡器是并联型还是串联型,只需将其分别等效为电感和短路线后,看是否还具有振荡的可能。据此不难判断该电路属于并联型晶体振荡器,晶体在电路中相当于一个电感元件。

(2) 电感 L 与电容 C_1 并联的谐振频率为

$$f_{01} = \frac{1}{2\pi\sqrt{LC_1}} = \frac{1}{2\pi\sqrt{4.7\times10^{-6}\times330\times10^{-12}}}\ \text{Hz} \approx 4\ \text{MHz}$$

当晶体的标称频率为 5 MHz 时,电感 L 与电容 C_1 并联的回路呈现容性,满足三点式振荡器的组成原则。若把晶体的标称频率改为 2 MHz,电感 L 与电容 C_1 并联的回路呈现感性,不满足三点式振荡器的组成原则,所以振荡器不能正常工作。

例 5.3.2　一个频率为 5 MHz 的石英晶体振荡器如图 5.3.7 所示。试问:为了满足相位平衡条件,电感 L 的值应如何选取?图中 C_c 为旁路电容,L_c 为高频扼流圈。

解:为了满足相位平衡条件,必须使 L、C_1 串联支路在振荡频率上呈容性,晶体呈感性,从而形成电容三点式振荡器。即要求 $\omega_0 L < 1/\omega_0 C_1$,于是有

$$L < \frac{1}{\omega_0^2 C_1} = \frac{1}{4\pi^2 \times (5 \times 10^6)^2 \times 100 \times 10^{-12}} \text{ H} \approx 10.14 \ \mu\text{H}$$

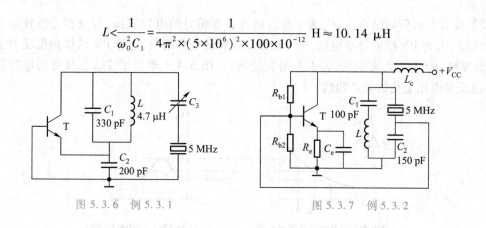

图 5.3.6　例 5.3.1　　　　　　　　图 5.3.7　例 5.3.2

5.4　压控振荡器

导 学

变容二极管主要特性。

变容二极管正常工作的条件。

扩展晶体压控振荡器频率范围的方法。

　　压控振荡器(voltage controlled oscillator,VCO)是利用可变电抗器件的电容或电感随外加电压变化的特性而构成的一种类型的振荡器,最常见的压控电抗器件是变容二极管。压控振荡器广泛应用于频率调制、频率合成、锁相环路、电视调谐器、频谱分析仪等。

　　1. 变容二极管

　　半导体二极管的 PN 结具有电容效应,当 PN 结正偏时扩散电容起主要作用,当 PN 结反偏时势垒电容起主要作用。变容二极管(简称变容管)就是利用 PN 结反偏时势垒电容随外加反向偏置电压变化的原理而制成的一种半导体器件。

　　变容二极管的结电容 C_j 与反偏电压 u_R 之间的关系为

$$C_j = \frac{C_{j0}}{\left(1 + \dfrac{u_R}{U_B}\right)^\gamma} \tag{5.4.1}$$

式中，C_j 为变容二极管的结电容；C_{j0} 为变容二极管在零偏时的电容值；u_R 为变容二极管两端所加的反偏电压，U_B 为 PN 结的势垒电压，γ 为变容二极管的变容指数，它与 PN 结掺杂情况有关（$\gamma = 1/3$ 为缓变结，$\gamma = 1/2$ 为突变结，$\gamma > 1$ 为超突变结）。图 5.4.1 给出了变容二极管的电路符号及结电容随反偏电压变化的关系曲线。

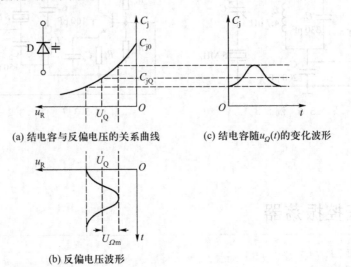

(a) 结电容与反偏电压的关系曲线　　(c) 结电容随 $u_\Omega(t)$ 的变化波形

(b) 反偏电压波形

图 5.4.1　变容二极管电路符号及结电容随反偏电压变化的关系曲线

从结电容变化曲线图 5.4.1(a) 可知，为了使变容管正常工作在反向偏置状态，需要外加一个反向静态直流偏压 U_Q，此时对应的结电容为 C_{jQ}；欲使变容管结电容发生变化，还需要外加一个交流控制电压 $u_\Omega(t) = U_{\Omega m}\cos\Omega t$，此时变容管上的电压为

$$u_R = U_Q + u_\Omega(t) = U_Q + U_{\Omega m}\cos\Omega t \tag{5.4.2}$$

式 (5.4.2) 对应的波形如图 5.4.1(b) 所示。为了保证变容管在控制电压 $u_\Omega(t)$ 整个周期内变化时都处于反偏工作状态，应始终满足 $U_{\Omega m} < U_Q$ 的条件。当交流控制电压 $u_\Omega(t)$ 发生变化时，结电容也随之变化，如图 5.4.1(c) 所示。

可见，欲使变容管正常工作，且结电容发生变化，必须外加反偏压 U_Q 和控制电压 $u_\Omega(t)$。

2. 变容二极管压控振荡器

将变容二极管作为压控电容接入 LC 振荡器中，就构成了如图 5.4.2(a) 所示的压控振荡器。

变容二极管工作不仅需要直流偏置电路（图 5.4.2(b)）为其提供合适的静态负偏压，而且需要图 5.4.2(a) 中外加的交流控制电压 $u_c(t)$。图 5.4.2(a) 中的 L_{c2} 和 C_5 起抑制高频振荡信号对 U_Q 和 $u_c(t)$ 干扰的作用。

高频振荡电路的画法是保留工作电容 C_1、C_2、C_j 和工作小电感 L；将旁路电容 C_3、C_5 短路，高频扼流圈（即大电感）L_{c1}、L_{c2} 开路；可以不必画出偏置电阻 R_4，由此得到图 5.4.2(c)。由于 C_j 受 $U_c(t)$ 控制，实现了电压控制振荡频率的振荡器。

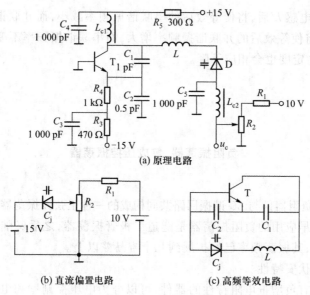

(a) 原理电路

(b) 直流偏置电路　　(c) 高频等效电路

图 5.4.2　变容二极管压控振荡器

3. 晶体压控振荡器

为了提高压控振荡器振荡频率的稳定度,可采用晶体压控振荡器。在晶体压控振荡器中,晶体或者等效为短路元件,或者等效为一个高 Q 值的电感元件作为振荡回路的元件之一。控制元件通常采用变容二极管。

图 5.4.3 所示为一个晶体压控振荡器高频等效电路。图中,晶体作为一个电感元件。控制电压通过控制变容二极管的结电容,使其与晶体串联后的等效电感发生变化,从而控制振荡器的振荡频率发生变化。

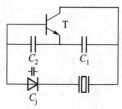

晶体压控振荡器的缺点是频率控制范围很窄。图 5.4.3 所示电路的频率变化范围是在晶体的串联谐振频率 f_s 与并联谐振频率 f_p 之间。为了增大频率的控制范围,可将一个大电感与晶体串联或并联,如图 5.4.4 所示。

图 5.4.3　晶体压控
振荡器等效电路

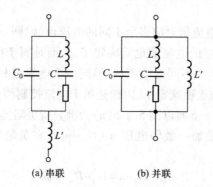

(a) 串联　　　(b) 并联

图 5.4.4　扩展晶振频率范围的等效电路

当晶体串联一个电感 L' 后,将使等效后的串联谐振频率减小,而并联谐振频率不变;当晶体并联一个电感 L' 后,将使等效后的并联谐振频率增大,而串联谐振频率不变。且 L' 越大,频率控制范围越大,但频率稳定度也会相应下降。

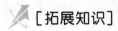 **[拓展知识]**

负阻振荡器、集成压控振荡器

1. 负阻振荡器

负阻振荡器是由负阻器件与 LC 谐振回路共同构成的一种正弦波振荡器,主要工作在 100 MHz以上的超高频段。最早应用的负阻振荡器是隧道二极管振荡器,之后又陆续出现了许多新型的微波半导体负阻器件,其振荡频率已经扩展到几十吉赫兹以上。

（1）负阻器件的伏安特性

负阻器件是指具有负增量电阻特性的器件,可以分为电压控制型和电流控制型两类。伏安特性如图 5.4.5 所示。它们的共同特点是:在特性曲线中间 AB 段的斜率为负值,即在该区域内,器件的增量电阻为负值。

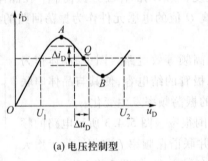 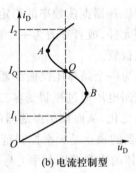

(a) 电压控制型   (b) 电流控制型

图 5.4.5 负阻器件的伏安特性

对于图 5.4.5(a),同一个电流值对应多个不同的电压值,但同一个电压值只对应一个电流值。可见,只要确定了电压值,其相应的电流值也就确定了,因而是属于电压控制型负阻器件。对于图 5.4.5(b),同一个电压值对应多个不同的电流值,但同一个电流值只对应一个电压值。可见,只要确定了电流值,其相应的电压值也就确定了,因而是属于电流控制型负阻器件。实用中的隧道二极管属于电压控制型的负阻器件。下面以图 5.4.5(a)为例分析负阻器件的基本特性。

假设在工作点电压 U_Q 上叠加一微弱电压 $u=U_m\sin\omega t$,在负阻特性线性区,作用于器件上的合成电压和电流分别为

$$u_D = U_Q + u = U_Q + U_m\sin\omega t \tag{5.4.3}$$

$$i_D = I_Q + i = I_Q - I_m\sin\omega t \tag{5.4.4}$$

式中的"负号"表明,由于负阻特性,使交流电流与所加的交流电压相位相反,对应的波形如图5.4.6所示。

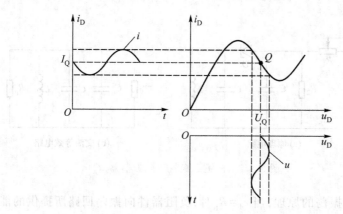

图 5.4.6 负阻器件的电压、电流波形

负阻器件所消耗的平均功率

$$P = \frac{1}{2\pi}\int_0^{2\pi} u_D i_D \mathrm{d}(\omega t)$$

$$= \frac{1}{2\pi}\int_0^{2\pi}(U_Q + U_m \sin\omega t)(I_Q - I_m \sin\omega t)\mathrm{d}(\omega t) = U_Q I_Q - \frac{1}{2}U_m I_m \tag{5.4.5}$$

式(5.4.5)表明,负阻器件的平均功率是由两部分组成的。第一部分是直流电源供给器件的直流功率,也就是器件所消耗的直流功率;第二部分是器件加上交流电压后所消耗的负功率,也就是器件对外输出的交流功率。说明负阻器件可以把直流功率的一部分转换为交流功率传送给外电路。我们正是利用负阻器件这一特性构成了负阻振荡器。

(2) 负阻振荡器

① 负阻振荡器的组成条件。

负阻振荡器一般是由负阻器件和 LC 回路组成的,为了保证负阻振荡器能够正常工作,应满足以下条件:

一是给负阻器件建立合适的静态工作点,保证器件工作在负阻特性区域内。

二是负阻器件应与 LC 回路正确连接。电压控制型负阻器件应与 LC 并联谐振回路连接,电流控制型负阻器件应与 LC 串联谐振回路连接。

三是电压控制型负阻振荡器的起振条件是器件的负阻小于 LC 回路的谐振电阻;电流控制型负阻振荡器的起振条件是器件的负阻大于 LC 回路的损耗电阻。

② 负阻振荡器的电路分析。

由隧道二极管构成的负阻振荡器如图 5.4.7(a)所示。图中,D 为隧道二极管,它是电压控制型负阻器件;V_{DD}、R_1、R_2 构成隧道二极管的偏置电路,为隧道二极管提供合适的静态电压,保证隧道二极管工作在负阻区;C_1 是高频旁路电容,对 R_2 产生交流旁路作用。振荡器的交流等效电路如图 5.4.7(b)所示,其中,$-r_d$ 是隧道二极管的负阻,C_d 是隧道二极管的结电容,R_p 是 LC 并联回路的谐振电阻。

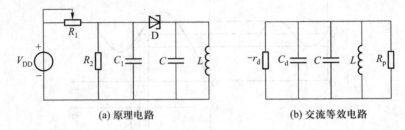

(a) 原理电路　　　　　　　　(b) 交流等效电路

图 5.4.7　隧道二极管负阻振荡器

根据 LC 回路自由振荡的原理,当 $r_d = R_p$ 时,负阻器件向振荡回路所提供的能量恰好补偿回路能量损耗,电路维持稳定的等幅振荡,其振荡频率取决于振荡回路的参数,即

$$f_0 = \frac{1}{2\pi\sqrt{L(C_d+C)}}$$ (5.4.6)

需要说明的是,在起振阶段,只有当负阻器件向 LC 回路"提供"的交流能量大于回路消耗的能量时,振荡幅度才能越来越大。所以电压控制型负阻振荡器的起振条件是

$$r_d < R_p$$ (5.4.7)

随着振荡幅度的增大,负阻器件由交流小信号线性工作区逐渐进入大信号非线性工作区。加在负阻器件上的交流电压是正弦波,而通过器件的电流为非正弦波,电流基波分量的增长逐渐减小,使得负阻器件的负阻绝对值逐渐增加。当 $r_d = R_p$ 时,振荡器进入平衡状态。

2. 集成电路振荡器

以上介绍的振荡器均为分立元件构成的振荡器。集成电路振荡器是在集成电路上外接 LC 元件构成的。如果 LC 回路中有变容二极管,则构成压控振荡器。

(1) 单片集成振荡器 MC1648

MC1648 是摩托罗拉公司生产的高性能振荡器,其内部采用了典型的差分对管振荡电路,其振荡频率可达 225 MHz。MC1648 内部电路如图 5.4.8 所示,它是由振荡电路、放大电路和偏置电路三部分组成。

振荡电路:$T_6 \sim T_9$ 与 10、12 脚之间外接的 LC 回路组成差动对管振荡电路。差动对管 T_8 的集电极输出的电压一是给外接引出端子 12 脚,二是给 T_7 和 T_5 的基极。由于 T_7 和 T_8 的射极耦合,振荡电压经过 T_7 共集放大后送到 T_8 的射极,形成共集-共基级联放大的正反馈电路。同时,为了稳定振荡幅度,振荡电压经过 T_5 共集放大后输出到 T_6,T_6 和 D_1 构成控制电路,用来控制 T_9 构成的恒流源的电流。当由于某种原因使得振荡电压增大,即 T_6 基极电位升高,T_6 集电极电位则下降,从而使得 T_9 基极电位下降,电流源的电流减小,进而阻止振荡电压振幅的增大,达到稳幅的目的。

放大电路:$T_1 \sim T_5$ 组成两级放大电路。其中,T_5、T_4 组成共射-共基放大器,对 T_8 集电极输出

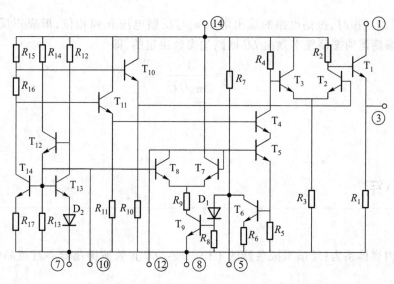

图 5.4.8 单片集成振荡器 MC1648 内部电路

的振荡电压进行一级放大后,送到由 T_2、T_3 组成的第二级(单端输入、单端输出)差动放大器放大,最后由 T_1 射极跟随器 3 脚输出。

偏置电路:$T_{10} \sim T_{14}$ 组成偏置电路。其中,$T_{12} \sim T_{14}$ 组成带缓冲级(射随器)的电流源。T_{14} 集电极输出的电流分别通过射随器 T_{11}、T_{10} 为 T_4 以及 T_2 的基极提供偏压,保证放大电路正常工作;T_{12} 的发射极为差动对管提供偏压,即 T_{12} 的发射极一方面为 T_8 的基极提供偏压,另一方面通过 10、12 脚之间外接的 LC 回路为 T_8 的集电极、T_7 和 T_5 的基极提供偏压。

(2) MC1648 基本应用电路

MC1648 最基本的应用电路如图 5.4.9(a)所示。图中,1、14 脚接电源,8 脚接地,10、12 脚之间外接 LC 回路,5 脚外接电容用来滤除 T_6 管输出电流中的高频分量。图(b)是振荡电路的交流

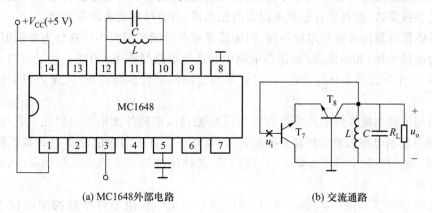

(a) MC1648外部电路   (b) 交流通路

图 5.4.9 MC1648 基本应用电路

通路。当 LC 回路谐振时,振荡电路的输出电压 u_o 与反馈电压 u_f 同相位,形成正反馈,满足相位平衡条件。故振荡器的振荡频率是由 LC 回路的参数决定的,即

$$f_0 = \frac{1}{2\pi\sqrt{LC}}$$

本章小结

本章主要内容体系为:反馈型振荡器的工作原理→LC 正弦波振荡器→石英晶体振荡器→压控振荡器。

(1) 反馈型振荡器是由放大器和反馈网络组成的具有选频能力的正反馈系统。它正常工作必须满足起振、平衡和稳幅三个条件。每个条件都包含振幅和相位两方面的要求。

(2) LC 正弦波振荡器有互感耦合和三点式两种电路形式。一般从分析电路组成(一看、二查、三找)、判断振荡条件(振幅和相位条件)和估算振荡频率入手。在电路组成上为了避免确定变压器同名端的麻烦,克服互感耦合中原、副绕组耦合不紧的不足,采用了自耦形式的电容和电感三点式振荡器,且电容三点式比电感三点式振荡器产生的正弦波形失真小。当振荡器起振时放大器工作在甲类状态,平衡时放大器工作在乙类或丙类状态,它是利用放大器件工作在非线性区的特性来实现稳幅的。判断相位条件可采用瞬时极性法,对于三点式振荡器还可以采用"射同基反""源同极反""同同反反"法。振荡频率近似等于 LC 谐振回路的谐振频率。

(3) 为了提高频率稳定度,必须采取一系列措施。可以通过减小外界因素变化、提高回路标准性和减小晶体管极间电容影响等方法稳频。克拉泼振荡器和西勒振荡器是两种较实用的电容三点式改进型振荡器,前者适合于频率固定的振荡器,后者可作为波段振荡器。

(4) 晶体振荡器的频率稳定度很高,但振荡频率的可调范围很小。它分为并联型(晶体在电路中等效为电感元件)和串联型(晶体在电路中起选频短路线作用)两类。为了提高晶体振荡器的振荡频率,可采用泛音晶体振荡器,它需要采取措施抑制低次谐波振荡,保证只谐振在所需要的工作频率上。

(5) 采用变容二极管组成的压控振荡器可使振荡频率随外加电压而变化。它在调频(第7章)、自动频率控制电路和锁相环路(第8章)以及几乎所有移动通信设备中的本机振荡器中得到广泛应用。采用串联电感或并联电感可以扩展晶体压控振荡器的振荡频率范围,但频率稳定度会有所下降。

(6) 负阻型振荡器由负阻器件和 LC 谐振回路组成。负阻器件所起的作用相当于反馈型振荡器中的正反馈,振荡频率取决于 LC 谐振回路。负阻器件有电压控制型和电流控制型,其

中,电压控制型器件必须与 LC 并联谐振回路连接,电流控制型器件必须与 LC 串联谐振回路连接。集成电路振荡器电路简单、调试方便,但需外加 LC 元件组成选频网络。集成运放振荡器满足三点式振荡器的组成原则。

自 测 题

一、填空题

1. 正弦波振荡器由 _____、_____、_____ 和 _____ 组成。其平衡条件为 _____,振幅起振条件为 _____。

2. 正弦波振荡器的类型根据 _____ 所用的元件不同分为 _____、_____、_____。

3. 互感耦合振荡器利用 _____ 来完成正反馈耦合。振荡电路中的放大器可以是 _____ 放大,也可以是 _____ 放大,而完成正反馈满足的相位平衡条件,是由互感耦合的 _____ 来决定的。

4. 对于哈特莱振荡器而言,若用可变电容器来改变振荡频率时,_____ 不变,因此调频方便;又因反馈电压取自 _____ 两端,它对高次谐波呈 _____,使振荡输出波形 _____。

5. 对于考毕兹振荡器而言,若用可变电容器来改变振荡频率时,_____ 发生变化,因此该电路常用于 _____ 的场合;又因反馈电压取自 _____ 两端,它对高次谐波呈 _____,使振荡输出波形 _____。为了提高振荡频率稳定度和实现频率可调,两位发明者对其进行了改进,并分别命名为 _____ 振荡器和 _____ 振荡器。

6. 在串联型晶体振荡器中晶体等效为 _____,在并联型晶体振荡器中晶体等效为 _____。

7. 晶体压控振荡器的频率范围是 _____,为了扩展频率范围,可将一个电感与晶体串联或并联。当晶体串联电感,等效后的 _____,当晶体并联电感,等效后的 _____。

8. 负阻器件分为 _____ 和 _____ 两种,它的基本特性是把 _____ 功率的一部分转换为 _____ 功率输出给外电路。

9. 集成电路振荡器是由 _____、_____ 和 _____ 三部分组成。

二、选择题

1. 反馈式振荡器的振荡频率与谐振回路的谐振频率 _____。

    A. 相等   B. 不相等   C. 近似相等

2. 互感耦合振荡器的同名端决定振荡器的 _____。

    A. 电压幅度   B. 振荡频率

  C. 相位平衡条件   D. 振幅平衡条件

 3. 电感三点式振荡器的缺点是_____。

  A. 不易起振   B. 输出波形较差

  C. 输出电压幅度小   D. 频率可调

 4. 电容三点式振荡器的优点是_____。

  A. 不易起振   B. 振荡频率的稳定度高

  C. 反馈电压中的谐波成分多   D. 输出波形好

 5. 设计一个频率稳定度高且可调的振荡器,通常采用_____。

  A. LC 振荡器   B. 变压器耦合振荡器

  C. 晶体振荡器   D. 西勒振荡器

 6. 在皮尔斯振荡器中,石英晶体等效为_____。

  A. 电感元件   B. 电容元件

  C. 短路线   D. 电阻元件

 7. 晶体振荡器具有较高的频率稳定度,但它不能直接作为收音机的本地振荡器,原因是因为_____。

  A. 频率稳定度太高   B. 输出频率不可调

  C. 振荡频率太低   D. 都不是

 8. 若要求正弦信号发生器的频率在 10 Hz~10 kHz 范围内连续可调,应采用_____。

  A. LC 振荡器 B. RC 振荡器 C. 石英晶体振荡器

 9. 若要求振荡器的振荡频率为 20 MHz,且频率稳定度高达 10^{-8},应采用_____。

  A. LC 振荡器 B. RC 振荡器 C. 石英晶体振荡器

三、判断题

 1. 振荡器的相位起振条件等于相位平衡条件,它表明反馈是正反馈。   ( )

 2. 振荡器的振幅平衡条件表明振荡是增幅振荡。   ( )

 3. 反馈型 LC 振荡器从起振到平衡,放大器的工作状态一般来说是从甲类进入甲乙类、乙类或丙类。   ( )

 4. LC 振荡器是依靠晶体管本身的非线性稳定振幅的。   ( )

 5. 电容三点式振荡器输出的谐波成分比电感三点式振荡器的大。   ( )

 6. 克拉泼振荡器通过减弱晶体管与回路的耦合来提高频率的稳定度。   ( )

 7. 串联型晶体振荡器中的晶体是作为短路元件接在反馈支路中的。   ( )

 8. 压控振荡器中的变容二极管必须工作在正偏状态。   ( )

 9. 电压控制型负阻器件应与 LC 串联谐振回路连接构成负阻振荡器。   ( )

习 题

5.1 在反馈型 *LC* 振荡器中,起振时放大器的工作状态与平衡时的工作状态有何不同?

5.2 一个反馈振荡器必须满足哪三个条件?

5.3 为什么电容三点式振荡器的最高振荡频率一般比电感三点式振荡器的要高?

5.4 为了满足下列电路的相位平衡条件,请给习题 5.4 图所示交流等效电路中的互感耦合线圈标出正确的同名端。

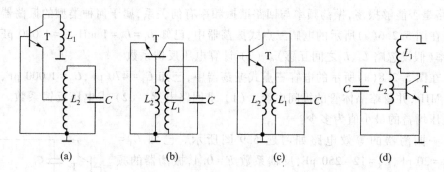

习题 5.4 图

5.5 用相位平衡条件判断习题 5.5 图中哪些电路可能振荡,哪些不能振荡。

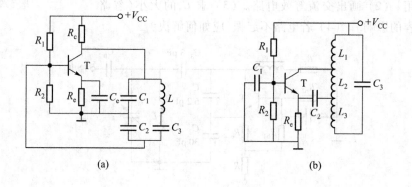

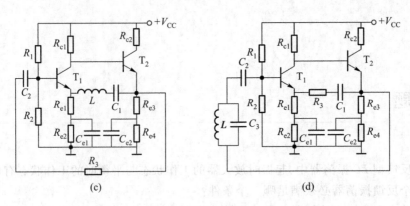

(c)　　　　　　　　　　(d)

习题 5.5 图

5.6　图 5.2.11 所示是一个三回路振荡电路的等效电路,设有下列几种情况:(1)$L_1 C_1 = L_2 C_2 = L_3 C_3$;(2)$L_1 C_1 < L_2 C_2 < L_3 C_3$;(3)$L_1 C_1 = L_2 C_2 > L_3 C_3$;(4)$L_1 C_1 < L_2 C_2 = L_3 C_3$。试分析上述几种情况下电路是否能够振荡,振荡频率与回路谐振频率有何关系,属于何种类型的振荡器。

5.7　在图 5.2.6(a)所示的电感三点式振荡器中,已知 $L_1 = L_2 = 1$ mH,$C = 1\,000$ pF。(1)估算振荡频率(假设忽略 L_1、L_2 之间互感)。(2)计算电压反馈系数。

5.8　在图 5.2.8(a)所示的电容三点式振荡器中,已知 $C_1 = 470$ pF,$C_2 = 1\,000$ pF,若振荡频率为 10.7 MHz,并忽略晶体管的极间电容。(1)求回路电感。(2)求电压反馈系数。(3)为维持振荡,电压增益的最小值为多少?

5.9　一振荡器的等效电路如习题 5.9 图所示。已知 $C_1 = 600$ pF,$C_3 = 20$ pF,$C_5 = 12 \sim 250$ pF,反馈系数 $F = 0.4$,振荡器的频率范围为 1.2 ~ 3 MHz。试求 C_2、C_4 和 L。

5.10　习题 5.10 图所示的振荡器中,L_c 是扼流圈,设电感 $L = 1.5$ μH 时,要求振荡器的振荡频率为 49.5 MHz。(1)说明电路中各元件的作用。(2)画出交流等效电路。(3)求 C_4 的大小(忽略管子极间电容的影响)。(4)若电路不起振,应如何解决?

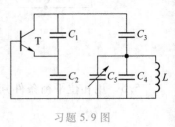

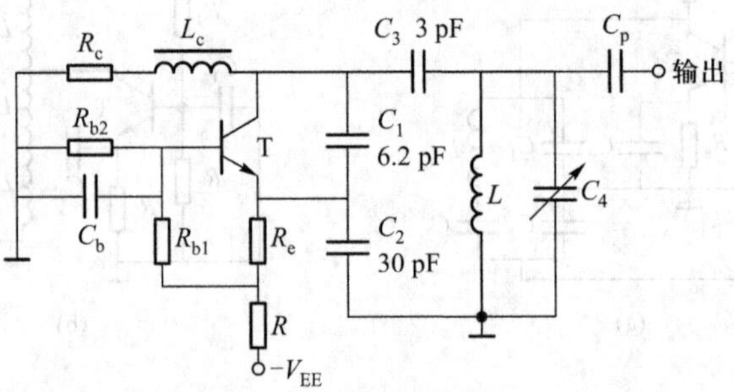

习题 5.9 图

习题 5.10 图

5.11　习题 5.11 图是一个数字频率计中的晶振电路,试画出 T_1 的高频交流等效电路,并说明其电路形式、工作频率。若将晶体标称频率换为 2 MHz,试问该电路能否正常工作?

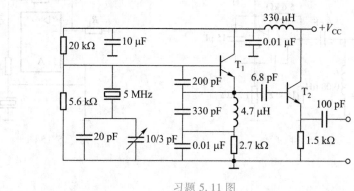

习题 5.11 图

5.12　晶体振荡器如习题 5.12 图所示。(1)画出交流等效电路,说明晶体在电路中的作用。(2)指出是何种类型的晶体振荡器,振荡频率是多少,该晶体有何特点。

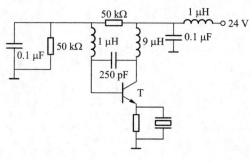

习题 5.12 图

5.13　试画出由 NPN 型晶体管构成的具有下列特点的晶体振荡器实用电路。(1)采用分压式偏置电路;(2)晶体作为电感元件;(3)正极接地的直流电源供电;(4)晶体管 c、e 间为 LC 并联谐振回路;(5)发射极交流接地。

5.14　某彩色电视接收机 VHF 调谐器中第 6~12 频道的本振 VCO 实际电路如习题 5.14 图所示,电路中控制电压 u_c 为 0.5~30 V 时,$C_j = 10~0.5$ pF。(1)画出 VCO 振荡电路的交流等效电路,并说明属于什么类型的振荡器。(2)根据电路参数求出其振荡频率范围。(3)调节振荡频率可否调节容值为 6 pF 的电容?

5.15　在习题 5.15 图所示的由理想集成运放构成的振荡器中,已知晶体构成的谐振回路的谐振电阻 $R_p = 80$ kΩ,$R_f = 2R_1$。试问:(1)晶体在电路中起何作用?(2)为满足起振条件,R 应小于何值?

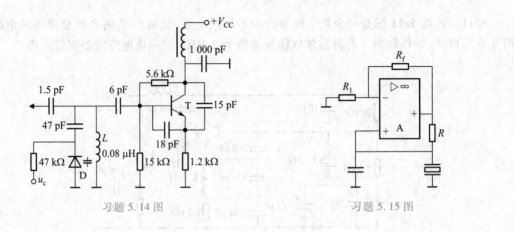

习题 5.14 图   习题 5.15 图

第6章 振幅调制、解调及变频

在1.3节介绍的无线调幅广播发送和接收系统中,待发送的语音、图像等电信号通过对高频载波进行调幅,可得到高频调幅波;再将天线接收到的高频调幅波经过混频、放大和解调还原为语音、图像等电信号。其中的调幅、解调和混频电路是通信设备中的重要单元电路,在其他电子设备中也有着广泛的应用。

在2.2节曾提及"频率变换"以及"相乘器是实现频率变换的基本组件"。本章将重点介绍实用的频率变换电路。频率变换电路可分为线性和非线性频谱搬移电路两大类。如果信号的频谱只是在频率轴上不失真的搬移,其频谱结构并不发生变化,通常把完成此功能的电路称为线性频谱搬移电路。本章所要介绍的振幅调制、振幅解调(也称检波)和混频电路就属于这一类电路,可直接引用2.2.2节相乘器及频率变换作用的相关内容。如果信号的频谱不仅在频率轴上搬移,而且频谱结构也发生变化,常把完成此功能的电路称为非线性频谱搬移电路。如调频、鉴频等电路属于这类电路,此内容将在第7章介绍。

本章先介绍调幅信号的特点,然后依次讨论振幅调制电路、振幅解调电路和混频电路的组成及工作原理。

6.1 调幅信号的分析

由通信系统的组成可以看出,在信道上传输的是无线电信号,显然掌握高频已调信号,不仅有助于进一步认识发送、接收设备的组成,而且也是理解调制、解调和混频电路的前提。

用待传输的调制信号去控制高频载波振幅的过程称为幅度调制,简称调幅。它有普通调幅(amplitude modulation,AM)、抑制载波双边带调幅(double side band,DSB)、抑制载波单边带调幅(single side band,SSB)和残留边带调幅(vestigial side band,VSB)几种类型。

无论语言、图像还是其他不同类型的信号,都可以看作是不同频率正弦分量的叠加。为了便于说明和理解调幅信号,我们从单一频率的正弦波入手,通过时域和频域两种描述方法进行分析。

6.1.1　普通调幅信号

导学

从时域和频域两方面描述普通调幅波。
由调幅波的频谱分析调幅过程。
普通调幅波的缺点。

1. 调制信号为单频信号

(1) 时域分析(数学表达式和波形)

由调制的概念可知,欲得到调幅信号,必须有调制信号和载波信号,为此不妨假设调制信号和载波信号分别为

$$u_\Omega(t) = U_{\Omega m}\cos\Omega t \tag{6.1.1}$$

$$u_c(t) = U_{cm}\cos\omega_c t \tag{6.1.2}$$

式中,$\omega_c \gg \Omega$,对应的波形分别如图 6.1.1(a)(b)所示。

由调幅定义可知,调幅就是用调制信号对载波信号的振幅进行控制的过程,即在载波振幅上叠加一个受调制信号控制的变化量,可表示为

$$U_{AM}(t) = U_{cm} + k_a u_\Omega(t) = U_{cm} + k_a U_{\Omega m}\cos\Omega t = U_{cm}(1 + m_a\cos\Omega t)$$

式中,$m_a = \dfrac{k_a U_{\Omega m}}{U_{cm}}$ 称为振幅调制度或调幅指数,k_a 是由调幅电路决定的比例系数。由于调幅后载波频率不变,故调幅信号的表达式为

$$u_{AM}(t) = U_{AM}(t)\cos\omega_c t = U_{cm}(1 + m_a\cos\Omega t)\cos\omega_c t \tag{6.1.3}$$

对应的波形如图 6.1.1(c)所示。由该波形也可以写出 $m_a = \dfrac{U_{max} - U_{cm}}{U_{cm}} = \dfrac{U_{cm} - U_{min}}{U_{cm}}$。

可见,调幅波的振幅是围绕着载波振幅 U_{cm} 按照调制信号的规律变化,即调幅波的包络随 $u_\Omega(t)$ 而变化,表明它是携带着原调制信号信息的高频已调信号。

(2) 频域分析(频谱和带宽)

由于假设的 $u_\Omega(t)$ 和 $u_c(t)$ 都是单频信号,这样每个信号只有一根频谱线,如图 6.1.1(a)(b)所示。

若将调幅信号表达式(6.1.3)展开,则

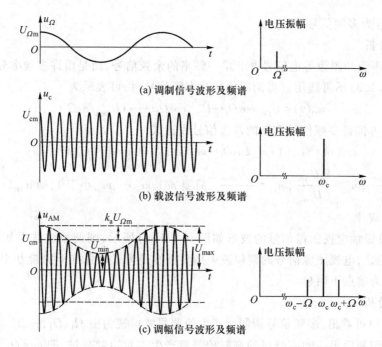

(a) 调制信号波形及频谱

(b) 载波信号波形及频谱

(c) 调幅信号波形及频谱

图 6.1.1 单频调幅信号的波形及频谱

$$u_{AM}(t) = U_{cm}\cos\omega_c t + \frac{m_a U_{cm}}{2}\cos(\omega_c+\Omega)t + \frac{m_a U_{cm}}{2}\cos(\omega_c-\Omega)t$$

$$\xrightarrow{\text{缩写为}} U_{cm}\cos\omega_c t + \frac{m_a U_{cm}}{2}\cos(\omega_c\pm\Omega)t \tag{6.1.4}$$

由式(6.1.4)可见,调幅波包含三个频率分量:载波 ω_c 分量、上边频($\omega_c+\Omega$)分量及下边频($\omega_c-\Omega$)分量。显然,后两个边频分量是由于调制所产生的。如果把这些频率分量画在频率轴上,就构成了调幅波的频谱,如图 6.1.1(c)所示。可见,在单频信号调幅时的频带宽度

$$BW_{AM} = 2F \ 或 \ BW_{AM} = 2\Omega \tag{6.1.5}$$

严格地说,调幅波的包络能够反映 $u_\Omega(t)$ 的变化规律应满足以下两个条件:

第一,要求 $0<m_a<1$,通常为 0.3 左右。当 $m_a>1$ 时,即 $m_a = \dfrac{U_{cm}-U_{min}}{U_{cm}}>1$,则 $U_{min}<0$,表明 u_{AM} 变为负值,此时调幅波的包络不再反映调制信号的变化规律,产生了严重失真,称为过调制,如图 6.1.2 所示,这是应该避免的。

第二,如设 $u_\Omega(t)$ 的最大角频率为 Ω_m,由抽样定理可知,AM 调制应满足 $\omega_c \geq 2\Omega_m$ 的条件。实际中 AM 调制时 $\omega_c>20\Omega_m$。

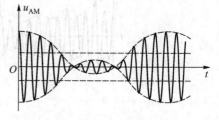

图 6.1.2 过调制波形

2. 调制信号为多频信号

（1）时域分析

在实际中,声音和图像等电信号并非单一频率的余弦信号,而是由许多频率分量组成的复杂信号,此时式(6.1.3)不再适用。当调制信号为多频信号时,可表示为

$$u_\Omega(t) = U_{\Omega m1}\cos\Omega_1 t + U_{\Omega m2}\cos\Omega_2 t + \cdots + U_{\Omega mn}\cos\Omega_n t \tag{6.1.6}$$

仿照式(6.1.3)可推得多频信号调制的调幅信号表达式

$$u_{AM}(t) = U_{cm}(1 + m_{a1}\cos\Omega_1 t + m_{a2}\cos\Omega_2 t + \cdots + m_{an}\cos\Omega_n t)\cos\omega_c t \tag{6.1.7}$$

式中,$m_{a1} = \dfrac{k_a U_{\Omega m1}}{U_{cm}}$,$m_{a2} = \dfrac{k_a U_{\Omega m2}}{U_{cm}}$,$m_{an} = \dfrac{k_a U_{\Omega mn}}{U_{cm}}$。只要 m_{a1}、$m_{a2}\cdots$、m_{an}小于 1,则 $u_{AM}(t)$的包络就能反映 $u_\Omega(t)$的变化规律。

例如某一负极性电视图像信号的波形如图 6.1.3(a)所示,则调幅波波形如图 6.1.3(b)所示。值得说明的是,电视图像信号的调幅波采用负极性是为了增强抗干扰能力,因为幅度越大则图像越黑,表现为暗点不明显。

（2）频域分析

从式(6.1.7)可看出,多频信号调制所产生的调幅波可视为由 Ω_1、Ω_2、$\cdots$、Ω_n等频率单独调幅后叠加而成,且调制后每一频率分量的调制信号将产生一对边频分量,即 $\omega_c \pm \Omega_1$、$\omega_c \pm \Omega_2$、$\cdots$、$\omega_c \pm \Omega_n$,这些上、下边频分量的集合形成上、下边带,对应的频谱如图 6.1.3 所示。可见,AM 调制是把调制信号的频谱沿频率轴由低频搬移到高频载波 ω_c的两侧,形成上、下边带,且两边频带频谱结构不变,它属于线性频谱搬移的调制方式。

如果调制信号的频率范围为 $\Omega_1(F_1) \sim \Omega_n(F_n)$,则信号占用的带宽 $BW_{AM} = 2F_n$ 或 $BW_{AM} = 2\Omega_n$。通常调制信号的频谱范围表示为 $\Omega_{min} \sim \Omega_{max}$,为此调幅信号所占用的带宽相应地表示为 $2F_{max}$ 或 $2\Omega_{max}$。

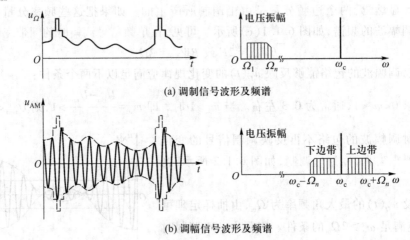

(a) 调制信号波形及频谱

(b) 调幅信号波形及频谱

图 6.1.3　多频调幅信号波形及频谱

3. 功率分配

若将式(6.1.4)所表示的调幅信号加到负载电阻 R_L 上,那么在负载 R_L 上将产生以下几种功率。

载波功率:

$$P_c = \frac{U_{cm}^2}{2R_L} \tag{6.1.8}$$

边频功率:因上边频功率(P_{bu})和下边频功率(P_{bd})相等,则有

$$P_b = P_{bu} + P_{bd} = 2P_{bu} = 2 \cdot \frac{\left(\dfrac{m_a U_{cm}}{2}\right)^2}{2R_L} = \frac{1}{2}m_a^2 P_c \tag{6.1.9}$$

输出的平均总功率:

$$P_{AV} = P_c + P_b = \left(1 + \frac{m_a^2}{2}\right)P_c \tag{6.1.10}$$

由上式可知,当 $m_a = 1$ 时,$P_c = 2/3\ P_{AV}$;当 $m_a = 0.5$ 时,$P_c = 8/9\ P_{AV}$,而实际中的 $m_a = 0.2 \sim 0.3$。显然,载有有用信号的边频(带)功率仅占总功率的很小一部分,功率利用率很低。尽管如此,但考虑到普通调幅波的实现和解调技术简单,故目前在中短波广播系统中仍广泛采用。

对于多频信号调制的调幅波,由式(6.1.7)及式(6.1.10)可知,在负载 R_L 上所产生的功率与上述结论一致,表示为

$$P_{AV} = \left(1 + \frac{m_{a1}^2}{2} + \frac{m_{a2}^2}{2} + \cdots + \frac{m_{an}^2}{2}\right)P_c \tag{6.1.11}$$

此外,由式(6.1.3)可得最大功率为:

$$P_{max} = \frac{\left[(1+m_a)U_{cm}\right]^2}{2R_L} = (1+m_a)^2 P_c \tag{6.1.12}$$

例 6.1.1　求 $u = 25(1+0.7\cos2\pi\times5\,000t - 0.3\cos2\pi\times10^4t)\times\sin2\pi\times10^6t$ V 的调幅波所包含各频率分量的频率与振幅。

解:将已知调幅波表达式展开为

$$u = 25\sin2\pi\times10^6t + 17.5\cos2\pi\times5\,000t\times\sin2\pi\times10^6t - 7.5\cos2\pi\times10^4t\times\sin2\pi\times10^6t$$
$$= \{25\sin2\pi\times10^6t + 8.75[\sin2\pi(10^6\pm5\,000)t] - 3.75[\sin2\pi(10^6\pm10^4)t]\}\ \text{V}$$

载波:$f_c = 10^6$ Hz,　　　　　　　$U_{cm} = 25$ V

和频:$f_1 = (10^6+5\,000)$ Hz,　　　$U_{1m} = 8.75$ V

　　　$f_2 = (10^6+10^4)$ Hz,　　　　$U_{2m} = 3.75$ V

差频:$f_1' = (10^6-5\,000)$ Hz,　　　$U_{1m}' = 8.75$ V

　　　$f_2' = (10^6-10^4)$ Hz,　　　　$U_{2m}' = 3.75$ V

6.1.2　抑制载波的调幅信号

> **导学**
>
> 引出抑制载波的调幅信号的目的。
> 与普通调幅波相比,双边带调幅波的特点。
> 与双边带调幅波相比,单边带调幅波的特点。

由于载波不携带欲发送的信息,因此为了节省发射功率,常采用抑制载波的调幅方式。

1. 双边带调幅信号

抑制载波双边带(DSB)调幅波与普通调幅波(AM)的主要区别是:DSB 波中 ω_c 频率分量的振幅较小,甚至完全不存在,为此将含有 ω_c 分量的 DSB 波称为有导频的 DSB 波;无 ω_c 分量的 DSB 波称为抑制载波的 DSB 波。下面主要讨论后者。

(1)单频信号调幅

抑制载波双边带调幅信号时域表达式,可通过将普通调幅波表达式(6.1.4)中的载波分量去掉得

$$u_{DSB}(t) = \frac{1}{2}m_a U_{cm}\cos(\omega_c \pm \Omega)t \tag{6.1.13}$$

由此可见,双边带调幅波还可用相乘器将 $u_\Omega(t)$ 和 $u_c(t)$ 直接相乘得到

$$u_{DSB}(t) = k_a u_\Omega(t) u_c(t) = \frac{1}{2}k_a U_{\Omega m} U_{cm}\cos(\omega_c \pm \Omega)t \tag{6.1.14}$$

抑制载波双边带调幅波的波形及频谱如图 6.1.4 所示,其特点:

一是就整个调制信号周期看,已调波包络不能完全反映原调制信号的形状;

二是已调波的高频载波相位在调制信号过零点时倒相;

三是 u_{DSB} 信号的能量集中在载频 ω_c 附近的边频分量上,其频带宽度与普通调幅波一样,即 $BW_{DSB} = 2\Omega$。

四是 DSB 波中只有上、下边频,没有载频分量,发射机发射功率利用率高。

(2)多频信号调幅

由式(6.1.7)可得出抑制载波双边带调幅信号的数学表达式

$$u_{DSB}(t) = U_{cm}(m_{a1}\cos\Omega_1 t + m_{a2}\cos\Omega_2 t + \cdots + m_{an}\cos\Omega_n t)\cos\omega_c t \tag{6.1.15}$$

频谱图如图 6.1.5 所示,且 $BW_{DSB} = 2\Omega_n$。可见双边带调幅仍为频谱的线性搬移。抑制载波双边带调制方式广泛用于调频调幅制立体声广播等系统中。

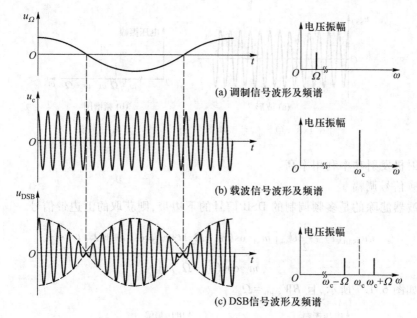

图 6.1.4　单频信号调制的 DSB 波形及频谱

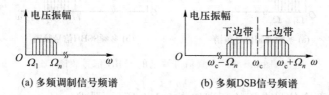

图 6.1.5　多频信号调制的 DSB 信号频谱

2. 单边带调幅信号

由图 6.1.5(b)可见,双边带信号的上、下两个边带频谱结构完全相同,传送一个边带同样可以完成信号的传输,这样既节省信道资源,又提高了发射效率。为此,将只传送一个边带的调幅波称为单边带(SSB)调幅波。

(1)单频信号调幅

若经滤波器滤除的是单频信号调制的 DSB 信号的下边频,则由式(6.1.13)可知,获取的上边频信号为

$$u_{\text{SSBH}} = \frac{1}{2} m_{\text{a}} U_{\text{cm}} \cos(\omega_{\text{c}} + \Omega)t \tag{6.1.16}$$

式(6.1.16)表示的波形及频谱如图 6.1.6 所示。其特点:

一是单频调制时的 SSB 信号为高频等幅波,其振幅与载波信号的振幅成正比,频率随调制信号频率的不同而不同,含有信息特征。显然,其包络不直接反映调制信号的变化规律;

二是因为只有一个边频,因此频带宽度是 DSB 信号的一半;

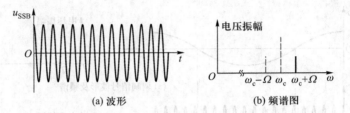

(a) 波形   (b) 频谱图

图 6.1.6 单频信号调制时的 SSBH 信号波形与频谱

三是发射机发射功率利用率高。

（2）多频信号调幅

若经滤波器滤除的是多频调制的 DSB 信号的下边带，则获取的上边带信号

$$u_{SSBH}(t) = \frac{1}{2}U_{cm}\left[m_{a1}\cos(\omega_c+\Omega_1)t + m_{a2}\cos(\omega_c+\Omega_2)t + \cdots + \right.$$
$$\left. m_{an}\cos(\omega_c+\Omega_n)t\right] \tag{6.1.17}$$

频谱图如图 6.1.7 所示，且 $BW_{SSBH}=\Omega_n$。

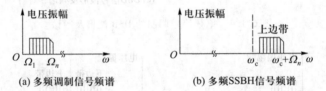

(a) 多频调制信号频谱   (b) 多频 SSBH 信号频谱

图 6.1.7 多频信号调制的 SSBH 信号频谱

例 6.1.2 已知两个信号电压的频谱如图 6.1.8 所示，要求：

（1）指出已调波的性质，并写出两个信号电压的数学表达式。

（2）计算在单位电阻上消耗的总功率以及已调波的频带宽度。

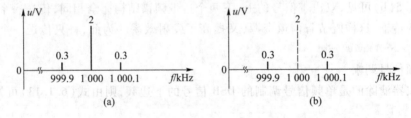

图 6.1.8 例 6.1.2

解：（1）图（a）是普通调幅波，图（b）是抑制载波双边带调幅波。

由图可知，$f_c=1\,000$ kHz，$F=100$ Hz，$\frac{1}{2}m_aU_{cm}=0.3$ V，$U_{cm}=2$ V，所以 $m_a=0.3$。两个电压的

数学表达式为

$$u_{AM}(t) = 2(1+0.3\cos 2\pi \times 10^2 t)\cos 2\pi \times 10^6 t \text{ V}$$

$$u_{DSB}(t) = 0.6\cos 2\pi \times 10^2 t \cos 2\pi \times 10^6 t \text{ V}$$

(2) 因为 $P_c = \dfrac{U_{cm}^2}{2R} = \left(\dfrac{1}{2}\times 2^2\right) \text{W} = 2 \text{ W}$，$P_b = \dfrac{1}{2}m_a^2 P_c = \left(\dfrac{1}{2}\times 0.3^2\times 2\right) \text{W} = 0.09 \text{ W}$。所以

$$P_{AM} = (2+0.09)\text{W} = 2.09 \text{ W}, \quad P_{DSB} = 0.09 \text{ W}$$

两个电压信号的频带宽度相等，$BW = 2F = 200 \text{ Hz}$。

 [拓展知识]

残留边带调幅信号

残留边带调幅(VSB)是指发送信号中包括一个完整边带、载波及另一边带的小部分(即残留一小部分)。这样,既比普通调幅方式节省了频带,又避免了单边带调幅要求滤波器衰减特性陡峭的困难,发送的载频分量也便于接收机提取同步信号。

VSB 调制应用的一个实例是用于电视图像的发送。因为电视信号中含有很低的频率成分,要想把一个边带完全抑制是十分困难的,而且实现单边带传输后,其解调电路也会复杂化,致使电视机的成本增加。为此,对图像信号采取了残留边带调幅方式,对电视伴音信号采用调频方式。电视图像信号带宽为 6 MHz,在发射端先产生 12 MHz 的普通调幅信号,然后在发送时用滤波器将下边带的一部分滤除,仅发送上边带的全部及下边带的残留部分,如图 6.1.9 所示。从图中可见,残留边带发送时,在靠近图像载频两侧 0.75 MHz 范围、反映图像信号低频分量的频率成分仍采用双边带发送,而远离图像载频 0.75 MHz 以上、反映图像信号高频分量的频率成分采用单边带发送。这样一来,图像信号 0.75 MHz 以下的低频分量就是 0.75 MHz 以上的高频分量的 2 倍,如果接收机均匀加以放大,势必会造成 0.75 MHz 以下低频分量产生加重失真。消除加重失真的一般方法是适当确定中频放大曲线,使图像载频附近 0.75 MHz 范围增益下降一半。

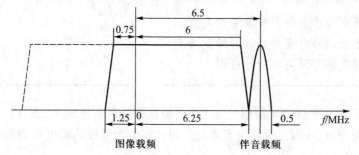

图 6.1.9 采用残留边带发送电视信号频谱示意图

由图 6.1.9 可以看出,下边带从 0.75 MHz 到 1.25 MHz 逐渐衰减到零;伴音载频比图像载频高 6.5 MHz;伴音带宽留有 ±0.25 MHz 的富余量。由于采用了残留边带发送电视信号,使每一个

频道(一个电视台)原本 12 MHz 带宽的普通调幅信号只需占用 8 MHz 的带宽,这样就使电视频段内容纳的频道数目大大增多。

6.2 调幅信号的产生电路

调制电路是无线电广播发射机的重要组成部分,从图 1.3.1 中可直观地看到振幅调制电路需要两个输入信号,一个是高频载波信号 $u_c(t)$,一个是低频调制信号 $u_\Omega(t)$,它们是形成已调信号的基本要素。

振幅调制电路按输出已调波功率的大小分为高电平调幅电路和低电平调幅电路。

高电平调幅电路是将调制与功放合二为一,利用 4.2.3 节中介绍的谐振功放的调制特性来完成调制。调制后的信号不需要再放大就可以直接发射。它一般位于发射机的最后一级,用于产生 AM 信号,许多广播发射机都采用这种调制。

低电平调幅电路是先在低功率级上完成调制,然后经高频功率放大器放大到所需要的发射功率。可利用 2.2.2 节所介绍的二极管平衡、环形相乘器和模拟相乘器来实现调幅,主要产生 DSB、SSB 信号,也可产生 AM 信号。

6.2.1 高电平调幅电路

> **导 学**
>
> 高电平调幅电路产生的调幅信号的类型。
> 基极和集电极调幅时丙类功放的工作状态。
> 高电平调幅电路与丙类功放的区别。

高电平调制电路一般是使调制信号 $u_\Omega(t)$ 叠加在直流偏置电压 V_{BB} 或 V_{CC} 上,再一起控制丙类工作的末级谐振功放,从而实现高电平调制。由此可分为基极调幅电路和集电极调幅电路,以便产生 AM 信号。

1. 基极调幅电路

(1) 电路组成

如图 6.2.1(a)所示,该电路实质上是一个变偏压的谐振功率放大器。图中载波信号 $u_c(t)$

经 Tr_1 耦合至晶体管基极，调制信号 $u_\Omega(t)$ 经变压器 Tr_2 耦合到基极。C_1 为低频旁路电容，用来为调制信号提供通路；C_2 为高频旁路电容，用来为载波信号提供通路，对低频信号相当于开路。基极采用自偏压串联馈电电路，$V_{BB} = -I_{B0}R_b$，保证晶体管工作在丙类状态。集电极采用串联馈电电路，其中 LC 选频网络的中心频率为载频，经变压器 Tr_3 耦合至输出端。C_3 为高频旁路电容，一是为输出高频信号提供通路，二是防止交流电流流过直流电源 V_{CC}。

（2）调幅原理

由图 6.2.1(a) 可以看出，晶体管发射结两端的电压

$$u_{BE} = V_{BB} + u_\Omega(t) + u_c(t) = V_{BB}(t) + u_c(t)$$

式中，$V_{BB}(t) = V_{BB} + u_\Omega(t)$ 为等效基极偏压。由高频功放的基极调制特性可知：在欠压区的一定范围内，集电极电流基波分量振幅 I_{c1m} 随等效基极偏压 $V_{BB}(t)$ 的变化近似呈线性变化。由图6.2.1(b) 可见，若调制信号 $u_\Omega(t) = 0$，I_{c1m} 不随时间变化，此时输出端得到频率为 f_c 的等幅正弦波。当 $u_\Omega(t) \neq 0$ 时，I_{c1m} 随调制信号 $u_\Omega(t)$ 变化，此时输出端将得到振幅随 $u_\Omega(t)$ 变化、中心频率为 f_c 的调幅波（AM）。

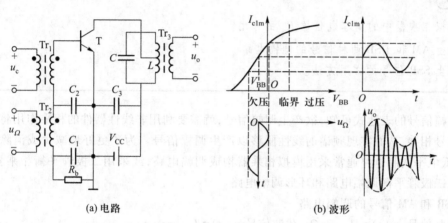

(a) 电路　　　　　　　　　　　(b) 波形

图 6.2.1　基极调幅电路及波形

基极调幅电路与谐振功率放大器的区别在于其基极偏压随调制电压变化。因其工作在欠压状态，集电极效率低是该电路的缺点。

2. 集电极调幅电路

（1）电路组成

如图 6.2.2 所示，该电路实质上是一个变集电极电源的谐振功率放大器。图中载波 $u_c(t)$ 通过变压器 Tr_1 加至基极，调制信号 $u_\Omega(t)$ 通过变压器 Tr_2 加至集电极回路，C_1、C_2 均为高频旁路电容，C_3 为低频旁路电容，LC 回路谐振在载频 f_c 上。基极电流的直流分量 I_{B0} 流

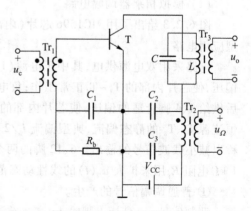

图 6.2.2　集电极调制电路

过 R_b，使电路工作在丙类状态。

（2）调幅原理

等效集电极偏压 $V_{CC}(t) = V_{CC} + u_\Omega(t)$，显然集电极电源电压是随调制信号变化的。由高频功放的集电极调制特性可知：在过压区的一定范围内，集电极电流脉冲的高度和凹陷深度都随 $u_\Omega(t)$ 的变化而变化，使集电极电流 i_c 的基波分量振幅 I_{c1m} 随等效集电极偏压 $V_{CC}(t)$ 的变化近似呈线性变化，经 LC 回路选频，得到已调波（AM）。其波形与图 6.2.1（b）类似。

集电极调幅电路实际上是以载波作为激励信号，集电极电源电压随调制信号变化，工作于过压区的丙类谐振功率放大器。

6.2.2 低电平调幅电路

> **导 学**
>
> 模拟相乘器中的调零电位器 R_w 的作用。
> 产生 AM 和 DSB 两种信号的调幅电路。
> 产生 SSB 信号的常用方法。

由调幅信号的表达式可知，欲产生调幅信号，就需要利用非线性器件的相乘作用将调制信号与载波信号相乘，从而实现频谱的线性搬移以产生调幅信号。为了更好地减少或消除无用的频率分量，低电平调制电路通常采用模拟相乘器构成调幅电路，或采用二极管平衡相乘器、环形相乘器构成二极管平衡调幅电路和环形调幅电路。

1. DSB 和 AM 信号的调幅电路

设调制信号 $u_\Omega(t) = U_{\Omega m}\cos\Omega t$，载波信号 $u_c(t) = U_{cm}\cos\omega_c t$。

（1）模拟相乘器调幅电路

图 6.2.3 给出了用 MC1596 芯片（内部电路如图 2.2.9（a）所示）产生 AM 和 DSB 信号的典型应用电路。

电路采用双电源供电，其中正电源（12 V）通过两个 1 kΩ 电阻分压后为 8、10 脚提供合适的偏压，使芯片内部的 $T_1 \sim T_4$ 正常工作；负电源（-8 V）通过 R_w，分两路由 750 Ω 和 51 Ω 电阻分压后供给 1、4 脚合适的偏压，使芯片内部的 T_5、T_6 正常工作，同时通过 5 脚的 6.8 kΩ 电阻来控制恒流源 T_7、T_8 的静态偏流，典型偏流 $I_o/2$ 为 1 mA。R_w 称为载波调零电位器，调节 R_w 可使电路对称以减小载波信号的输出。6、12 脚的两个 3.9 kΩ 电阻 R_c 为输出端的负载电阻，2、3 脚之间的 1 kΩ 电阻 R_y 用来扩大 $u_\Omega(t)$ 的线性动态范围。

① 普通调幅信号的产生。

调制信号 $u_\Omega(t)$ 从 1 脚输入，高频载波信号 $u_c(t)$ 从 10 脚输入，调幅信号从 6 脚输出。调节

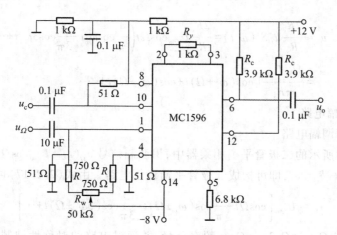

图 6.2.3　MC1596 组成的调幅电路

R_w 使 1 脚直流电位比 4 脚高 U_0，即 1 脚输入电压为 $U_0 + u_\Omega(t)$。由式(2.2.32)可知：

当 $u_c(t)$ 较小时，双差分对工作在小信号状态，输出电压为

$$u_o \approx \frac{2R_c}{R_y} \cdot \frac{u_c}{2U_T}(U_0 + u_\Omega) = \frac{R_c}{R_y U_T} U_{cm} \cos \omega_c t (U_0 + U_{\Omega m} \cos \Omega t) = U_m(1 + m_a \cos \Omega t)\cos\omega_c t$$

式中，$U_m = \dfrac{R_c U_{cm} U_0}{R_y U_T}$（已调波幅度），$m_a = \dfrac{U_{\Omega m}}{U_0}$（调幅指数）。调节电路中 R_w 的大小，即可改变偏压 U_0，使调幅指数 m_a 随之变化。

当 $u_c(t)$ 较大时，双差分对工作在双向开关状态，输出电压为

$$u_o \approx \frac{2R_c}{R_y}(U_0 + u_\Omega)S'(\omega_c t) = \frac{2R_c}{R_y}(U_0 + U_{\Omega m}\cos\Omega t)\left(\frac{4}{\pi}\cos\omega_c t - \frac{4}{3\pi}\cos 3\omega_c t + \cdots\right)$$

$$= \frac{8R_c}{\pi R_y}(U_0 + U_{\Omega m}\cos\Omega t)\cos\omega_c t + \cdots = \frac{8R_c U_0}{\pi R_y}\left(1 + \frac{U_{\Omega m}}{U_0}\cos\Omega t\right)\cos\omega_c t + \cdots$$

为了滤除高次谐波，需在输出端 6 脚接中心频率为 ω_c、带宽为 2Ω 的带通滤波器，以选出所需要的 AM 调幅信号。

② 双边带调幅信号的产生。

图 6.2.3 也能实现双边带调幅。为了减小流过电位器 R_w 的电流，便于调零准确，电阻 R 应改为 10 kΩ，以最大程度地抑制载波输出。在图 6.2.3 中，调节 R_w 使 1、4 脚直流电位差 $U_0 = 0$，仿照上面的分析，同样可得：

当 $u_c(t)$ 较小时，输出电压为

$$u_o \approx \frac{R_c}{R_y U_T}u_c u_\Omega = \frac{R_c}{R_y U_T} \cdot \frac{U_{cm} U_{\Omega m}}{2}[\cos(\omega_c + \Omega)t + \cos(\omega_c - \Omega)t]$$

当 $u_c(t)$ 较大时，输出电压为

$$u_{\text{o}} \approx \frac{2R_{\text{c}}}{R_{\text{y}}} u_{\Omega} S'(\omega_{\text{c}}t) = \frac{2R_{\text{c}}}{R_{\text{y}}} U_{\Omega\text{m}}\cos\Omega t \left(\frac{4}{\pi}\cos\omega_{\text{c}}t - \frac{4}{3\pi}\cos 3\omega_{\text{c}}t + \cdots\right)$$

$$= \frac{4R_{\text{c}}U_{\Omega\text{m}}}{\pi R_{\text{y}}} \left[\cos(\omega_{\text{c}}+\Omega)t + \cos(\omega_{\text{c}}-\Omega)t\right] + \cdots$$

（2）二极管调幅电路

① 二极管平衡调幅电路。

在图 2.2.4（a）所示的二极管平衡相乘器中，用调制信号 $u_{\Omega}(t) = U_{\Omega\text{m}}\cos\Omega t$ 替代 u_1，用载波信号 $u_{\text{c}}(t) = U_{\text{cm}}\cos\omega_{\text{c}}t$ 替代 u_2，即可构成二极管平衡调幅电路。由式（2.2.17）可得

$$i_{\text{L}} = gU_{\Omega\text{m}}\left[\cos\Omega t + \frac{2}{\pi}\cos(\omega_{\text{c}}\pm\Omega)t - \frac{2}{3\pi}\cos(3\omega_{\text{c}}\pm\Omega)t + \cdots\right]$$

显然，式中含有 Ω、$\omega_{\text{c}}\pm\Omega$、$3\omega_{\text{c}}\pm\Omega$、$\cdots$ 频率分量，并通过电路的对称性抑制载波分量。如果在输出端接有中心频率为 ω_{c}、带宽为 2Ω 的带通滤波器，则只有 $\omega_{\text{c}}\pm\Omega$ 频率分量的电流流过负载 R_{L}，从而得到双边带调幅信号 $u_{\text{DSB}} = \frac{2}{\pi}gR_{\text{L}}U_{\Omega\text{m}}\cos(\omega_{\text{c}}\pm\Omega)t$。

如果将 $u_{\Omega}(t)$ 和 $u_{\text{c}}(t)$ 位置互换，由式（2.2.17）很容易推知图 2.2.4（a）所示的二极管平衡调幅电路还可产生 AM 信号。

② 二极管环形调幅电路。

将图 2.2.5（a）所示的二极管环形相乘器中的 u_1 用调制信号 $u_{\Omega}(t) = U_{\Omega\text{m}}\cos\Omega t$ 替代，u_2 用载波信号 $u_{\text{c}}(t) = U_{\text{cm}}\cos\omega_{\text{c}}t$ 替代，即可构成二极管环形调幅电路。由式（2.2.21）可得

$$i_{\text{L}} = 2gU_{\Omega\text{m}}\left[\frac{2}{\pi}\cos(\omega_{\text{c}}\pm\Omega)t - \frac{2}{3\pi}\cos(3\omega_{\text{c}}\pm\Omega)t + \frac{2}{5\pi}\cos(5\omega_{\text{c}}\pm\Omega)t + \cdots\right]$$

可见，流过负载的电流 i_{L} 中含有有用分量 $\omega_{\text{c}}\pm\Omega$，且振幅比二极管平衡调幅电路提高了一倍。若在输出端接上中心频率为 ω_{c}、通频带为 2Ω 的带通滤波器，则可选出频率为 $\omega_{\text{c}}\pm\Omega$ 的上、下边频分量。

如果将 $u_{\Omega}(t)$ 和 $u_{\text{c}}(t)$ 位置互换，由式（2.2.21）可推知产生的仍然是 DSB 信号。

2. SSB 调幅电路

利用模拟相乘器实现单边带调幅主要有滤波法和相移法两种方法，前者是从频域角度提出的方法，后者是从时域角度提出的方法。下面我们以二极管平衡相乘器组成的调幅电路为例加以介绍。

（1）滤波法

由单边带调幅信号的特点可知，若在双边带调幅电路之后接一合适的带通滤波器（中心频率为 ω_{c}、带宽为 F_{max}），如图 6.2.4（a）所示，滤除其中一个边带即可，这种方法称为滤波法。此方法原理很简单，但对滤波器的要求很高。因为上、下边带信号的频率间隔仅为 $2F_{\text{min}}$，如图 6.2.4（b）所示，这就需要具有十分陡峭过渡带的带通滤波器，以保证有用信号不失真地通过而抑制掉另一边带，但在实际中难以实现。为了克服这一实际困难，可采用多次滤波法来产生 SSB 信号。

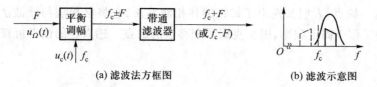

图 6.2.4 滤波法方框图和带通滤波器滤波示意图

图 6.2.5 给出了一个以发射上边带为例的三次滤波的 SSB 发射机框图。图中,BM 表示平衡调幅器,φ 表示带通滤波器,OSC 表示本地振荡器。此方法常采用先适当降低第一次调制的载波频率 f_1,再进行多次调制和滤波。每经过一次调制,实际上是把频谱搬移一次,在信号频谱结构保持不变的情况下,上、下边带之间的频率间隔拉大了,从而降低了滤波器的制作难度。

虽然设备比较复杂,但性能稳定可靠。常用作第一滤波器的有石英晶体滤波器、陶瓷滤波器、声表面波滤波器等;至于第二、第三滤波器等,因中心频率的提高,采用 LC 调谐回路即能进行滤波。

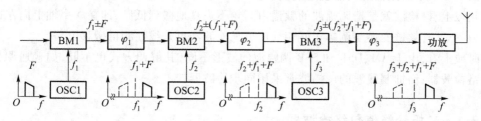

图 6.2.5 采用滤波法的 SSB 发射机框图

（2）相移法

相移法的实现框图如图 6.2.6 所示,它是利用移相的方法,消去不需要的边带。设 $u_\Omega(t)$ 与 $u_c(t)$ 为两余弦信号,则平衡调幅 A 的输出电压 u_1 和平衡调幅 B 的输出电压 u_2 分别为

$$u_1 = kU_{cm}U_{\Omega m}\cos\Omega t\cos\omega_c t = \frac{1}{2}kU_{cm}U_{\Omega m}\left[\cos(\omega_c+\Omega)t+\cos(\omega_c-\Omega)t\right]$$

$$u_2 = kU_{cm}U_{\Omega m}\sin\Omega t\sin\omega_c t = \frac{1}{2}kU_{cm}U_{\Omega m}\left[\cos(\omega_c-\Omega)t-\cos(\omega_c+\Omega)t\right]$$

若合成网络是 u_1 与 u_2 相加,可得 $u_{SSBL} = kU_{cm}U_{\Omega m}\cos(\omega_c-\Omega)t$。

若合成网络是 u_1 与 u_2 相减,可得 $u_{SSBH} = kU_{cm}U_{\Omega m}\cos(\omega_c+\Omega)t$。

可见,它是通过合成网络的加减消去一个边带,得到另一个边带的信号,显然相移法的优点是省去了滤波器。但是在调制信号为多频时,90°相移网络对所有频率都能实现 90°的移相是很难做到的。

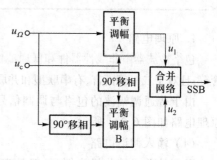

图 6.2.6 相移法原理框图

为了克服这一缺点,人们又提出了修正的移相滤波法,它将移相法与滤波法结合使用,所用的 $90°$ 相移网络工作于固定频率,因而克服了相移法的缺点。感兴趣的读者可查阅相关文献。

6.3 调幅信号的解调电路

当接收机接收到上述高频调幅信号(即高频已调波)后,还必须把携带在载波上的调制信号取出来。从高频已调信号中恢复出调制信号的过程称为解调,解调是调制的逆过程。调幅波的解调就是将调制信号从调幅波上"检取"出来的过程,又称为检波,完成这一功能的电路称为检波器。图1.3.2中的振幅解调器就是检波器。

从频域上看,检波就是把调幅波的频谱由高频不失真地搬到低频,即在频率轴上向左搬移了一个载频频量,其频谱变换与调幅正好相反。可见检波器也是线性频谱搬移电路。

从时域上看,由于 AM、DSB 和 SSB 调幅波的波形不同,其解调方式也不同,如普通调幅波常采用包络检波器;而抑制载波的调幅波常采用同步检波器。

6.3.1 二极管峰值包络检波器

6.3.1.1 检波器工作原理及其性能指标

导学

二极管峰值包络检波器的组成。
二极管峰值包络检波器可解调的信号类型。
电压传输系数和等效输入电阻的物理意义。

1. 原理电路
包络检波器由非线性器件和低通滤波器组成。其中的非线性器件可以是二极管,也可以是晶体管等;且对于二极管而言,有串联型和并联型两种电路形式。这里仅介绍串联型二极管包络检波器。

由于普通调幅波的包络与调制信号的变化规律成正比,因此包络检波器只适用于 AM 波,其原理电路如图 6.3.1 所示。

(1) 输入调谐电路
以超外差式接收机为例,一般是末级中放输出回路向检波电路提供中频调幅信号。

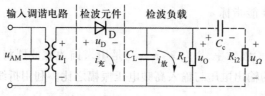

图 6.3.1 二极管峰值包络检波原理电路

（2）检波元件（非线性器件）

目前应用最广的是二极管（通常选用导通电压小的锗管）包络检波器。集成电路中多采用晶体管射极包络检波器。

（3）检波负载

检波负载电阻 R_L：数值很大，低频电流通过它产生低频输出电压。

检波负载电容 C_L：有两个作用，一是将输入的中频调幅信号完全加至检波元件上，以提高检波效率；二是起高频滤波作用，其电容值的选取分两种情况，即对于中频 C_L 的容抗应远小于 R_L，可视为短路，而对于低频（调制信号频率）C_L 的容抗应远大于 R_L，可视为开路。

在实际应用电路中常接入虚线部分，其中 C_c 为隔直电解电容，R_{i2} 为下一级电路的输入电阻。

2. 检波器的工作原理

在峰值包络检波器中，检波器工作在大信号状态，输入信号电压大于 0.5 V，通常为 1 V 左右。下面由时域波形图 6.3.2 来分析大信号的检波过程。

大信号的检波过程就是利用二极管的单向导电性和检波负载的充放电来完成的，如图 6.3.1 所示。由于负载电容 C_L 的高频容抗很小，因此输入的高频信号大部分加在二极管 D 上，且 $u_D = u_I - u_O$。当 $u_I > u_O$ 时，二极管导通，电容 C_L 被充电，由于 r_d 很小，充电电流很大，同时充电时间常数（$r_d C_L$）很小，所以电容 C_L 两端的电压 u_O 建立很快，电压 u_O 又反作用于二极管。当输入高频电压由最大值下降到小于 u_O 时，二极管截止，电容 C_L 通过负载电阻 R_L 放电。由于放电时间常数（$R_L C_L$）很大，远大于输入高频电压的周期，C_L 放电很慢。电容两端电压 u_O 下降不多时，输入高频信号的下一个正半周就到来了。只有当 $u_I > u_O$ 时，二极管才能够再次导通，电容 C_L 被再次充电。如此循环反复，得到了图 6.3.2（a）的波形图。由此可见，二极管端电压 u_D 在大部分时间内为负值，只有在输入高频信号的峰值附近，二极管才导通。只要合理地选取元件参数，使充电时间常数足够小，放电时间常数足够大，就可以使电容 C_L 上的电压按照输入高频信号的角频率在包络附近作小锯齿状的波动，与输入信号包络形状相同，所以该检波器称为峰值包络检波器。在实际电路中，经过隔直电容 C_c 后的波形如图 6.3.2（b）所示。

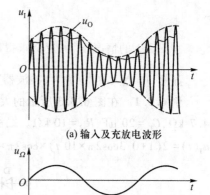

(a) 输入及充放电波形

(b) 输出波形

图 6.3.2 二极管峰值包络检波器的包络检波波形

3. 大信号检波器的性能指标

（1）电压传输系数

电压传输系数又称为检波效率，用 k_d 表示。它是用来描述检波器将高频调幅波转换为低频电压的能力，定义为检波器的输出电压与输入高频电压振幅之比。利用折线近似分析法可以证明：

$$k_d = \cos\theta，且\ \theta = \sqrt[3]{\frac{3\pi}{g_d R_L}} = \sqrt[3]{\frac{3\pi r_d}{R_L}} \tag{6.3.1}$$

式中，θ 为二极管余弦脉冲电流通角，显然通角 θ 越小，电压传输系数越高。当 $R_L \gg r_d$ 时，$\theta \to 0$，$\cos\theta = 1$，即检波效率 k_d 接近于 1，这是包络检波器的优点。

由于包络检波器的输出电压与输入调幅波的振幅成正比，所以当输入调幅信号为 $u_1(t) = U_{Im}(1 + m_a\cos\Omega t)\cos\omega_1 t$ 时，检波器输出电压 $u_O = U_{Im}(1 + m_a\cos\Omega t)\cos\theta$。

（2）等效输入电阻

检波器的前级通常是一个调谐在中频频率的谐振回路，检波器的输入电阻 R_i 就是中频放大器的负载，它的大小直接影响中频放大器的性能。检波器的等效输入电阻为载波振幅 U_{Im} 与二极管电流中的基波分量振幅 I_{1m} 之比。

U_{Im} 作用在输入电阻 R_i 上的功率是 $\dfrac{U_{Im}^2}{2R_i}$。检波电路输出的电压平均值（即直流电压）为 $U_{Im}\cos\theta = U_{Im}k_d$。如果忽略二极管的功率损耗，那么输出功率（即检波负载 R_L 上的功率）是 $\dfrac{(U_{Im}k_d)^2}{R_L}$。

根据功率相等的原则可得 $\dfrac{U_{Im}^2}{2R_i} = \dfrac{(U_{Im}k_d)^2}{R_L}$，即

$$R_i \approx \frac{R_L}{2k_d^2} \tag{6.3.2}$$

在 $k_d \approx 1$ 的情况下，可近似求得 $R_i \approx \dfrac{R_L}{2}$。

显然，R_L 愈大，R_i 也愈大，检波器对前级影响就愈小。

例 6.3.1 在图 6.3.3 所示的大信号检波电路中，已知 $C_{L1} = C_{L2} = 0.01\ \mu F$，$R_{L1} = 510\ \Omega$，$R_{L2} = 4.7\ k\Omega$，$C_C = 20\ \mu F$，$R_{i2} = 10\ k\Omega$。二极管 D 的导通电阻 $r_d = 80\ \Omega$，导通电压 $U_{on} = 0$，输入高频电压 $u_1(t) = 2(1 + 0.3\cos2\pi\times10^3 t)\times\cos2\pi\times10^6 t$ V。试求：（1）u_A、u_B、u_C。（2）检波器输入电阻 R_i。

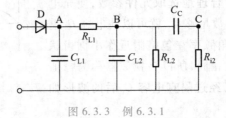

图 6.3.3　例 6.3.1

解：（1）因为 $\theta = \sqrt[3]{\dfrac{3\pi r_{\mathrm{d}}}{R_{\mathrm{L1}}+R_{\mathrm{L2}}}} = \sqrt[3]{\dfrac{3\pi\times80}{510+4\,700}}$ rad ≈ 0.53 rad $= 30.38°$，则 $k_{\mathrm{d}} = \cos\theta = \cos30.38° \approx$

0.86，所以 A 点电压为

$$u_{\mathrm{A}} = k_{\mathrm{d}}\times2\,(1+0.3\cos2\pi\times10^{3}t) \approx 1.72+0.52\cos2\pi\times10^{3}t \text{ V}$$

因为 u_{A} 包含直流电压和低频交流电压，所以 B 点电压为

$$u_{\mathrm{B}} = \frac{R_{\mathrm{L2}}}{R_{\mathrm{L1}}+R_{\mathrm{L2}}}\times1.72 \text{ V} + \frac{R_{\mathrm{L2}} \,/\!/\, R_{\mathrm{i2}}}{R_{\mathrm{L1}}+R_{\mathrm{L2}} \,/\!/\, R_{\mathrm{i2}}}\times0.52\cos2\pi\times10^{3}t \text{ V}$$

$$= \left(\frac{4.7}{0.51+4.7}\times1.72 + \frac{4.7 \,/\!/\, 10}{0.51+4.7 \,/\!/\, 10}\times0.52\cos2\pi\times10^{3}t\right) \text{ V} \approx 1.55+0.45\cos2\pi\times10^{3}t \text{ V}$$

经隔直电容 C_{C} 后，C 点电压为

$$u_{\mathrm{C}} = 0.45\cos2\pi\times10^{3}t \text{ V}$$

（2）检波器输入电阻 $R_{\mathrm{i}} \approx \dfrac{R_{\mathrm{L}}}{2k_{\mathrm{d}}^{2}} = \dfrac{R_{\mathrm{L1}}+R_{\mathrm{L2}}}{2k_{\mathrm{d}}^{2}} = \dfrac{(0.51+4.7) \text{ k}\Omega}{2\times0.86^{2}} \approx 3.52 \text{ k}\Omega$。

6.3.1.2　检波器的失真

导学

避免截止失真通常采用的办法。
负峰切割失真产生的原因以及避免失真的方法。
惰性失真产生的原因以及避免失真的方法。

它包括非线性失真、截止失真、频率失真、负峰切割失真和惰性失真。

1. 非线性、截止和频率失真

（1）非线性失真

由于二极管伏安特性的非线性，使得检波器输出的低频电压不能完全与输入调幅波的包络成正比而产生的失真。如果负载电阻 R_{L} 足够大，这种失真一般很小，可以忽略。

（2）截止失真

由于导通电压 U_{on} 的存在，使得二极管在输入信号幅值较小时不能导通而产生的失真。在实际电路中常采用锗管，且提供一个合适的正向偏置电压，该失真就不容易产生。

（3）频率失真

是由检波负载电容 C_{L} 和隔直电容 C_{C} 引起的。为使电容 C_{L} 的容抗对 $\Omega_{\max}$ 不产生旁路作用，应有 $1/\Omega_{\max}C_{\mathrm{L}} \gg R_{\mathrm{L}}$；为使 C_{C} 对 $\Omega_{\min}$ 分量的阻隔作用尽量小，应满足 $1/\Omega_{\min}C_{\mathrm{C}} \ll R_{\mathrm{i2}}$。这样就会避免频率失真，这两个条件是容易满足的。

2. 负峰切割失真

负峰切割失真产生的原因是在电容放电的过程中,对二极管产生了一个负偏压。在图 6.3.1 中由于 C_C 的存在,使检波器的直流负载电阻为 R_L,低频交流负载电阻为 $R_L /\!/ R_{i2}$。在稳定状态下,C_C 上有一个大小为 $U_{Im}\cos\theta$ 的直流电压。该电压经 R_L 和 R_{i2} 分压,在 R_L 上所分得的电压为 $U_{RL}=\dfrac{R_L}{R_L+R_{i2}}U_{Im}\cos\theta$。当输入信号的幅值小于 U_{RL} 时,二极管截止致使输出电压不再跟随输入电压的包络而变化,由此出现负峰切割失真,也叫底部切割失真,如图 6.3.4 所示。为了防止失真,必须满足:$U_{Im}(1-m_a)\geqslant U_{RL}=\dfrac{R_L}{R_L+R_{i2}}U_{Im}\cos\theta$。假设 $\cos\theta\approx 1$,则

$$m_a \leqslant \frac{R_{i2}}{R_L+R_{i2}}=\frac{R_{i2}/\!/R_L}{R_L}=\frac{R_\Omega}{R_L} \qquad (6.3.3)$$

式中,交流负载电阻用 R_Ω 表示。可见,当 m_a 较小时,不容易产生负峰切割失真;当 m_a 较大时,要求检波器的交、直流负载电阻尽可能接近,以避免产生负峰切割失真。

在实际应用中,为了减小交、直流负载电阻的差别,常用以下两种方法:

（1）分负载法

将图 6.3.1 中的负载电阻 R_L 分成 R_{L1} 和 R_{L2} 两部分,如图 6.3.5(a) 所示,此时直流负载电阻 $R_L = R_{L1}+R_{L2}$,低频交流负载电阻 $R_\Omega = R_{L1}+R_{L2}/\!/R_{i2}$,则有 $\dfrac{R_\Omega}{R_L}=\dfrac{R_{L1}+R_{L2}/\!/R_{i2}}{R_{L1}+R_{L2}}$。当 R_L 一定时,R_{L1} 选得越大,交、直流负载电阻的差别就越小,但输出低频电压也减小。因此一般取 $R_{L1}=(0.1\sim 0.2)R_{L2}$。图中的 C_{L2} 是为了进一步提高滤波能力而加的,常选 $C_{L1}=C_{L2}$。

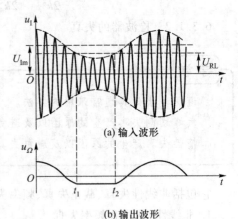

(a) 输入波形

(b) 输出波形

图 6.3.4　负峰切割失真波形

（2）插入射极跟随器

如图 6.3.5(b) 所示,在检波器与下一级低放之间插入高输入阻抗的射极输出器,使低频交流负载电阻 R_Ω 接近于直流负载电阻 R_L,以避免负峰切割失真。

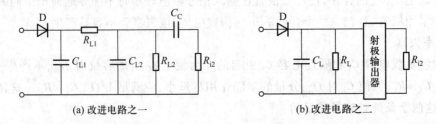

(a) 改进电路之一　　　　　　　　　　(b) 改进电路之二

图 6.3.5　避免负峰切割失真的改进电路

3. 惯性失真

为了提高效率和滤波能力,$R_L C_L$应尽可能大,工程上可选择它的范围为

$$R_L C_L \geqslant \frac{5 \sim 10}{\omega_I} \qquad (6.3.4)$$

然而过大的$R_L C_L$却使输出电压往往在输入信号包络下降的区段跟不上包络的变化,而依照$R_L C_L$放电规律变化,这种由电容放电的惯性引起的失真称为惯性失真,又称对角线切割失真,如图6.3.6所示。

为了避免产生惯性失真,必须减小$R_L C_L$的数值,使电容器的放电速度加快,能够跟随调幅波包络的变化。可以证明,$R_L C_L$的选取应当满足:

$$R_L C_L \leqslant \frac{\sqrt{1-m_a^2}}{m_a \Omega} \qquad (6.3.5)$$

可见,m_a越大,放电时间常数应越小。这是由于m_a越大,包络变化的起伏越大,只有缩短电容的放电时间,才能跟得上包络的变化。同样,当调制信号的频率Ω较高时,包络的变化加快,时间常数也应缩短。

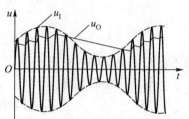

图6.3.6 惯性失真波形

在设计电路时,应用最大的调幅指数和最高的工作频率检验有无惯性失真,其表达式为

$$R_L C_L \leqslant \frac{\sqrt{1-m_{a\,max}^2}}{m_{a\,max} \Omega_{max}} \qquad (6.3.6)$$

例 6.3.2 二极管包络检波器如图6.3.7所示。(1)在图(a)电路中,二极管正向电阻$r_d = 100\ \Omega$,$F = (100 \sim 5\,000)$ Hz,$m_{amax} = 0.8$,试求不产生负峰切割失真和惯性失真的电容C_L和电阻R_{i2}。(2)在图(b)电路中,若输入信号$u_I(t) = 0.5(1+0.3\cos2\pi\times10^3 t)\times\cos2\pi\times10^7 t$ V,试问当可变电阻的滑动头在中心位置和最上端时,会不会产生负峰切割失真?

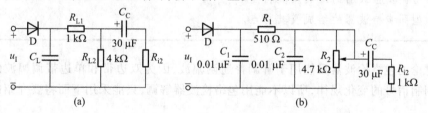

图6.3.7 例6.3.2

解:(1)因为不产生惯性失真的条件为$R_L C_L \leqslant \dfrac{\sqrt{1-m_{a\,max}^2}}{m_{a\,max}\Omega_{max}}$,且$R_L = R_{L1} + R_{L2}$,所以

$$C_L \leqslant \frac{\sqrt{1-m_{a\,max}^2}}{m_{a\,max}\Omega_{max}R_L} = \frac{\sqrt{1-0.8^2}}{0.8\times2\pi\times5\times10^3\times(1+4)\times10^3}\ \text{F} \approx 4.78\ \text{nF}$$

交流负载电阻 $R_\Omega = R_{L1} + R_{L2} \mathbin{/\mkern-5mu/} R_{i2} = 1 + \dfrac{4R_{i2}}{4+R_{i2}}$，直流负载电阻 $R_L = R_{L1} + R_{L2} = (1+4)\,\text{k}\Omega = 5\ \text{k}\Omega$，根据不产生负峰切割失真的条件 $m_a \leqslant \dfrac{R_\Omega}{R_L}$ 得 $0.8 \leqslant \dfrac{1+4R_{i2}/(4+R_{i2})}{5}$，解得 $R_{i2} \geqslant 12\ \text{k}\Omega$。

（2）当滑动头在中心位置：

$$R_\Omega = R_1 + (R_2/2) \mathbin{/\mkern-5mu/} R_{i2} = [0.51 + (4.7/2) \mathbin{/\mkern-5mu/} 1]\,\text{k}\Omega \approx 1.21\ \text{k}\Omega$$

$$R_L = R_1 + R_2/2 = (0.51 + 4.7/2)\,\text{k}\Omega = 2.86\ \text{k}\Omega$$

$$\frac{R_\Omega}{R_L} = \frac{1.21}{2.86} \approx 0.42 > m_a = 0.3$$

故不会产生负峰切割失真。

当滑动头在最上端：

$$R_\Omega = R_1 + R_2 \mathbin{/\mkern-5mu/} R_{i2} = (0.51 + 4.7 \mathbin{/\mkern-5mu/} 1)\,\text{k}\Omega \approx 1.33\ \text{k}\Omega$$

$$R_L = R_1 + R_2 = (0.51 + 4.7)\,\text{k}\Omega = 5.21\ \text{k}\Omega$$

$$\frac{R_\Omega}{R_L} = \frac{1.33}{5.21} \approx 0.26 < m_a = 0.3$$

故产生负峰切割失真。

6.3.2 同步检波器

导学

> 同步检波器的特点。
> 相乘型同步检波器的组成及其特点。
> 相加型同步检波器的组成及其特点。

前面讨论的包络检波器只能用于解调普通调幅波，因为双边带和单边带调幅波的包络不能直接反映调制信号的变化规律，所以不能用包络检波器解调，只能采用下面将要介绍的同步检波器来解决。

1. 同步检波器的类型及特点

（1）类型

DSB 和 SSB 信号均抑制了载波分量，在接收设备中对 DSB 和 SSB 信号解调时，必须为其提供与发射端同频同相的电压（称为本地载波或同步信号），然后用相乘或相加的方式完成 DSB 和 SSB 信号的解调，如图 6.3.8 所示。

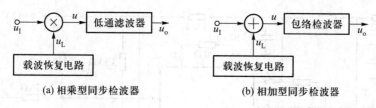

(a) 相乘型同步检波器   (b) 相加型同步检波器

图 6.3.8 同步检波器

（2）特点

在接收端由载波恢复电路提供一个与发送端的载波同频同相的本地载波。

2. 相乘型检波器

已调信号和本地载波信号经过相乘器和低通滤波器就可解调出原调制信号，如图 6.3.8(a) 所示。它不仅可以解调抑制载波的 DSB 和 SSB 调幅波，还可以解调 AM 调幅波。

（1）抑制载波调幅波的解调原理及其电路

设输入的双边带调幅信号为 $u_I(t) = U_{Im}\cos\Omega t\cos\omega_I t$，本地载波信号为 $u_L(t) = U_{Lm}\cos(\omega_L t + \varphi)$。经相乘器相乘后的输出电压为

$$u = ku_I u_L = kU_{Im}U_{Lm}\cos\Omega t\cos\omega_I t\cos(\omega_L t + \varphi)$$

$$= \frac{1}{2}kU_{Im}U_{Lm}\cos\Omega t\{\cos[(\omega_L - \omega_I)t + \varphi] + \cos[(\omega_L + \omega_I)t + \varphi]\}$$

经过低通滤波器后，输出电压为

$$u_o = U_{om}\cos[(\omega_L - \omega_I)t + \varphi]\cos\Omega t \qquad (6.3.7)$$

式中，$U_{om} = \frac{1}{2}kU_{Im}U_{Lm}$。

讨论：由式（6.3.7）可知，当 $\omega_L \neq \omega_I$ 时，$u_o = U_{om}\cos(\Delta\omega_0 t + \varphi)\cos\Omega t$，其振幅相对于原调制信号将产生失真，故要求 $\omega_L = \omega_I$；当 $\varphi \neq 0$ 时，$u_o = U_{om}\cos\varphi\cos\Omega t$，相当于在解调出的电压中引入了一个衰减因子 $\cos\varphi$，显然理想情况是 $\varphi = 0$。

可见，在同步检波器中，要求本地载波信号与发送端的载波信号同频同相（即同步）。

设输入的单边带调幅信号为 $u_I(t) = U_{Im}\cos(\omega_I + \Omega)t$，本地载波同步信号为 $u_L(t) = U_{Lm}\cos\omega_I t$，则相乘器输出电压为

$$u = \frac{1}{2}kU_{Im}U_{Lm}\cos\Omega t + \frac{1}{2}kU_{Im}U_{Lm}\cos(2\omega_I + \Omega)t$$

经低通滤波器滤除 $2\omega_I + \Omega$ 高频分量，取出频率为 Ω 的低频信号 u_o。

图 6.3.9 是采用模拟相乘器 MC1596 组成的集成同步检波器。图中，MC1596 用于输入的调幅信号与本地载波信号相乘，相乘后的信号从相乘器的 6 脚输出，经外接 π 形低通滤波器即可解调出所需的原调制信号。

除了使用模拟相乘器外，还可以使用前面所介绍的二极管相乘器来构成相乘型同步检波器。

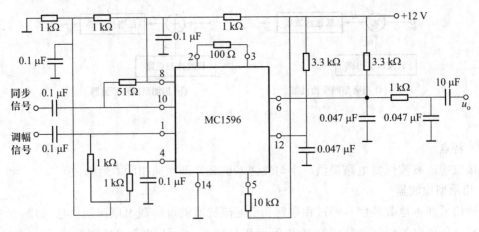

图 6.3.9　集成同步检波器

（2）普通调幅波的解调原理及其电路

设普通调幅波为 $u_I(t) = U_{Im}(1+m_a\cos\Omega t)\cos\omega_1 t$，本地载波同步信号为 $u_L(t) = U_{Lm}\cos\omega_1 t$，则

$$u = ku_I u_L = \frac{1}{2}kU_{Im}U_{Lm}(1+m_a\cos\Omega t)(\cos2\omega_1 t+1)$$

$$= \frac{1}{2}kU_{Im}U_{Lm}\left[1+m_a\cos\Omega t+\cos2\omega_1 t+\frac{1}{2}m_a\cos(2\omega_1\pm\Omega)t\right]$$

可见，只要用低通滤波器将其高频分量去除，同时用足够大的电容器阻隔直流分量，就可得到低频分量 $u_o = \frac{1}{2}kU_{Im}U_{Lm}m_a\cos\Omega t$。

由于普通调幅波中包含载波分量，所以将普通调幅波限幅放大后即可得本地载波同步信号，其原理图如图 6.3.10 所示。其中，相乘器仍可采用 MC1596。

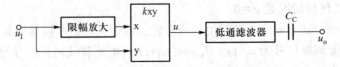

图 6.3.10　普通调幅波检波原理图

3. 相加型检波器

将已调 DSB 或 SSB 信号插入到本地载波信号中，使之成为或近似成为 AM 信号，再利用包络检波器将调制信号解调出来，如图 6.3.8（b）所示，本地载波为 $u_L(t) = U_{Lm}\cos\omega_1 t$。

设输入双边带调幅信号为 $u_I(t) = U_{Im}\cos\Omega t\cos\omega_1 t$，由图 6.3.8（b）得

$$u = u_I + u_L = U_{Lm}\left(1+\frac{U_{Im}}{U_{Lm}}\cos\Omega t\right)\cos\omega_1 t = U_{Lm}(1+m_a\cos\Omega t)\cos\omega_1 t$$

式中，$m_a = \dfrac{U_{Im}}{U_{Lm}}$，只要 $m_a < 1$，就可得到普通调幅波，再通过包络检波器便可检出所需的调制信号。

设输入的单边带调幅信号为 $u_1(t) = U_{Im}\cos(\omega_1 + \Omega)t$，由图 6.3.8(b) 得

$$u = u_1 + u_L = U_{Im}\cos\Omega t\cos\omega_1 t - U_{Im}\sin\Omega t\sin\omega_1 t + U_{Lm}\cos\omega_1 t$$

$$= U_{Lm}\left(1 + \frac{U_{Im}}{U_{Lm}}\cos\Omega t\right)\cos\omega_1 t - U_{Im}\sin\Omega t\sin\omega_1 t$$

$$= U_{Lm}(1 + m_a\cos\Omega t)\cos\omega_1 t - U_{Im}\sin\Omega t\sin\omega_1 t$$

当 $U_{Lm} \gg U_{Im}$ 时，不仅 $m_a < 1$，而且 $U_{Im}\sin\Omega t\sin\omega_1 t$ 可以被忽略。合成信号近似为 AM 波。将叠加后的合成信号送至包络检波器，便可检出调制信号。

图 6.3.11 是由两个二极管峰值包络检波器构成的相加型平衡同步检波器。图中，D_1 构成的上检波器输出电压为 $u_{O1} = k_d U_{Lm}(1 + m_a\cos\Omega t)$，式中 $m_a < 1$；同理，D_2 构成的下检波器输出电压为 $u_{O2} = k_d U_{Lm}(1 - m_a\cos\Omega t)$，则总输出电压

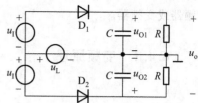

$$u_o = u_{O1} - u_{O2} = 2k_d m_a U_{Lm}\cos\Omega t$$

由此可见，输出信号和原调制信号呈线性关系。

图 6.3.11 相加型同步检波原理电路

4. 本地载波的产生方法

无论是相乘型还是相加型同步检波器，都要求接收机提供与载波信号同频同相的同步信号 u_L——本地载波。

对于双边带或单边带调幅信号来说，无法直接从信号中提取本地载波，为了产生本地载波信号，往往在发射机发射双边带或单边带调幅信号的同时，附带发射一个载频信号，其功率远低于双边带或单边带调幅信号的功率，通常称为导频信号。接收机在接收信号的同时也就接收了导频信号，由晶体滤波器从输入信号中取出该导频信号，经放大后作为本地载波，如图 6.3.12(a) 所示。当然，普通调幅波本身就含有载波信号，也可以采用如图 6.3.12(a) 所示的方法获得本地载波信号。

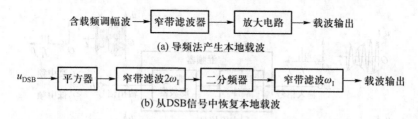

图 6.3.12 本地载波的产生原理框图

此外，对于双边带调幅信号，也可直接由该信号得到本地载波。方法是将 $u_{DSB} = U_{Im}\cos\Omega t\cos\omega_1 t$ 取平方，从中取出角频率为 $2\omega_1$ 的分量，经二分频器将其变换为频率是 ω_1 的同步信号，如图 6.3.12(b) 所示。

对于单边带信号，则必须在发射端专门发送一个载频信号供接收端提取。

6.4　变频电路

为了能满足各种无线电设备的需要,有利于提高设备的性能,经常将信号从某一频率变换到另一固定的新频率(称为中频),而保持其调制规律不变。完成这一频率变换功能的电路称为混频器或变频器。

6.4.1　变频原理

1. 变频的组成及其波形、频谱特点

(1) 变频器的组成

变频器通常由非线性器件、带通滤波器和本机振荡器三部分组成,如图 6.4.1 所示。

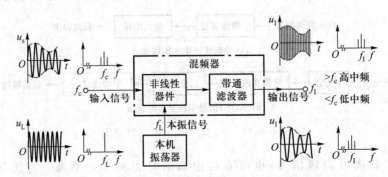

图 6.4.1　变频器的组成框图及其波形、频谱示意图

在 2.2.1 节讲述幂级数分析法时曾指出,实际电路中非线性器件总是与选频网络配合使用,其中非线性器件主要用于产生输入信号的各种组合频率分量,实现频谱搬移;选频网络主要用于

选出非线性器件输出的有用信号。就图 6.4.1 而言,选取和频时 $f_I = f_L + f_c$;选取差频时 $f_I = f_L - f_c$ 或 $f_c - f_L$。若输出的中频 f_I 大于输入的高频信号频率 f_c,习惯上仍称其为中频,实际是高中频,这种频率变换称为上变频;若得到的中频 f_I 小于信号频率 f_c,称为低中频,这种频率变换也称下变频。为此人们常将图 6.4.1 所示框图中的非线性器件和带通滤波器称为混频器。也就是说,混频器与本机振荡器共同组成变频器。

如果非线性器件只进行频率变换,而本机振荡信号由另外的器件产生,则这种频率变换电路称为它激式变频器,适于高质量的设备。如果非线性器件本身既产生本机振荡信号,又进行频率变换,则这种频率变换电路称为自激式变频器。

（2）变频器的波形与频谱

为了直观起见,在此不妨用普通调幅波为例加以说明,如图 6.4.1 所示。假设作用在非线性器件的两高频输入信号,一个是载频为 f_c 的单频普通调幅波,一个是载频为 f_L 的等幅高频本振信号。经带通滤波器选频后,其输出的中频信号波形仍是普通调幅波,只是载波的频率与输入信号不同而已,其中载频密的表示得到的是高中频信号;载频疏的表示得到的是低中频信号。从变频前后的频谱看,它是将载频为 f_c 的普通调幅波的频谱线性搬移到高中频或低中频处,即在频域上起到了加法或减法的作用,即实现了频谱的线性搬移,而上、下边频分量的结构并未发生变化。可见,所谓变频,是将已调波的载频升高或降低,而调制规律不变。

2. 变频的数学表达式解读

变频器的主要应用之一是用于超外差式接收机中,在此我们不妨以此为例加以说明。

假设 $u_s(t) = U_{sm}(1 + m_a \cos\Omega t)\cos\omega_c t$,$u_L(t) = U_{Lm}\cos\omega_L t$,加在非线性器件上的电压 $u = U_Q + u_s + u_L$,根据式（2.2.2）,取二次方项中的相乘项可得

$$2a_2 u_L u_s = 2a_2 U_{Lm}\cos\omega_L t \cdot U_{sm}(1 + m_a \cos\Omega t)\cos\omega_c t$$
$$= a_2 U_{Lm} U_{sm}(1 + m_a \cos\Omega t)[\cos(\omega_L + \omega_c)t + \cos(\omega_L - \omega_c)t]$$

通过带通滤波器选出其中的差频分量,则中频输出电压

$$u_I(t) = a_2 U_{Lm} U_{sm}(1 + m_a \cos\Omega t)\cos(\omega_L - \omega_c)t = a_2 U_{Lm} U_{sm}(1 + m_a \cos\Omega t)\cos\omega_I t$$

式中,$\omega_I = \omega_L - \omega_c$ 称为中频频率。从上述组成框图和表达式中可看出以下几点:

① 从表达式看,电压 $u_I(t)$ 与 $u_s(t)$ 的振幅包络相同,表明变频后所携带的信息（$1 + m_a \cos\Omega t$）没有变化,唯一的差别是载波频率由变频前的 ω_c 变为变频后的 ω_I。

② 从频谱看,输入已调信号频谱不失真地从高频 ω_c 位置搬移到中频 ω_I 位置上,将高频已调波变成了中频已调波,各频谱分量的相对位置并未发生变化,显然变频器是一种典型的线性频谱搬移电路。例如,在超外差式调幅广播接收机中,将载频位于 535～1 605 kHz 波段内的信号变换为 465 kHz 的中频信号,如图 1.3.2 所示,由于采用的是超外差式,所需要的本机振荡频率的范围在 1 000～2 070 kHz。在调频广播接收机中,将载频位于 88～108 MHz 的各调频信号变换为 10.7 MHz 的中频信号。在电视接收机中,将载频位于四十几兆赫兹至近千兆赫兹频段内的图像信号变换为 38 MHz 的中频信号,将电视伴音信号变换为 31.5 MHz 的中频信号。

虽然我们是以调幅波为例进行说明的,但对于后面将要介绍的调频波或调相波而言,当它们

通过变频电路后仍然是调频波或调相波。

衡量变频器的主要技术指标是变频增益、选择性、失真与干扰。

6.4.2　混频电路

在实际电路中,根据变频器所使用的非线性器件的不同分为晶体管混频器、二极管混频器、模拟相乘器混频器、场效应管混频器等。

1. 晶体管混频电路

晶体管混频器具有电路简单、混频增益较高的特点。

（1）电路组态

混频器有两个输入信号,对输入信号 u_s 而言,晶体管可构成共射和共基两种组态;而对于本振信号 u_L 来说,有基极注入和发射极注入两种组态。为此,混频器有四种基本形式,如图 6.4.2 所示。其中,图 6.4.2(a)(b)均为共射混频器,在调幅广播接收机中应用较多;图 6.4.2(c)(d)均为共基混频器,频率特性好,在较高频率工作时也有采用这类电路的。此外,图 6.4.2(b)(d)两电路中的 u_s 和 u_L 分别由晶体管不同的引脚输入,两个电压互相影响小,本振频率受信号频率的牵引作用小。

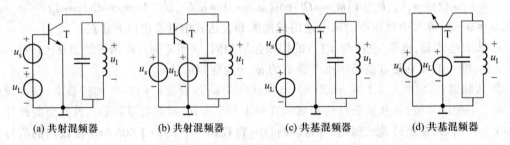

(a) 共射混频器　　(b) 共射混频器　　(c) 共基混频器　　(d) 共基混频器

图 6.4.2　混频器的四种基本形式

（2）工作原理

晶体管混频器是利用发射结实现混频,晶体管进行放大,集电极调谐回路完成选频任务。混频原理电路如图 6.4.3 所示。

在 2.2.1 节中曾介绍的线性时变电路分析法,是分析晶体管混频器的基础。若用输入信号 $u_s(t) = U_{sm}\cos\omega_c t$ 代替图 2.2.2(a) 中的 u_1,本振信号 $u_L(t) = U_{Lm}\cos\omega_L t$ 代替图 2.2.2(a) 中的 u_2,并且 $U_{Lm} \gg U_{sm}$。由图 6.4.3 和式(2.2.9)可得到晶体管集电极电流

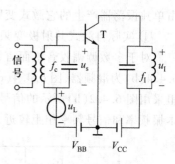

图 6.4.3　混频原理电路

$$i_C \approx I_C(t) + g(t)u_s \qquad (6.4.1)$$

在时变偏置作用下,时变跨导

$$g(t) = g_0 + g_1\cos\omega_L t + g_2\cos2\omega_L t + \cdots \qquad (6.4.2)$$

其中基波分量 $g_1\cos\omega_L t$ 与输入信号 $u_s(t) = U_{sm}\cos\omega_c t$ 相乘得

$$g_1\cos\omega_L t \cdot U_{sm}\cos\omega_c t = \frac{1}{2}g_1 U_{sm}\left[\cos(\omega_L + \omega_c)t + \cos(\omega_L - \omega_c)t\right]$$

当通过带通滤波器取差频,即中频 $\omega_I = \omega_L - \omega_c$ 时,则变频后的中频电流为

$$i_I = \frac{1}{2}U_{sm}g_1\cos(\omega_L - \omega_c)t = \frac{1}{2}U_{sm}g_1\cos\omega_I t = I_{Im}\cos\omega_I t$$

定义变频跨导 g_c 为输出中频电流振幅 I_{Im} 与输入高频电压振幅 U_{sm} 之比,即

$$g_c = \frac{I_{Im}}{U_{sm}} = \frac{g_1}{2} \qquad (6.4.3)$$

此式表明混频器的变频跨导 g_c 等于时变跨导 $g(t)$ 的傅里叶展开式(6.4.2)中基波振幅 g_1 的一半。

通过晶体管混频器的等效电路可以推导出混频器的变频增益为

$$A_{uc} = \frac{g_c}{g_{oe} + g_L} \qquad (6.4.4)$$

式中,g_{oe} 为晶体管的输出电导,g_L 为负载电导。变频跨导 g_c 是计算 A_{uc} 的基本参数。

例 6.4.1　在晶体管混频器中,已知晶体管静态转移特性为 $i_C = a_0 + a_2 u_{BE}^2 + a_3 u_{BE}^3$,且 $u_L(t) = U_{Lm}\cos\omega_L t$,试求变频跨导。

解:由晶体管静态转移特性可得跨导 $g = \dfrac{\mathrm{d}i_C}{\mathrm{d}u_{BE}} = 2a_2 u_{BE} + 3a_3 u_{BE}^2$。

设时变偏压 $u_{BE} = V_{BB} + u_L = V_{BB} + U_{Lm}\cos\omega_L t$,则时变跨导

$$g(t) = 2a_2(V_{BB} + U_{Lm}\cos\omega_L t) + 3a_3(V_{BB} + U_{Lm}\cos\omega_L t)^2$$
$$= (2a_2 + 3a_3 V_{BB})V_{BB} + U_{Lm}(2a_2 + 6a_3 V_{BB})\cos\omega_L t + 3a_3 U_{Lm}^2\cos^2\omega_L t$$

式中,基波分量 $g_1 = U_{Lm}(2a_2 + 6a_3 V_{BB})$,故变频跨导

$$g_c = \frac{g_1}{2} = U_{Lm}(a_2 + 3a_3 V_{BB})$$

(3)实际电路

晶体管混频器的实际电路有两类:本振电压由混频管自身产生的自激式变频器和本振电压

由单独振荡器产生的它激式变频器。

① 实际自激式共射极变频器。

对于多数调幅收音机而言,变频级既包含混频器,又含有振荡器,如图 6.4.4 所示。其中,图 6.4.4(b)为混频器,图 6.4.4(c)为振荡器,晶体管 T_1 既作为混频管,又作为振荡器的放大管。这里采用图 6.4.2(b)所示的信号、本振分极注入方式,是因为调幅广播收音机的中频为 465 kHz,本振频率和信号频率相距较近,为减小两信号间的相互影响而为之。

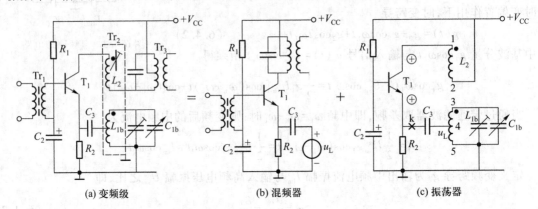

(a) 变频级   (b) 混频器   (c) 振荡器

图 6.4.4　实际收音机变频器的分解图

本机振荡器属于互感耦合式振荡器,本振电压通过耦合电容 C_3 加到晶体管发射极上。

相位条件:用"三步曲法"来判断图 6.4.4(c)。假想从反馈线的 k 点断开,并加入瞬时极性为 ⊕ 的 $\dot{U}_k$,则电路中各点电位变化如下:

$\dot{U}_k \oplus \rightarrow T_1$ 集电极 $\dot{U}_c \oplus \rightarrow$ 线圈 L_2 上端 1 为 ⊕,由同名端可知 L_{1b} 上端 3 为 ⊕ → 线圈 L_{45} 上端为 ⊕,即反馈电压 $\dot{U}_L$ 为 ⊕。

可见 $\dot{U}_L$ 与 $\dot{U}_k$ 同相位,满足相位平衡条件。

幅值条件:适当调节 L_2 和 L_{1b} 的相对位置或 L_2 的匝数即可满足振荡器的起振条件。

谐振频率:由 L_{1b}、C_{1b} 回路决定。

工作原理:由图 6.4.4(a)看出,f_s 与 f_L 两路输入信号加至 T_1 的发射结上,产生多个组合频率的分量,再经并联谐振回路选频(调 Tr_3 磁芯,可使 $f_I = 465$ kHz),只将 465 kHz 的电流在 Tr_3 一次线圈两端转换成很高的谐振电压,后经 Tr_3 二次线圈耦合至下级。

电路工作状态无法兼顾振荡管和混频管同时处于最佳情况(混频管的静态工作点偏低,使其工作在非线性区,而振荡管为满足起振条件需工作在甲类状态)是该电路的缺点。

② 实际它激式共射极混频器。

图 6.4.5 所示为电视接收机的混频电路。其电路特点为:高频放大器输出的高频信号 u_s 经双调谐耦合回路加到混频器的基极;由单独振荡器产生的本振信号 u_L 通过电容 C_1 也加到混频器的基极。由于本振电路和混频器是由两个晶体管单独构成的(图中未画出产生本振信号的电

路),所以两电路可以调到最佳工作状态。由于电视图像信号频率与本振频率相差较大($f_L-f_s=$ 38 MHz),频率牵引较小,故采用图 6.4.2(a)所示的同极注入方式。图中 L_2、C_3、C_4 采用部分接入方式,谐振在某一电视频道上;R_1、R_2 为基极偏置电阻,R_3 为发射极直流偏置电阻,起直流负反馈作用,R_4 为集电极直流负载电阻,C_6、C_7 均为交流旁路电容;L_3、C_5 谐振在中频 38 MHz 上,电阻 R_5 起降低回路 Q 值、扩展频带作用。

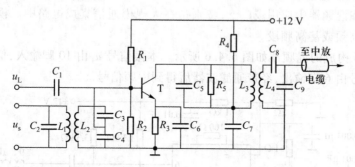

图 6.4.5 电视接收机中的混频电路

2. 二极管混频电路

二极管混频器与晶体管混频器相比较,具有电路结构简单、噪声低、组合频率少等优点,在通信设备中得到广泛应用。如果采用肖特基表面势垒二极管,它的工作频率可高达微波频段。缺点是混频增益小于 1。

(1) 二极管平衡混频器

若将图 2.2.4(a)所示的二极管平衡相乘器中的 u_1 用输入信号 $u_s(t)=U_{sm}\cos\omega_c t$ 代替、u_2 用本振信号 $u_L(t)=U_{Lm}\cos\omega_L t$ 代替,并且 $U_{Lm}\gg U_{sm}$,这样便组成了二极管平衡混频器。然后利用式(2.2.17)可得输出电流为

$$i_L=2gS(\omega_L t)u_s=2g\left(\frac{1}{2}+\frac{2}{\pi}\cos\omega_L t-\frac{2}{3\pi}\cos3\omega_L t+\cdots\right)U_{sm}\cos\omega_c t$$

若输出端接中频滤波器(取差频),则输出中频电压 u_1 为

$$u_1=i_L R_L=\frac{2}{\pi}gR_L U_{sm}\cos(\omega_L-\omega_c)t=\frac{2}{\pi}gR_L U_{sm}\cos\omega_1 t$$

可见,通过二极管平衡混频器得到了中频信号,实现了频谱搬移。

(2) 二极管环形混频器

若将图 2.2.5(a)所示的二极管双平衡相乘器中的 u_1 用输入信号 $u_s(t)=U_{sm}\cos\omega_c t$ 代替、u_2 用本振信号 $u_L(t)=U_{Lm}\cos\omega_L t$ 代替,并且 $U_{Lm}\gg U_{sm}$,这样便构成了二极管环形混频器。由式(2.2.21)可得输出电流为

$$i_L=2gS'(\omega_L t)u_s=2g\left(\frac{4}{\pi}\cos\omega_L t-\frac{4}{3\pi}\cos3\omega_L t+\cdots\right)U_{sm}\cos\omega_c t$$

经中频滤波器取差频后,得输出中频电压

$$u_I = i_L R_L = \frac{4}{\pi} g R_L U_{sm} \cos(\omega_L - \omega_c) t = \frac{4}{\pi} g R_L U_{sm} \cos\omega_I t$$

显然,环形混频器的输出电压是平衡混频器输出电压的两倍,且减少了电流频谱中的组合频率分量。

3. 双差分对模拟相乘器混频电路

模拟相乘器在混频器中应用较广泛,特别是在大规模通信集成电路中。模拟相乘器构成的混频器可工作在高频或甚高频段。

利用 MC1596 构成的混频器如图 6.4.6 所示。本振信号 u_L 由 10 脚输入,信号电压 u_s 由 1 脚输入。混频后信号由 6 脚输出,经带通滤波器后得到中频信号。

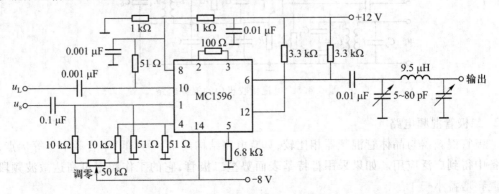

图 6.4.6　用 MC1596 实现混频的实用电路

与分立元件晶体管构成的混频器相比,该电路的优点是输出电流中组合频率分量少、寄生干扰小;输入电压与本振电压隔离较好,互相影响小。

6.4.3　混频干扰

导学

形成混频干扰的条件。

混频干扰的主要类型。

与干扰信号有关的干扰类型。

前已述及,混频器的作用是输入信号与本振信号混频后通过选频网络选出有用的中频分量。但实际上,输入信号与本振信号的各种谐波之间、干扰信号与本振信号之间、干扰信号与输入信号之间以及干扰信号之间,经非线性器件的相互作用还会产生很多新的频率分量,若其中某些分量的频率等于或接近于中频时,那么这些无用中频和有用中频将同时被放大器放大,并进入检波器进行检波。这样在收听有用信号的同时,也能听到干扰信号。若在检波器中发生差拍检波,在收听时可听到啸叫声。

在实际电路中,能否形成干扰要看以下两个条件:一是是否满足一定的频率关系,二是满足一定频率关系的分量幅值是否较大。

混频干扰的形式一般有组合频率干扰、副波道干扰、交调和互调干扰、阻塞干扰等。

1. 信号与本振的组合频率干扰(干扰哨声)

由 2.2.1 节分析可知,当两个不同频率的信号作用于非线性器件时,会产生这两个信号频率的各种组合分量。组合频率干扰是指没有外来干扰信号时,由于混频器的非线性而产生的不同频率的组合所形成的干扰。

(1) 形成原因及条件

由于混频器的非线性产生了输入信号与本振信号的组合频率,其产生干扰的条件是:

$$\mid \pm pf_L \pm qf_c \mid \approx f_I$$

式中,p、q 分别为本振信号和输入信号频率的谐波次数,上式包含以下四种情况:$pf_L + qf_c \approx f_I$、$pf_L - qf_c \approx f_I$、$-pf_L + qf_c \approx f_I$、$-pf_L - qf_c \approx f_I$。如取 $f_I = f_L - f_c$,则第一种情况不可能,第四种情况不存在。若将第二、三种情况合并,可写成 $pf_L - qf_c \approx \pm f_I$,又因为 $f_L = f_c + f_I$,故

$$\frac{f_c}{f_I} \approx \frac{p \pm 1}{q - p} \qquad (6.4.5)$$

式中,f_c/f_I 称为变频比。当 f_c 或 f_I 确定后,总会找到能使有用信号的频率 f_c 接近中频频率 f_I 整数倍的 p、q 整数值,也就是说有确定的干扰频率及其数目。通常把 $p + q$ 称为干扰的阶数,阶数越小干扰越严重。一般限定 $p \leq 4$,$q \leq 8$,且 $p + q \leq 10$。将不同的 p、q 值代入式(6.4.5)可算出相应的变频比 f_c/f_I 的值,如表 6.4.1 所示。

表 6.4.1　组合干扰频率分布点

编号	1	2	3	4	5	6	7	8	9	10
p	0	1	1	2	1	2	3	1	2	1
q	1	2	3	3	4	4	4	5	5	5
f_c/f_I	1	2	1	3	2/3	3/2	4	1/2	1	2
编号	11	12	13	14	15	16	17	18	19	20
p	4	1	2	3	4	1	2	3	1	2
q	5	6	6	6	6	7	7	7	8	8
f_c/f_I	5	2/5	3/4	4/3	5/2	1/3	3/5	1	2/7	1/2

例如调幅广播接收机的中频为 465 kHz,当接收发射频率 $f_c = 931$ kHz 的电台时,本振频率

$f_L = f_I + f_c = 1396$ kHz，则变频比 $f_c/f_I \approx 931/465 \approx 2$。查表 6.4.1 有编号为 2 和 10 的干扰。2 号是三阶干扰，可得 $2f_c - f_L = 466$ kHz；10 号是八阶干扰，可得 $5f_c - 3f_L = 467$ kHz。它们与中频 465 kHz 很接近，并落在中频放大器的通频带内，中频谐振回路无法将它们滤除。因此这些接近中频的组合频率（无用中频）经中频放大器加至检波器上，通过检波器的非线性效应，与有用中频进行差拍检波而产生 1 kHz 和 2 kHz 的音频，这种音频以啸叫声的形式出现，故也称为干扰哨声。

（2）抑制方法

由于这种干扰是输入信号与本振信号的各次谐波组合形成的，与外来干扰无关，所以不能靠提高前端电路的选择性来抑制，只能尽可能减少干扰点的数目并抑制阶数低的干扰。主要方法有：

① 正确选择中频频率。

例如某短波接收机波段范围为 2~30 MHz，若 $f_I = 1.5$ MHz，则变频比 $f_c/f_I = 1.33~20$。由表 6.4.1 查出组合干扰点为 2、4、6、7、10、11、14、15 号，干扰最强的是 2 号的三阶干扰，由式（6.4.5）得受干扰的频率为 $f_c = 2f_I = 3$ MHz。若 $f_I = 0.5$ MHz，$f_c/f_I = 4~60$，组合干扰点为 7 号和 11 号，最严重的是 7 号的七阶干扰，受干扰的频率 $f_c = 4f_I = 2$ MHz。显然将中频由 1.5 MHz 改为 0.5 MHz，较强的干扰点由 8 个减至 2 个，最强的干扰由三阶降为七阶。但中频频率降低后，对其他干扰的抑制是不利的。若改用高中频 70 MHz，$f_c/f_I = 0.029~0.43$，此时的组合干扰点为 12、16 和 19 号，最严重的是 12 号的七阶干扰。所以提高中频抑制组合频率干扰的方法也得到了广泛的应用。

② 合理选择混频器的工作状态。

目的是尽可能避免混频器工作在强非线性区，以减少组合频率分量。

③ 采用合理的电路形式。

从电路结构上想办法，尽可能抵消一些组合频率分量。如采用模拟相乘器、环形混频器电路。

此外，选用具有二次方特性的场效应管作混频器，晶体管混频器的本振信号选为大信号等。

2. 外来干扰与本振的组合频率干扰（副波道干扰）

（1）形成原因及条件

由于混频器前端电路的选择性不好，使频率为 f_N 的干扰信号加至混频器的输入端，并与本振信号混频，若产生的组合频率满足

$$|\pm pf_L \pm qf_N| \approx f_I$$

则产生的"假中频"将表现为串台，还有可能伴随着啸叫声。

在上式的四种情况中，同样只有 $pf_L - qf_N \approx f_I$、$-pf_L + qf_N \approx f_I$ 两式成立，将它们合并可写为

$$f_N = \frac{p}{q} f_L \pm \frac{1}{q} f_I \tag{6.4.6}$$

表明 f_N 对称地分布在 $\frac{p}{q} f_L$ 左右，且与 $\frac{p}{q} f_L$ 的间隔为 $\frac{1}{q} f_I$。

（2）抑制方法

这类干扰有中频干扰、镜像干扰及其他副波道干扰，其中中频干扰和镜像干扰由于对应的

p、q 值很小,故造成的影响很大。

① 中频干扰。

若 $p=0$、$q=1$,由式(6.4.6)得 $f_N=f_I$,称为中频干扰,是一阶干扰。由于接收机前端的选择性不好,该中频干扰可直接进入混频器(相当于一级中频放大器),经过各级中频放大器放大后加至检波器的输入端,差拍检波后形成啸叫声。

抑制中频干扰的主要方法是提高接收机前端电路的选择性,以降低加在混频器上的干扰信号电压值。例如,广泛采用在混频器的输入端加中频陷波电路,以滤除外来的中频干扰,如图 6.4.7 所示。在图 6.4.7(a)中,LC 串联回路谐振在中频 f_I 上,由于串联谐振时回路阻抗很小,将对中频干扰信号起到短路作用;在图 6.4.7(b)中,LC 并联回路也谐振在中频 f_I 上,由于并联谐振时回路阻抗很大,它将使中频干扰信号大大衰减,从而起到抑制中频干扰的作用。

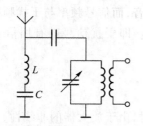 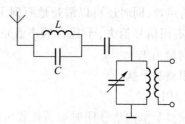

(a) 采用 LC 串联回路的中频陷波电路　　(b) 采用 LC 并联回路的中频陷波电路

图 6.4.7　LC 中频陷波电路

② 镜像干扰。

若 $p=q=1$,由式(6.4.6)得 $f_N=f_L+f_I=f_c+2f_I$,表明 f_N 与 f_c 对称地位于 f_L 两侧,呈镜像关系,如图 6.4.8 所示,故称为镜像干扰。镜像干扰是二阶干扰。

抑制镜像干扰的主要措施是提高混频器前端电路的选择性,以降低加到混频器输入端的镜像干扰电压,如加镜频吸收回路。还可以采用高中频方案,即提高接收机的中频频率 f_I,以使镜像干扰频率 f_N 与信号频率 f_c 的频率间距($2f_I$)加大,有利于选频回路对 f_N 的抑制。

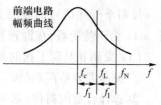

图 6.4.8　镜像干扰示意图

除了中频和镜像干扰,对于 $p+q\geqslant3$ 的情况,它们是由非线性特性三次方项以及三次方以上项产生的,可通过平衡混频等方法加以抑制。

3. 交叉调制干扰和互相调制干扰

(1) 交叉调制干扰

① 形成原因。

交叉调制(简称交调)干扰的形成与本振无关,它是有用信号与干扰信号一起作用于混频器时,由混频器的非线性形成的干扰。其含义为:由于混频器前端的选择性不好,一个已调的强干扰信号与有用信号同时作用于混频器,经器件的非线性作用,可将干扰的调制信号转移到有用信号的载频上,然后再与本振混频得到中频信号,从而形成干扰。

由第 2.2.1 节中介绍的线性时变电路分析法可知,在展开式中含有的四阶项可简写为 $a_4 u^4$。设 $u = u_L + u_s + u_n$,并且 $u_L = U_{Lm} \cos \omega_L t$,$u_s = U_{sm}(1 + m_a \cos \Omega t) \cos \omega_c t = U_{sm}(t) \cos \omega_c t$,$u_n = U_{nm}(1 + m_n \cos \Omega_n t) \cos \omega_n t = U_{nm}(t) \cos \omega_n t$。将 u 代入到 $a_4 u^4$ 中会分解出 $3 a_4 U_{nm}^2(t) U_{sm}(t) U_{Lm} \cos(\omega_L - \omega_c)t$ 项,这项就是交调产物。

交调干扰是由混频器晶体管特性中的四次方项或更高偶次方项产生的。对小信号放大器来说,如果放大器工作在非线性区,同样也会产生交调干扰。只不过是由三次方项产生的。

② 干扰现象。

通过 $3 a_4 U_{nm}^2(t) U_{sm}(t) U_{Lm} \cos(\omega_L - \omega_c)t$ 项可以看出,当有用信号 $U_{sm}(t)$ 为 0,交调项也为 0。可见,交调项是随着 $U_{sm}(t)$ 变化而变化的。也就是当接收有用信号时,在输出端不仅可以收听到有用信号台的声音,同时还可以清楚地听到干扰台的声音,而信号频率与干扰频率之间没有固定的关系,一旦有用信号消失,干扰台的声音也随之消失。即干扰信号随有用信号的变化而变化(同时存在、同时消失)。

(2) 互相调制干扰

① 形成原因。

当两个或多个干扰信号同时加至接收机的输入端时,由于放大器的非线性,干扰信号之间相互作用,产生的组合频率分量接近于有用信号的频率,它和有用信号一同进入混频器与本振混频,产生接近于中频的干扰信号,该信号很顺利地通过中频放大器后,经检波器差拍检波后产生互相调制(简称互调)干扰。在高放级,它是由晶体管特性中的三次方项产生的,在混频器中,它是由晶体管特性中的四次方项或更高次方项产生的。

② 产生条件。

设两个干扰信号的频率分别为 f_{N1} 和 f_{N2},在高放级若满足 $|\pm m f_{N1} \pm n f_{N2}| \approx f_c$,将产生互调干扰,$m + n$ 为干扰阶数;在混频器中若满足 $|\pm p f_L \pm m f_{N1} \pm n f_{N2}| \approx f_I$,也会产生互调干扰。

(3) 交调和互调干扰的抑制措施

① 提高混频器前端(级)电路的选择性,尽量减小干扰信号的幅度。

② 选择合适的器件(如平方律器件)和合适的工作状态,使混频器的非线性高次方项尽可能少,以减小组合分量。

③ 采用抗干扰能力较强的模拟相乘器混频器和环形混频器等。

4. 阻塞干扰

由于输入电路抑制不良,当一个强干扰信号进入接收机输入端后,会使前端电路的放大器或混频器的晶体管工作在严重的非线性区,使混频器输出的有用信号的幅度减小,严重时晶体管的工作状态被完全破坏,无法收到有用信号。当然,有用信号为强信号时,同样也会产生阻塞干扰。

例 6.4.2　在超外差接收机中,中频 $f_I = f_L - f_c = 465 \text{ kHz}$,试分析下列现象:

(1) 当收听频率为 550 kHz 电台时,还能听到 1 480 kHz 电台的干扰。

(2) 收听 1 480 kHz 电台时,还能听到 740 kHz 电台的干扰。

（3）收听 930 kHz 电台时，可同时收到 690 kHz 和 810 kHz 的电台，但不能单独收到其中一个电台的信号。

解：只有组合频率干扰是本振信号和有用输入信号之间相互作用产生的，而其他混频干扰产生时，都会收到另外的无用信号。由题意可知，所给三种情况都能听到其他频率的干扰，显然应是副波道干扰、交调干扰和互调干扰中的一种情况。

（1）由接收情况可知 $f_L = f_I + f_c = (465+550)$ kHz $= 1\ 015$ kHz，且有 $f_N - f_L = (1\ 480 - 1\ 015)$ kHz $= 465$ kHz $= f_I$。由于 $p = q = 1$，所以此干扰为二阶副波道干扰，即镜像干扰。

（2）由接收情况可知 $f_L = f_I + f_c = (465+1\ 480)$ kHz $= 1\ 945$ kHz，且有 $f_L - 2f_N = (1\ 945 - 2 \times 740)$ kHz $= 465$ kHz $= f_I$。由于 $p = 1$、$q = 2$，所以此干扰为三阶副波道干扰。

（3）由接收情况可知 $f_L = f_I + f_c = (465+930)$ kHz $= 1\ 395$ kHz，且有 $f_L - (-f_{N1} + 2f_{N2}) = [1\ 395 - (-690 + 2 \times 810)]$ kHz $= 465$ kHz $= f_I$。由于 $m = 1$、$n = 2$，所以此干扰为三阶互调干扰。

本章小结

本章主要内容体系为：振幅调制信号的分析→振幅调制电路→振幅解调电路→混频器。

（1）在调制过程中，当被控制的是等幅高频载波的振幅时，这种调制称为幅度调制，简称调幅。调幅方式有：AM、DSB、SSB 和 VSB。

（2）实现调幅的电路分高电平和低电平两类。在高电平级实现的调幅称为高电平调幅，常采用丙类谐振功率放大器产生大功率的 AM 信号。在低电平级实现的调幅称为低电平调幅，广泛采用二极管环形相乘器和双差分对集成模拟相乘器实现 DSB 和 SSB 调幅，也可产生 AM 波。例如，对于二极管组成的平衡调制器，当载波和调制信号施加的位置互换时，可分别产生 DSB 和 AM 信号；而二极管组成的环形调制器，则只能产生 DSB 信号。

（3）从调幅信号中还原出调制信号的过程称为解调，也叫做振幅检波，相应的电路叫检波器。检波器有大信号峰值包络检波器和小信号同步检波器。大信号峰值包络检波器只适用于 AM 信号的解调，它是调幅接收机普遍采用的方法；同步检波器适用于所有信号的解调，检波时需要引入一个与已调波的载频同频同相的本地载波信号，因此它的接收电路比峰值包络检波器的复杂。

（4）混频器是将高频已调信号不失真地变换为载频为固定频率的已调信号，而保持原调制规律不变。混频器和变频器的区别在于，混频器不包括本地振荡器，而变频器是包括本地振荡器在内的混频电路。

由于混频器的非线性特性和前端电路的选择性不好，在混频的过程中会产生组合频率干扰、副波道干扰、交调和互调干扰以及阻塞干扰等。抑制这些混频干扰的主要措施是提高前端电路的选择性,给混频管选择适当的工作点以减小其非线性特性;另外还可以选择适当的混频器,如采用二极管环形混频器和双差分对集成模拟相乘器等电路来抵消部分组合频率分量,降低干扰。在简易接收机中常采用晶体管混频器。

(5) 调幅、检波和混频都是频谱的线性搬移,完成这些频谱线性搬移功能的电路都是由相乘器和滤波器组成的。由于三者的作用不同,所以三种电路的输入信号、参考信号和滤波器特性不相同。就相乘器而言,常用的有二极管组成的相乘器和晶体管组成的双差分对模拟相乘器。例如,对于图 2.2.9 所示的模拟相乘器而言,当它用作振幅调制电路时,u_x 为载波电压,u_y 为调制信号电压,滤波器是中心频率为 f_c、通频带为 2Ω 的带通滤波器;当模拟相乘器用作相乘型同步检波电路时,u_x 为本地载波(同步信号)电压,u_y 为输入已调电压,滤波器是通频带为 2Ω 的低通滤波器;当模拟相乘器用作混频电路时,u_x 为本振信号电压,u_y 为输入已调电压,滤波器是中心频率为 f_I、通频带为 2Ω 的带通滤波器。

自 测 题

一、填空题

1. 若调幅波 $u(t) = 2(5+2\sin 6\ 280t)\cos 3.14 \times 10^6 t$ V,且把该电压加到 $R_L = 20\ \Omega$ 的电阻上,则调幅系数_____,载波功率_____,边频功率_____,最大瞬时功率_____,通频带_____。

2. 一调幅波 $u(t) = 25(1+0.7\cos 2\pi \times 5\ 000t - 0.3\cos 2\pi \times 10^3 t) \times \cos 2\pi \times 10^6 t$ V,此调幅波包含的频率分量有_____、_____、_____、_____、_____、_____。

3. 峰值包络检波器是利用二极管_____和 RC 网络_____的滤波特性工作的。

4. $u(t) = \cos\Omega t\cos\omega_c t$ 表示的是_____调幅波。其中调制信号的角频率为_____,载波角频率为_____。每一边频分量的振幅为_____。

5. 集电极调幅时谐振功放应工作在_____状态,若对普通调幅波采用峰值包络检波器检波,由于负载 RC 放电时间常数太大,则可能产生_____失真。

6. 混频只能改变已调波的_____,而不能改变已调波的_____。

7. 变频跨导的定义是_____,可用_____表示。混频时将晶体管视为_____元件。

8. 常见的混频干扰有_____、_____、_____及_____。

9. 在混频电路中,为了减小非线性失真,最好采用具有_____特性的器件,例如_____。

二、选择题

1. 在电视信号发射中,为了压缩图像带宽并用普通的接收机接收,应采用_____制式。
   A. AM　　　　　　B. DSB　　　　　　C. SSB　　　　　　D. VSB

2. 高电平调制在_____放大器中进行,分_____和_____。
   A. 调幅　　　　　　　　B. 高频功率　　　　　　C. 基极调幅
   D. 发射极调幅　　　　　E. 集电极调幅

3. 平衡调幅器平衡的结果是_____。
   A. 获得很窄的频谱　　　　　B. 抑制一个边带
   C. 使载波振幅按调制信号规律变化　　D. 抵消载波

4. 大信号包络检波器可对_____和_____进行解调。
   A. AM　　　　　　B. DSB　　　　　　C. SSB　　　　　　D. VSB

5. 关于同步检波器的说法,下列说法正确的是_____。
   A. 相乘型同步检波器由相乘器和低通滤波器组成
   B. 相乘型同步检波器由相加器和包络检波器组成
   C. 叠加型同步检波器由相加器和低通滤波器组成
   D. 叠加型同步检波器由相乘器和低通滤波器组成

6. 混频前后改变的是_____。
   A. 信号的载频　　　　　　B. 调制规律
   C. 调制信号的频率　　　　D. 信号的载频与调制规律

7. 实现变频的核心部分是_____。
   A. 线性元器件　　B. 非线性元器件　　C. 功率放大器　　D. 振荡器

8. 提高混频器前端电路的选择性对抑制_____效果不明显。
   A. 组合频率干扰　　B. 副波道干扰　　C. 互调干扰　　D. 交调干扰

9. 调幅器、同步检波器和混频器都是由非线性器件和滤波器组成的,但所用的滤波器有所不同,它们分别用_____、_____、_____。
   A. 低通滤波器　　B. 高通滤波器　　C. 带通滤波器　　D. 带阻滤波器

三、判断题

1. 调幅波中所含的频率成分有载频和调制信号的频率。　　　　　　　　　　　（　　）
2. 调制的过程就是把调制信号的频谱进行线性搬移,因此一般可采用线性器件实现,其目的是减少非线性失真。　　　　　　　　　　　　　　　　　　　　　　　　　　（　　）
3. 抑制载波的调幅信号可采用同步检波器解调,也可采用包络检波器解调。　　（　　）
4. 模拟相乘器调幅、平衡相乘器调幅、环形相乘器调幅均属于高电平调幅。　　（　　）
5. 同步检波器可用来解调任何类型的调幅波。　　　　　　　　　　　　　　　（　　）
6. 同步检波器的同步指的是本地载波与输入信号载波同频同相。　　　　　　　（　　）

7. 变频实质上是载频上升或降低,而其所携带的信息并不发生变化的过程。　　　（　　）

8. 干扰信号随有用信号的变化而变化的现象称为交调干扰。　　　（　　）

9. 当输入信号为调幅波时,混频器的输出信号为调制信号。　　　（　　）

习　题

6.1　已知调幅波 $u = [5\cos 2\pi \times 10^6 t + \cos 2\pi(10^6 + 5\times 10^3)t + \cos 2\pi(10^6 - 5\times 10^3)t]$ V,试求调幅系数及频带宽度,并画出调幅波波形和频谱图。

6.2　已知调幅波的频谱和波形如习题 6.2 图所示,试分别写出它们的表达式。

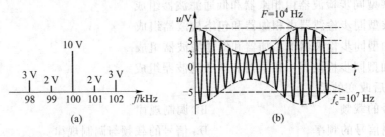

习题 6.2 图

6.3　采用 MC1496/MC1596 双差分对集成模拟相乘器组成调幅电路时,为什么将载波信号接到 X 输入端,调制信号接到 Y 输入端? 说明图 6.2.3 所示电路中 R_y、R_w 的作用。

6.4　已知非线性器件的伏安特性为 $i = a_1 u + a_3 u^3$,试问该器件是否具有调幅作用? 为什么?

6.5　调幅电路原理图如习题 6.5 图所示。图中载波 $u_L = U_{Lm}\cos\omega_L t$,调制信号 $u_\Omega = U_{\Omega m}\cos\Omega t$,证明调制系数 $m_a = A_1 U_{\Omega m}/A_0$。

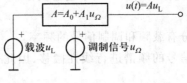

习题 6.5 图

6.6　在习题 2.9(a) 图所示电路中,二极管 D_1、D_2 特性相同,伏安特性均是从原点出发、斜率为 g_d 的直线。若 $u_1 = u_\Omega = U_{\Omega m}\cos\Omega t$,$u_2 = u_c = U_{cm}\cos\omega_c t$,且 $U_{cm} \gg U_{\Omega m}$,$\omega_c \gg \Omega$,并使二极管工作在受 u_c 控制的开关状态。在忽略负载对一次侧的影响时,试问:(1) 能够实现何种调幅? (2) 若将题

2.9(a)图中的二极管D_2反接,又能够实现何种调幅?

6.7　在习题2.9(b)图所示电路中,二极管D_1、D_2特性相同,伏安特性均是从原点出发、斜率为g_d的直线。若调制信号$u_\Omega = U_{\Omega m}\cos\Omega t$,载波信号$u_c = U_{cm}\cos\omega_c t$,且$U_{cm}\gg U_{\Omega m}$,$\omega_c \gg \Omega$,并使二极管工作在受$u_c$控制的开关状态。在忽略负载对一次侧的影响时,试问下列三种情况下,能够实现何种调幅?
(1)$u_1 = u_\Omega$,$u_2 = u_c$。(2)$u_1 = u_c$,$u_2 = u_\Omega$。(3)在$u_1 = u_c$,$u_2 = u_\Omega$的条件下,将二极管D_1、D_2同时反接。

6.8　二极管包络检波电路如习题6.8图所示。已知调幅指数$m_a = 0.3$。为了不产生负峰切割失真,R_2的滑动端应放在什么位置?

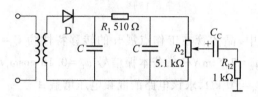

习题6.8图　　　　　　　　　　　习题6.9图

6.9　在习题6.9图所示的检波电路中,二极管导通电阻$r_d = 60\ \Omega$,$U_{on} = 0\ V$,输入调幅波的载频为465 kHz,其振幅最大值为20 V,最小值为5 V,最高调制频率为5 kHz。
(1)写出u_A、u_B的表达式。(2)判断能否产生负峰切割失真和惰性失真。

6.10　电路如习题6.10图所示。已知$u_s = (2\cos 2\pi\times465\times10^3 t + 0.3\cos 2\pi\times469\times10^3 t + 0.3\cos 2\pi\times461\times10^3 t)$ V。(1)试问该电路会不会产生负峰切割失真和惰性失真?(2)若检波效率$k_d \approx 1$,试画出A、B、C三点的电压波形,并标出电压的大小。

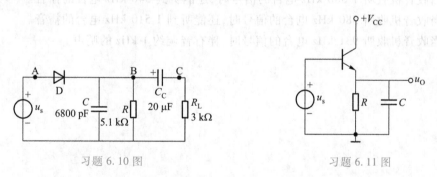

习题6.10图　　　　　　　　　　　习题6.11图

6.11　习题6.11图为晶体管射极包络检波电路,试分析该电路的检波原理。

6.12　同步检波器与包络检波器有何区别?各有何特点?

6.13　根据下面器件伏安特性的表达式判断哪些具有混频作用,哪些不能用来混频,哪些是理想的混频器件(设器件工作在甲类状态)。
(1)$i = a_0 + a_1 u_o$。(2)$i = a_0 + a_1 u + a_2 u^2$。(3)$i = au^2$。

6.14　已知某高频输入信号的频谱如习题6.14图所示。试分别画出本机振荡频率为1 500 kHz的上混频和下混频输出信号的频谱图。

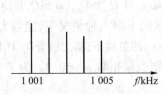

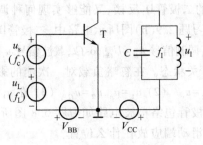

习题 6.14 图   习题 6.15 图

6.15 在习题 6.15 图所示晶体管混频电路中,晶体管在工作点展开的转移特性为 $i_C = a_0 + a_1 u_{BE} + a_2 u_{BE}^2$,其中 $a_0 = 0.5$ mA,$a_1 = 3.25$ mA/V,$a_2 = 7.5$ mA/V^2,若本振信号 $u_L = 0.16\cos\omega_L t$ V,信号电压 $u_s = 10^{-3}\cos\omega_c t$ V,中频回路谐振阻抗 $R_p = 10$ kΩ,求该电路的混频电压增益 A_c。

6.16 设某非线性器件的伏安特性为 $i_C = a_0 + a_1 u + a_2 u^2 + a_4 u^4$,如果 $u_L = U_{Lm}\cos\omega_L t$,$u_s = U_{sm}(1 + m_a\cos\Omega t)\cos\omega_c t$,且 $U_{Lm} \gg U_{sm}$。试求这个器件的时变跨导、变频跨导及中频电流幅值。

6.17 已知混频晶体管的转移特性为 $i_C = a_0 + a_2 u^2 + a_3 u^3$,式中 $u = U_{sm}\cos\omega_c t + U_{Lm}\cos\omega_L t$,且 $U_{Lm} \gg U_{sm}$。求混频器对于 $(\omega_L - \omega_c)$ 及 $(2\omega_L - \omega_c)$ 的变频跨导。

6.18 变频器的干扰主要有哪些? 在超外差接收机中,中频 $f_I = f_L - f_c = 465$ kHz,试分析下列现象:

(1) 当收音机收听 1 090 kHz 电台的信号时,还能听到 1 323 kHz 电台的播音。

(2) 当收音机收听 1 080 kHz 电台的信号时,还能听到 540 kHz 电台的播音。

(3) 当收音机收听 580 kHz 电台的信号时,还能听到 1 510 kHz 电台的播音。

(4) 当收音机收听 931 kHz 电台的信号时,伴有音调约 1 kHz 的哨声。

第7章 角度调制与解调

采用电磁波传送信息,除了振幅调制方式外,还可以采用频率调制和相位调制两种方式。用反映信息的低频调制信号去控制高频载波的频率或相位,使之随低频调制信号的幅度变化而变化,载波的振幅保持恒定,这一过程称为调频(frequency modulation,FM)或调相(phase modulation,PM),这两种调制方式混称为角度调制(或调角)。它的逆过程称为频率解调(简称鉴频)或相位解调(简称鉴相)。

调角在时域上不是两信号的简单相乘,频域上也不是频谱的线性搬移(即已调波不再保持低频调制信号的频谱结构),而是产生了无数个组合频率分量。因此,角度调制属于频谱的非线性搬移,这一点不同于振幅调制。

调频广泛应用于调频广播、电视伴音、通信和遥控、遥测等,而调相主要应用于数字通信系统中的移相键控。

本章先介绍角度调制信号的特点,重点介绍调频信号的产生电路(也称调制电路)及其解调电路(也称鉴频电路)。

7.1 调角信号的分析

导学

调频波和调相波的异同点。
调频波的频谱及其有效频带宽度的计算。
调频波适用于模拟通信系统的原因。

1. 调角信号的时域分析

设高频载波为一简谐振荡信号,表示为

$$u(t) = U_{cm}\cos\omega_c t = U_{cm}\cos\varphi(t)$$

式中,U_{cm} 为高频载波的振幅,$\varphi(t)$ 为高频载波的瞬时相位。

在未调制时,$u(t)$ 就是角频率为 ω_c 的高频载波电压,相位 $\varphi(t) = \omega_c t$。

在角度调制时,任一时间的瞬时相位 $\varphi(t)$ 和瞬时角频率 $\omega(t)$ 的关系是

$$\varphi(t) = \int \omega(t)\,dt \text{ 或 } \omega(t) = \frac{d\varphi(t)}{dt}$$

(1) 调频波

由调频定义可知,调频波的瞬时角频率 $\omega(t)$ 是以未调制时的载波 ω_c 为中心,随调制信号 $u_\Omega(t)$ 而变化,即

$$\omega(t) = \omega_c + k_f u_\Omega(t) = \omega_c + \Delta\omega(t) \tag{7.1.1}$$

式中,k_f 是由调频电路所决定的比例系数,也称调频灵敏度;$\Delta\omega(t) = k_f u_\Omega(t)$ 称为瞬时角频率偏移,简称角频率偏移或角频移。则瞬时相位为

$$\varphi(t) = \int \omega(t)\,dt = \int \left[\omega_c + k_f u_\Omega(t)\right]dt \tag{7.1.2}$$
$$= \omega_c t + k_f \int u_\Omega(t)\,dt = \varphi_c(t) + \Delta\varphi(t)$$

式中,$\varphi_c(t) = \omega_c t$ 为载波信号的相位,$\Delta\varphi(t) = k_f \int u_\Omega(t)\,dt$ 是瞬时相位偏移,简称相位偏移或相移。故调频波的表达式为

$$u_{FM}(t) = U_{cm}\cos\varphi(t) = U_{cm}\cos\left[\omega_c t + k_f \int u_\Omega(t)\,dt\right] \tag{7.1.3}$$

为了便于分析调频波的特点,在此不妨假设调制信号为单频余弦信号 $u_\Omega(t) = U_{\Omega m}\cos\Omega t$,则调频波的瞬时角频率 $\omega(t)$、瞬时相位 $\varphi(t)$ 和调频波的数学表达式 $u_{FM}(t)$ 分别为

$$\omega(t) = \omega_c + k_f U_{\Omega m}\cos\Omega t = \omega_c + \Delta\omega_m\cos\Omega t \tag{7.1.4}$$

$$\varphi(t) = \omega_c t + \frac{k_f U_{\Omega m}}{\Omega}\sin\Omega t = \omega_c t + m_f\sin\Omega t = \varphi_c(t) + \Delta\varphi(t) \tag{7.1.5}$$

$$u_{FM}(t) = U_{cm}\cos(\omega_c t + m_f\sin\Omega t) \tag{7.1.6}$$

在上述表达式中,有两个重要参数:$\Delta\omega_m$ 和 m_f。其中,式(7.1.4)中,

$$\Delta\omega_m = k_f U_{\Omega m} \tag{7.1.7}$$

称为最大角频移。式(7.1.5)中,

$$m_f = \frac{k_f U_{\Omega m}}{\Omega} = \frac{\Delta\omega_m}{\Omega} = \frac{\Delta f_m}{F} \tag{7.1.8}$$

称为调频指数,表示调频信号的最大附加相移,又称最大相移。与调幅指数 m_a 不同的是,m_f 可以大于 1。

由上两式可知,调频波的特点是:$\Delta\omega_m$ 与 $U_{\Omega m}$ 成正比,与 Ω 无关;m_f 与 $U_{\Omega m}$ 成正比,与 Ω 成反比。

在调制信号为 $u_\Omega(t) = U_{\Omega m}\cos\Omega t$ 的条件下,式(7.1.5)中的 $\Delta\varphi(t)$、式(7.1.4)和式(7.1.6)

的波形如图 7.1.1(a) 所示。当 $u_\Omega(t)$ 为波峰时,瞬时角频率 $\omega(t)=\omega_c+\Delta\omega_m$ 为最大,$u_{FM}(t)$ 波形最密;当 $u_\Omega(t)$ 为波谷时,$\omega(t)=\omega_c-\Delta\omega_m$ 最小,$u_{FM}(t)$ 波形最疏。显然,调频波为等幅疏密波,疏密程度的变化与调制信号有关,调制信号寄托于等幅波的疏密之中。

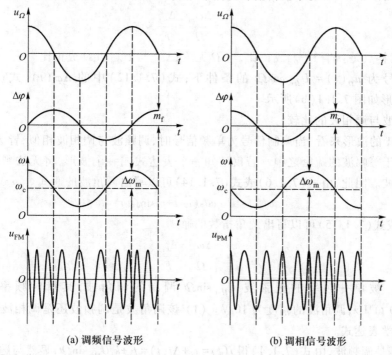

(a) 调频信号波形　　　　　　　(b) 调相信号波形

图 7.1.1　调角信号波形

（2）调相波

同理,由调相定义可知,调相波的相位受调制信号 $u_\Omega(t)$ 的控制,应为

$$\varphi(t)=\omega_c t+k_p u_\Omega(t)=\varphi_c(t)+\Delta\varphi(t) \tag{7.1.9}$$

式中,k_p 为调相电路的比例系数,$\Delta\varphi(t)=k_p u_\Omega(t)$ 简称相移。由此可得调相波的表达式

$$u_{PM}(t)=U_{cm}\cos\varphi(t)=U_{cm}\cos[\omega_c t+k_p u_\Omega(t)] \tag{7.1.10}$$

对应的调相波的瞬时角频率为

$$\omega(t)=\frac{d\varphi(t)}{dt}=\omega_c+k_p\frac{du_\Omega(t)}{dt}=\omega_c+\Delta\omega(t) \tag{7.1.11}$$

式中,$\Delta\omega(t)=k_p\dfrac{du_\Omega(t)}{dt}$ 称为角频移。

若调制信号为单频余弦信号 $u_\Omega(t)=U_{\Omega m}\cos\Omega t$,则调相波的瞬时相位 $\varphi(t)$、瞬时角频率 $\omega(t)$ 和 $u_{PM}(t)$ 数学表达式分别为

$$\varphi(t)=\omega_c t+k_p U_{\Omega m}\cos\Omega t=\omega_c t+m_p\cos\Omega t=\varphi_c(t)+\Delta\varphi(t) \tag{7.1.12}$$

$$\omega(t)=\omega_c-m_p\Omega\sin\Omega t=\omega_c-\Delta\omega_m\sin\Omega t \tag{7.1.13}$$

$$u_{\mathrm{PM}}(t) = U_{\mathrm{cm}} \cos(\omega_c t + m_{\mathrm{p}} \cos\Omega t) \tag{7.1.14}$$

式中，$m_{\mathrm{p}} = k_{\mathrm{p}} U_{\Omega\mathrm{m}}$ 称为调相指数，表示调相信号的最大附加相移，又称最大相移。$\Delta\omega_{\mathrm{m}} = k_{\mathrm{p}} U_{\Omega\mathrm{m}}\Omega = m_{\mathrm{p}}\Omega$ 称为最大角频移。m_{p} 还可以表示为

$$m_{\mathrm{p}} = \frac{\Delta\omega_{\mathrm{m}}}{\Omega} = \frac{\Delta f_{\mathrm{m}}}{F} \tag{7.1.15}$$

显然，调相波的特点是：m_{p} 与 $U_{\Omega\mathrm{m}}$ 成正比，与 Ω 无关；$\Delta\omega_{\mathrm{m}}$ 与 $U_{\Omega\mathrm{m}}$ 和 Ω 成正比。

在调制信号为 $u_{\Omega}(t) = U_{\Omega\mathrm{m}} \cos\Omega t$ 的条件下，式（7.1.12）中的 $\Delta\varphi(t)$、式（7.1.13）和式（7.1.14）的波形如图 7.1.1(b) 所示。

（3）调频波与调相波的比较

从图 7.1.1 的波形来看，当调制信号为单频信号时，调频波与调相波相似，皆为等幅疏密波，调制信号寄托于等幅波的疏密之中。若仅已知一个表达式或一个波形，将无法判断该信号是调频波还是调相波。因此，由式（7.1.6）或式（7.1.14）可以写出调角波的通式

$$u(t) = U_{\mathrm{cm}} \cos(\omega_c t + m\sin\Omega t) \tag{7.1.16}$$

由式（7.1.8）或式（7.1.15）可以写出调角指数的通式

$$m = \frac{\Delta\omega_{\mathrm{m}}}{\Omega} = \frac{\Delta f_{\mathrm{m}}}{F} \tag{7.1.17}$$

例 7.1.1 被单一频率的正弦波 $U_{\Omega\mathrm{m}}\sin\Omega t$ 调制的调角波，其瞬时频率 $f(t) = 10^6 + 10^4\cos(2\pi\times10^3 t)$ Hz；调角波的幅度为 10 V。（1）该调角波是调频波还是调相波？（2）写出这个调角波的数学表达式。

解：（1）若是调频波，由式（7.1.1）得 $f(t) = f_c + \Delta f(t) = f_c + k_{\mathrm{f}} U_{\Omega\mathrm{m}}\sin\Omega t$，显然与题中给定的 $f(t)$ 不符，故不是调频波。若为调相波，则 $\varphi(t) = \omega_c t + k_{\mathrm{p}} U_{\Omega\mathrm{m}}\sin\Omega t$，由瞬时角频率 $\omega(t) = \dfrac{\mathrm{d}\varphi(t)}{\mathrm{d}t} = \omega_c + k_{\mathrm{p}} U_{\Omega\mathrm{m}}\dfrac{\mathrm{d}\sin\Omega t}{\mathrm{d}t} = \omega_c + k_{\mathrm{p}} U_{\Omega\mathrm{m}}\Omega\cos\Omega t$ 得 $f(t) = f_c + k_{\mathrm{p}} U_{\Omega\mathrm{m}} F\cos\Omega t$，显然与给定的 $f(t)$ 相符合，故为调相波。

（2）由已知的瞬时频率表达式可知，$f_c = 10^6$ Hz，$\Delta f_{\mathrm{m}} = 10^4$ Hz，$F = 10^3$ Hz，故由式（7.1.15）得 $m_{\mathrm{p}} = \dfrac{\Delta f_{\mathrm{m}}}{F} = \dfrac{10^4}{10^3} = 10$，所以

$$u_{\mathrm{PM}}(t) = 10\cos(2\pi\times10^6 t + 10\sin2\pi\times10^3 t)\ \mathrm{V}$$

2. 调角信号的频域分析

（1）单频信号调制的调频波频谱

单频信号调制时，调相波与调频波的数学表达式相似，两者只是在相位上相差 π/2 而已，因此，只要分析其中一种调角信号的频谱，对另一种也将完全适用。为此，下面仅讨论调频波的频谱。利用三角函数将式（7.1.6）展开得

$$u(t) = U_{\mathrm{cm}} \cos(m_{\mathrm{f}}\sin\Omega t)\cos\omega_c t - U_{\mathrm{cm}} \sin(m_{\mathrm{f}}\sin\Omega t)\sin\omega_c t$$

式中

$$\cos(m_f\sin\Omega t) = J_0(m_f) + 2J_2(m_f)\cos2\Omega t + 2J_4(m_f)\cos4\Omega t + \cdots$$

$$= J_0(m_f) + 2\sum_{n=1}^{\infty} J_{2n}(m_f)\cos2n\Omega t$$

$$\sin(m_f\sin\Omega t) = 2J_1(m_f)\sin\Omega t + 2J_3(m_f)\sin3\Omega t + 2J_5(m_f)\sin5\Omega t + \cdots$$

$$= 2\sum_{n=0}^{\infty} J_{2n+1}(m_f)\sin(2n+1)\Omega t$$

式中, n 均为正整数; $J_n(m_f)$ 是以 m_f 为参数的 n 阶第一类贝塞尔函数,其数值可由图 7.1.2 或表 7.1.1 查得。

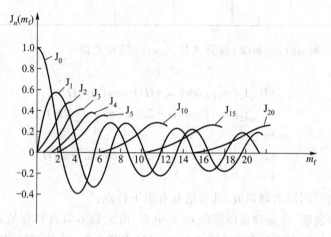

图 7.1.2　贝塞尔函数曲线

表 7.1.1　n 阶第一类贝塞尔函数值

$J_n(m_f)$ ＼ m_f ／ n	0.5	1	2	3	4	5	6	7
0	0.939	0.765	0.224	-0.261	-0.397	-0.178	0.151	0.300
1	0.242	0.440	0.577	0.339	-0.066	-0.328	-0.277	-0.005
2	0.030	0.115	0.353	0.486	0.364	0.047	-0.243	-0.301
3	0.003	0.020	0.129	0.309	0.430	0.365	0.115	-0.168
4		0.003	0.034	0.132	0.281	0.391	0.358	0.158
5			0.007	0.043	0.132	0.261	0.362	0.348
6			0.001	0.011	0.049	0.131	0.246	0.339

$J_n(m_f)$ $\diagdown$ m_f n	0.5	1	2	3	4	5	6	7
7				0.003	0.015	0.053	0.130	0.234
8					0.004	0.018	0.057	0.120
9						0.006	0.021	0.056
10						0.002	0.007	0.024
11								0.008

将 $\cos(m_f\sin\Omega t)$ 和 $\sin(m_f\sin\Omega t)$ 展开式代入 $u(t)$ 展开式得

$$u(t)= \qquad\qquad\qquad\qquad\qquad\qquad\qquad\qquad\text{载频分量}$$
$$+U_{cm}J_1(m_f)\left[\cos(\omega_c+\Omega)t-\cos(\omega_c-\Omega)t\right] \qquad\text{第一对边频分量}$$
$$+U_{cm}J_2(m_f)\left[\cos(\omega_c+2\Omega)t+\cos(\omega_c-2\Omega)t\right] \qquad\text{第二对边频分量}$$
$$+\cdots \qquad\qquad\qquad\qquad\qquad\qquad\qquad\qquad\qquad\vdots$$
$$+U_{cm}J_n(m_f)\left[\cos(\omega_c+n\Omega)t+\cos(\omega_c-n\Omega)t\right] \qquad\text{第 }n\text{ 对边频分量}$$
$$+\cdots \qquad\qquad\qquad\qquad\qquad\qquad\qquad\qquad\qquad (7.1.18)$$

可见,由单频信号调制的调频波,其频谱具有以下特点:

① 式(7.1.18)表明,一是频谱以载频 ω_c 为中心,由无数多对边频分量 $\omega_c\pm n\Omega$ 组成,各频率分量之间间隔为 Ω,与调幅信号只产生两个边频(AM、DSB)或一个边频(SSB)不同。可见调频波的频谱不是调制信号频谱的简单线性搬移,属于频谱的非线性搬移。二是当 n 为奇数时,上、下边频分量相位相反。三是载频及各边频分量幅值均随 $J_n(m_f)$ 而变化。

② 由贝塞尔函数曲线图7.1.2可知,一是 m_f 越大,具有较大振幅的边频分量的数目就越多,这是调角波的共性。这与调幅波是不同的(单频调制时,只有上、下两个边频,与 m_a 无关)。二是对于某些 m_f 值,载波或某边频振幅为零。

③ 由贝塞尔函数值表7.1.1可知,当 m_f 一定时,随着边频对数 n 的增大,$J_n(m_f)$ 的数值虽有起伏,但总趋势是减小的。当 $n>m$ 时 $J_n(m_f)$ 迅速下降,其边频分量可忽略不计,表明调频波的能量大部分集中在载频附近。

④ 当调角波作用在电阻 R 上时,由调频波的表达式可得调角波的功率为

$$P=\frac{U_{cm}^2}{2R}\left[J_0^2(m_f)+2J_1^2(m_f)+2J_2^2(m_f)+2J_3^2(m_f)+\cdots\right]$$

根据贝塞尔函数的性质,$J_0^2(m_f)+2J_1^2(m_f)+2J_2^2(m_f)+2J_3^2(m_f)+\cdots=1$,则上式可写为

$$P=\frac{U_{cm}^2}{2R} \qquad\qquad\qquad\qquad\qquad\qquad\qquad\qquad (7.1.19)$$

式(7.1.19)表明,调频波的平均功率与未调制载波的平均功率相等。从贝塞尔函数曲线图 7.1.2 可看出,当 m_f 由零增大时,已调波的载频功率下降,分散给其他边频分量。也就是说调制过程只是进行功率的重新分配,而总功率不变,其分配原则与 m_f 有关。

（2）单频信号调制的调频波带宽

① 有效频宽度表达式。

从贝塞尔函数 $J_n(m_f)$ 数值表 7.1.1 中可看出,虽然边频分量理论上有无限多对,但是当 $n>(m_f+1)$ 时,$J_n(m_f)$ 的数值都小于 0.1。为此,工程规定可忽略 $n>(m_f+1)$ 的边频分量,这样调频波的有效频宽可表示为

$$BW \approx 2(m_f+1)\Omega \quad 或 \quad BW \approx 2(m_f+1)F \tag{7.1.20}$$

由式(7.1.17)可得

$$BW \approx 2(\Delta\omega_m+\Omega) \quad 或 \quad BW \approx 2(\Delta f_m+F) \tag{7.1.21}$$

当 $m_f<1$（如小于 0.5）时,$BW \approx 2F$,相当于调幅波频宽,称为窄带调频波。

当 $m_f \gg 1$ 时,$BW \approx 2m_f F = 2\Delta f_m$,称为宽带调频波。

② 调制参数对调角波频谱结构的影响。

依据调频的特点,m_f 与 $U_{\Omega m}$ 成正比,与 Ω 成反比。当调制信号幅度 $U_{\Omega m}$ 不变,且 Ω 升高时,一则 m_f 减小,此时应考虑的边频分量数目减少;二则各边频分量的间距 Ω 加大。显然,对于频宽而言上述两种影响恰好相反,其总效果是使 BW 变化很小,为此常把调频叫做恒定带宽调制。

依据调相的特点,m_p 与 $U_{\Omega m}$ 成正比,与 Ω 无关。当调制信号幅度 $U_{\Omega m}$ 不变时,m_p 固定。由式(7.1.20)的调频波 BW 可得调相波的 $BW \approx 2(m_p+1)\Omega$,由此可知,$BW$ 正比于 Ω,即 Ω 升高或下降时,边频间距将加大或缩小。因此,调相信号的带宽在调制信号频率 Ω 的高端和低端时相差极大,如果按最高调制频率值设计信道,则在调制频率较低时有很大余量,系统带宽利用不充分。因此在模拟通信系统中调相方式用得很少。

（3）多频调制信号的频谱与带宽

以上讨论的只是单频调制的情况,实际上调制信号都是包含很多频率的复杂信号。在单频调制时会出现（$\omega_c \pm n\Omega$）分量;而在多频调制时还会出现交叉调制（$\omega_c \pm n\Omega_1 \pm k\Omega_2 \pm \cdots$）分量,即增加许多新的频率组合,并不是每个调制频率单独调制时所得频谱的简单相加。因此角度调制又称为非线性调制,其频谱搬移过程也称为非线性频谱搬移过程。有效带宽仍可用式(7.1.20)、式(7.1.21)表示,只是其中的 F 和 m 用最大调制频率 F_{max} 和对应的 m_f 来表示,Δf_m 用峰值频移 $(\Delta f_m)_{max}$ 来表示。

例 7.1.2 已知 $u_\Omega(t) = U_{\Omega m}\cos 2\pi \times 10^3 t$ V,$m_f = m_p = 10$ rad。（1）求此时的调频、调相信号的 Δf_m 和 BW。（2）求 $U_{\Omega m}$ 增加一倍、F 不变时的调频、调相信号的 m、Δf_m 和 BW。（3）求 $U_{\Omega m}$ 不变、F 增加一倍时的调频、调相信号的 m、Δf_m 和 BW。

解:分析的依据就是调频和调相的特点。调频的特点是"$\Delta\omega_m$ 与 $U_{\Omega m}$ 成正比,与 Ω 无关;m_f 与 $U_{\Omega m}$ 成正比,与 Ω 成反比"。调相的特点是"$\Delta\omega_m$ 与 $U_{\Omega m}$ 和 Ω 成正比;m_p 与 $U_{\Omega m}$ 成正比,与 Ω 无关"

（1）已知 $F = 1$ kHz,$m_f = m_p = 10$ rad,则

FM：$\Delta f_{\mathrm{m}} = m_{\mathrm{f}} F = 10 \times 1\ \mathrm{kHz} = 10\ \mathrm{kHz}$

　　　$BW_{\mathrm{FM}} \approx 2(m_{\mathrm{f}} + 1) F = 2(10 + 1) \times 1\ \mathrm{kHz} = 22\ \mathrm{kHz}$

PM：$\Delta f_{\mathrm{m}} = m_{\mathrm{p}} F = 10 \times 1\ \mathrm{kHz} = 10\ \mathrm{kHz}$

　　　$BW_{\mathrm{PM}} \approx 2(m_{\mathrm{p}} + 1) F = 2(10 + 1) \times 1\ \mathrm{kHz} = 22\ \mathrm{kHz}$

（2）已知 $U_{\Omega\mathrm{m}}$ 增加一倍，F 不变，则

FM：由调频特点可知，Δf_{m} 与 m_{f} 增大一倍，即 $m_{\mathrm{f}} = 2 \times 10\ \mathrm{rad} = 20\ \mathrm{rad}$，有

　　　$\Delta f_{\mathrm{m}} = m_{\mathrm{f}} F = 20 \times 1\ \mathrm{kHz} = 20\ \mathrm{kHz}$

　　　$BW_{\mathrm{FM}} \approx 2(m_{\mathrm{f}} + 1) F = 2(20 + 1) \times 1\ \mathrm{kHz} = 42\ \mathrm{kHz}$

PM：由调相特点可知，Δf_{m} 与 m_{p} 增大一倍，即 $m_{\mathrm{p}} = 2 \times 10\ \mathrm{rad} = 20\ \mathrm{rad}$，有

　　　$\Delta f_{\mathrm{m}} = m_{\mathrm{p}} F = 20 \times 1\ \mathrm{kHz} = 20\ \mathrm{kHz}$

　　　$BW_{\mathrm{PM}} \approx 2(m_{\mathrm{p}} + 1) F = 2(20 + 1) \times 1\ \mathrm{kHz} = 42\ \mathrm{kHz}$

（3）已知 $U_{\Omega\mathrm{m}}$ 不变，F 增加一倍，则

FM：由调频特点可知，Δf_{m} 不变，m_{f} 减半，即 $m_{\mathrm{f}} = (10/2)\ \mathrm{rad} = 5\ \mathrm{rad}$，有

　　　$\Delta f_{\mathrm{m}} = m_{\mathrm{f}} F = 5 \times 2\ \mathrm{kHz} = 10\ \mathrm{kHz}$

　　　$BW_{\mathrm{FM}} \approx 2(m_{\mathrm{f}} + 1) F = 2(5 + 1) \times 2\ \mathrm{kHz} = 24\ \mathrm{kHz}$

PM：由调相特点可知，Δf_{m} 增大一倍，m_{p} 不变，即 $m_{\mathrm{p}} = 10\ \mathrm{rad}$，有

　　　$\Delta f_{\mathrm{m}} = m_{\mathrm{p}} F = 10 \times 2\ \mathrm{kHz} = 20\ \mathrm{kHz}$

　　　$BW_{\mathrm{PM}} \approx 2(m_{\mathrm{p}} + 1) F = 2(10 + 1) \times 2\ \mathrm{kHz} = 44\ \mathrm{kHz}$

7.2　调频信号的产生电路

[预备知识]

调频方法与主要性能指标

1. 实现调频的方法

产生调频信号的电路称为调频器或调频电路。产生调频信号的方法很多，归纳起来主要有直接（direct）调频和间接（indirect）调频两类。

（1）直接调频

顾名思义就是利用调制信号直接控制载波振荡器的振荡频率，使其不失真地反映调

制信号的变化规律,显然它是将振荡器与调制器合二为一。其优点是在实现线性调频的要求下,可以获得相对较大的频移;缺点是会导致 FM 波中心频率的偏移,即载波稳定度差。

直接调频电路有变容二极管直接调频、晶体振荡器直接调频、张弛振荡器直接调频、电抗管直接调频等。本节仅介绍前两种直接调频电路。

(2)间接调频

为了克服直接调频的不足,最直接的方法就是将调制与振荡两个功能电路分开,采用频率稳定度高的振荡器作为载波振荡器,然后在后级进行调相获得调频信号,故形象地称为间接调频法,其特点是载频稳定度高,但频移较小。

间接调频电路的关键是调相器,本节将介绍三种调相器。

2. 主要性能指标

调频电路的基本特性是指输出已调波的频移 $\Delta f(t)$ 随调制信号电压 $u_\Omega(t)$ 的变化关系,如图 7.2.1 所示。因此调频电路的主要性能指标有:

(1)调频特性线性度

由于实际的调频特性通常是非线性的,其曲线形如 S,也称 S 曲线。为了尽可能减小失真,要求调频特性的线性度要高,以保证 $\Delta f(t)$ 与 $u_\Omega(t)$ 之间在较宽范围内呈线性关系。

(2)调频灵敏度

调制特性曲线原点处的斜率为调频灵敏度,可表示为

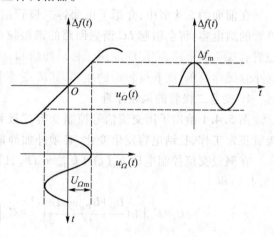

图 7.2.1　调频特性曲线

$$k_f = \frac{\Delta f_m}{U_{\Omega m}} \tag{7.2.1}$$

此式表明,当调制电压一定时,k_f 越大,单位调制电压所产生的频移就越大。但过高的灵敏度会给调频电路的性能带来不良影响。

(3)最大频移

当调制电压幅度一定时,要求 Δf_m 在调制信号频率范围内保持不变,并且在保证调制线性度的条件下,尽可能地使 Δf_m 大一些,以满足调频系统的要求。例如调频广播系统要求 Δf_m 为 75 kHz,调频电视伴音系统要求 Δf_m 为 50 kHz。

(4)中心频率的稳定度

中心频率(载频)不稳定,会使接收到的调频信号的部分频谱落在接收机通频带以外,造成信号失真。因此,要求已调波的中心频率(载频)稳定度要好。

7.2.1　变容二极管直接调频电路

在前面的 5.4 节中,介绍了由变容二极管组成的压控振荡器。如果用调制信号控制变容二极管的结电容,将会引起 LC 谐振回路的谐振频率发生变化,从而构成了下面将要介绍的变容二极管直接调频电路,它广泛应用于移动通信和自动频率微调系统。其优点是工作频率高,固有损耗小且线路简单,能获得较大的频移;其缺点是中心频率稳定度低。

1. 变容二极管的调频原理

图 5.4.1 给出了用交流信号控制变容二极管结电容的示意图。从图中可看出,欲使变容二极管正常工作,且结电容发生变化,必须外加静偏压 U_Q 和控制电压 $u_\Omega(t)$。

在假设交流控制电压 $u_\Omega(t) = U_{\Omega m}\cos\Omega t$,且满足 $U_{\Omega m} < U_Q$ 的条件下,若将式(5.4.2)代入式(5.4.1)得

$$C_j = C_{j0}\left(1+\frac{U_Q+U_{\Omega m}\cos\Omega t}{U_B}\right)^{-\gamma} = C_{j0}\left(\frac{U_B+U_Q}{U_B}\right)^{-\gamma}\cdot\left(1+\frac{U_{\Omega m}}{U_B+U_Q}\cos\Omega t\right)^{-\gamma}$$

令 $C_{jQ} = C_{j0}\left(\dfrac{U_B+U_Q}{U_B}\right)^{-\gamma}$ 为变容二极管在 $u_\Omega(t) = 0$ 时的结电容,$m = \dfrac{U_{\Omega m}}{U_B+U_Q}$ 为变容二极管结电容的调制指数,它反映了结电容受调制的深浅程度。由于 $U_{\Omega m} < U_Q$,所以 m 恒小于 1。变容二极管在单频余弦调制电压 $u_\Omega(t)$ 控制下的结电容 C_j 的数学表达式可写为

$$C_j = C_{jQ}(1+m\cos\Omega t)^{-\gamma} \tag{7.2.2}$$

式(7.2.2)表明,变容二极管的结电容 C_j 受调制信号 $u_\Omega(t)$ 调制,C_j 的变化规律是否与 $u_\Omega(t)$ 成正比,取决于变容二极管的变容指数 γ。

2. 变容二极管调频电路

变容二极管直接调频电路的特点:电路本身是振荡器,变容二极管接在振荡回路中,当变容二极管结电容受到调制信号控制时,将使振荡频率随控制电压改变。图 7.2.2 给出了变容二极管直接调频的原理电路。为了说明问题方便,图中仅给出了决定振荡器振荡频率的局部电路,其谐振回路由电感 L、电容 C_1、C_2 和受控于调制信号的变容二极管 C_j 构成。变容二极管控制电路主要由反向偏置电压和调制信号两个支路构成:直流反偏电压 U_Q 由直流电源 V_{CC} 经 R_1、R_2 分压后通过高频扼流圈 L_p(对直流短路)加到变容二极管阴极;调制信号 u_Ω 通过高频扼流圈 L_p(对 u_Ω 近

于短路)加至变容二极管上,C_p 为高频滤波电容,对 u_Ω 近似开路。此外,为了防止直流电压 U_Q 及调制信号 u_Ω 被振荡回路电感 L 短路,在变容二极管和 L 之间接入隔直电容 C_2,并要求 C_2 对 u_Ω 近似开路。

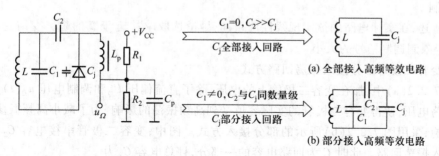

图 7.2.2　变容二极管直接调频原理电路及其高频等效电路

分析该电路,可分以下两种情况来讨论。

(1) 变容二极管全部接入振荡回路方式

图 7.2.2(a)给出了变容二极管为回路总电容的高频等效电路。由式(7.2.2)可写出等效振荡回路的谐振频率为

$$\omega \approx \frac{1}{\sqrt{LC_j}} = \frac{1}{\sqrt{LC_{jQ}}}(1+m\cos\Omega t)^{\gamma/2} = \omega_c(1+m\cos\Omega t)^{\gamma/2} \qquad (7.2.3)$$

式中,$\omega_c = \dfrac{1}{\sqrt{LC_{jQ}}}$ 是未加调制信号($u_\Omega(t)=0$)时的振荡频率,也就是调频振荡器的中心频率,即载波频率。显然 γ 值不同,所对应的电路就具有不同的调频特性。

① 若 $\gamma=2$,则有 $\omega=\omega_c(1+m\cos\Omega t)=\omega_c+m\omega_c\cos\Omega t=\omega_c+\Delta\omega_m\cos\Omega t$,其中 $\Delta\omega_m=m\omega_c$,此时为线性调制。调频灵敏度 $k_f = \dfrac{\Delta\omega_m}{U_{\Omega m}} = \dfrac{\omega_c}{U_B+U_Q}$。可见,为了提高调频灵敏度,在不影响线性调制的情况下,应尽量减小直流偏压 U_Q。

② 若 $\gamma\neq 2$,式(7.2.3)可利用二项式 $(1+x)^\gamma = 1+\gamma x+\dfrac{\gamma(\gamma-1)x^2}{2!}+\cdots$ 展开。当 $x=m\cos\Omega t<1$ 且忽略高次项时,有

$$\omega = \omega_c\left[1+\frac{\gamma}{8}\left(\frac{\gamma}{2}-1\right)m^2\right]+\frac{\gamma}{2}m\omega_c\cos\Omega t+\frac{\gamma}{8}\left(\frac{\gamma}{2}-1\right)m^2\omega_c\cos 2\Omega t \qquad (7.2.4)$$

$$= (\omega_c+\Delta\omega_c)+\Delta\omega_m\cos\Omega t+\Delta\omega_{2m}\cos 2\Omega t$$

式中,第一项为中心角频率 ω_c 及其偏离量,偏离量为 $\Delta\omega_c = \dfrac{\gamma}{8}\left(\dfrac{\gamma}{2}-1\right)m^2\omega_c$;第二项是单频调制时调频波的频移,其中最大角频移 $\Delta\omega_m = \dfrac{\gamma}{2}m\omega_c$;第三项是二次谐波产生的频移,最大角频移

$\Delta\omega_{2m} = \frac{\gamma}{8}\left(\frac{\gamma}{2} - 1\right)m^2\omega_c$。当调制电压幅度越小(即 m 减小)时,由调频特性的非线性引起的 $\Delta\omega_c$ 和 $\Delta\omega_{2m}$ 比 $\Delta\omega_m$ 减小得更明显;当 m 足够小时,可忽略 $\Delta\omega_c$ 和 $\Delta\omega_{2m}$ 失真项,从而获得近似的线性调制。

综上所述,在实际电路中欲实现线性调频,应尽量选取 γ 接近于 2 的超突变结变容二极管。若 $\gamma \neq 2$,应限制调制信号的大小。

(2) 变容二极管部分接入振荡回路方式

在图 7.2.2(a) 中,加在变容二极管上的电压,除了直流偏压 U_Q 和调制电压 $u_\Omega(t)$ 外,还叠加了高频振荡电压,使得变容二极管的实际容值受到高频振荡的影响,为了减小高频振荡对变容二极管的影响,采用图 7.2.2(b) 所示的部分接入方式。图中,变容二极管串接电容 C_2 后,与电容 C_1 并联接入振荡回路。此时 C_j 为回路电容的一部分,且总电容 C_Σ 为

$$C_\Sigma = C_1 + \frac{C_2 C_j}{C_2 + C_j} = C_1 + \frac{C_2 C_{jQ}}{C_2(1 + m\cos\Omega t)^\gamma + C_{jQ}}$$

所以

$$\omega = \frac{1}{\sqrt{LC_\Sigma}} = \frac{1}{\sqrt{L\left[C_1 + \dfrac{C_2 C_{jQ}}{C_2(1 + m\cos\Omega t)^\gamma + C_{jQ}}\right]}}$$

当 $u_\Omega(t) = 0$ 时,$\omega = \omega_c = \dfrac{1}{\sqrt{L\left(C_1 + \dfrac{C_2 C_{jQ}}{C_2 + C_{jQ}}\right)}}$,表明载频与 C_1、C_2、C_{jQ} 有关。那么由于温度及电源电压等外界因素对 C_{jQ} 影响所造成的载波频率的变化也减小,即提高了载频的稳定。

当 C_1、C_2 确定后,根据上式可求出变容二极管部分接入时直接调频电路产生的角频移为

$\Delta\omega(t) = \frac{\gamma}{2p} m\omega_c \cos\Omega t$。当然对于调频电路而言,最关心的是最大角频移

$$\Delta\omega_m = \frac{\gamma}{2p} m\omega_c \tag{7.2.5}$$

式中 $m = \dfrac{U_{\Omega m}}{U_B + U_Q}$;$p = (1 + p_1)(1 + p_1 p_2 + p_2)$,$p_1 = \dfrac{C_{jQ}}{C_2}$,$p_2 = \dfrac{C_1}{C_{jQ}}$。

由于 $p > 1$,所以与全部接入比较,部分接入时的 $\Delta\omega_m$ 和 $k_f(= \Delta\omega_m / U_{\Omega m})$ 都减小。因为变容二极管只是作为回路总电容的一部分,所以调制信号对振荡频率的调变能力势必比全部接入时要小,因此为了实现线性调频,必须选用 $\gamma > 2$ 的变容二极管,并适当调节 C_1、C_2 和 U_Q 值,这样就能在一定的调制电压变化范围内获得接近线性的调频特性曲线,其调制灵敏度和最大频移都会减小。

3. 实用电路举例

图 7.2.3(a) 为某通信机中的变容二极管调频电路,图(b) 为其简化原理图。显然主振器采

用的是变容二极管部分接入电容三点式振荡回路。在图(a)中，C_7、C_8、L_{p4}组成π形低通滤波器，可防止调频信号进入直流电源。L_{p2}、C_9组成低通滤波器，可防止高频信号进入调制信号源，同时保证调制信号顺利地加至变容二极管上，以实现调频。L、C_2、C_3、C_5、C_{j1}、C_{j2}组成电容三点式振荡器。直流反向偏置电压$-U_R$同时加在背靠背的两个变容二极管的阳极，改变偏置电压U_R和电感L的数值可使振荡器的振荡频率在$50 \sim 100$ MHz范围内变化。

假设$C_{j1} = C_{j2} = C_j$，那么$u_{\Omega}(t) = 0$时的振荡频率$f_0 = \dfrac{1}{2\pi\sqrt{LC_{\Sigma}}}$，式中$C_{\Sigma} = \dfrac{C_2 C_3}{C_2 + C_3} + \dfrac{C_5(C_{jQ}/2)}{C_5 + (C_{jQ}/2)}$。

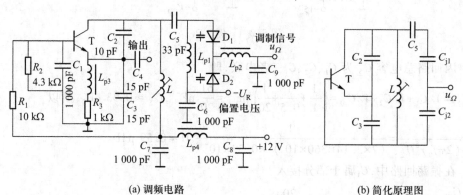

(a) 调频电路　　　　　　　　(b) 简化原理图

图 7.2.3　实用变容二极管调频电路及其简化原理图

图 7.2.3(a)中采用两只变容二极管的连接方式，可以克服单变容二极管直接调频电路中心频率不稳定的缺点。因为加在变容二极管两端的电压，除了存在直流偏置电压和低频调制电压外，还存在高频振荡电压，此电压会引起C_j的变化，造成调频波中心频率的变化。为此该电路采用了两个背靠背连接的变容二极管，由于高频振荡信号对于两管相当于反向串联，因此高频电压对两管引起的电容C_{j1}和C_{j2}的变化正好相反，在一定程度上互相抵消，从而提高了中心频率的稳定度。

例 7.2.1　变容二极管直接调频电路如图 7.2.4 所示。其中心频率$f_0 = 360$ MHz，变容二极管的$\gamma = 3$，$U_B = 0.6$ V，$u_{\Omega}(t) = \cos\Omega t$ V。图中L_1和L_3为高频扼流圈，C_3为隔直电容，C_4和C_5为高频旁路电容。

（1）分析电路中各元器件的作用。

（2）调整R_2，使加到变容二极管上的反向偏置电压U_R为 6 V 时，它所呈现的电容$C_{jQ} = 20$ pF，试求振荡回路的电感量L_2。

（3）试求最大频移Δf_m和调频灵敏度$k_f = \Delta f_m / U_{\Omega m}$。

解：（1）典型的变容二极管控制电路主要由反向偏置电压和调制信号两个支路构成：R_1、R_2、$-V_{DD}$给变容二极管 D 提供一定的直流反偏电压；L_3、C_6对u_{Ω}短路。振荡回路由电感L_2和电容C_1、C_2、C_j构成。

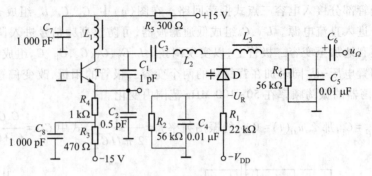

图 7.2.4 例 7.2.1

(2) 因回路总电容 C_Σ 为 C_1、C_2、C_j 三者串联,即

$$1/C_\Sigma = 1/C_1 + 1/C_2 + 1/C_{jQ} = \left(\frac{1}{1} + \frac{1}{0.5} + \frac{1}{20}\right) \text{pF}^{-1} = \frac{61}{20} \text{pF}^{-1}, C_\Sigma \approx 0.33 \text{ pF}。所以$$

$$L_2 = \frac{1}{(2\pi f_0)^2 C_\Sigma} = \frac{1}{(2\times 3.14\times 360\times 10^6)^2 \times 0.33\times 10^{-12}} \text{ H} \approx 0.59 \text{ μH}$$

(3) 在振荡回路中,C_j 属于部分接入。

$$p_1 = \frac{C_{jQ}}{C_{12}} = \frac{C_{jQ}}{C_1 C_2/(C_1 + C_2)} = \frac{20}{1\times 0.5/(1+0.5)} = 60, p_2 = 0,所以$$

$$p = (1+p_1)(1+p_1 p_2 + p_2) = 1 + 60 = 61$$

$$m = \frac{U_{\Omega m}}{U_B + U_R} = \frac{1}{0.6 + 6} \approx 0.15$$

$$\Delta f_m = \frac{\gamma}{2p} m f_0 = \frac{3}{2\times 61} \times 0.15\times 360\times 10^6 \text{ Hz} \approx 1.33 \text{ MHz}$$

$$k_f = \frac{\Delta f_m}{U_{\Omega m}} = \frac{1.33 \text{ MHz}}{1 \text{ V}} = 1.33 \text{ MHz/V}$$

7.2.2 晶体振荡器直接调频电路

导学

晶体振荡器直接调频电路的特点。

扩展频率偏移的方法。

采用倍频和混频方法进行扩频的特点。

上述直接调频电路的主要优点是可以获得较大的频移,但其中心频率稳定度较差。那么欲稳定调频波的中心频率,通常采用以下三种方法:一是采用石英晶体振荡器直接调频电路,二是采用自动频率控制电路,三是利用锁相环路。其中后两种将在第 8 章介绍,本节仅介绍第一种方法,晶体振荡器直接调频电路适用于要求调频波中心频率稳定度较高且频移较小的场合。

1. 原理电路

图 5.4.3 是石英晶体振荡器直接调频原理图。图中,变容二极管与石英晶体相串联,由于变容二极管 C_j 受调制信号 $u_\Omega(t)$ 的控制,因此振荡器的振荡频率也受调制信号的控制,从而得到调频波。由于石英晶体振荡器的频率稳定度很高,变容二极管 C_j 的变化引起调频波的频移是很小的。这个偏移值不会超过石英晶体串联、并联两个谐振频率差值的一半,一般来说其差值只有几十到几百赫兹。因此,在实际应用中需要采取扩展频移的措施。下面介绍三种扩展频移的方法。

2. 扩展频率偏移

（1）引入电感的方法扩展频率偏移

可在晶体支路增加一个电感 L',与晶体串联或并联(如图 5.4.4 所示),分别相当于使 f_s 左移或 f_p 右移,使可控频率范围 $f_s \sim f_p$ 增大,即加大了频移,但是扩频有限。

（2）采用倍频的方法扩展频率偏移

图 7.2.5 是一个无线话筒发射机的实际电路。图中,T_1 为音频放大器,将话筒提供的语言信号放大后,经 2.2 μH 的高频扼流圈加至变容二极管上,同时电源电压也通过 2.2 μH 的高频扼流圈加至变容二极管上,作为变容二极管的偏置电压。变容二极管与石英晶体串接后和晶体管 T_2 及电容 C_1、C_2 构成皮尔斯晶体振荡电路,并由变容二极管直接调频。T_2 的集电极回路调谐在晶体振荡器的三次谐波 100 MHz 上,完成了载频的三倍频功能,频移也随之扩大了三倍。T_2 集电极回路选出三次谐波,并通过天线输出。

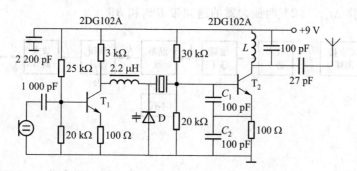

图 7.2.5 变容二极管晶体直接调频实际电路

（3）采用倍频和混频方法扩展频率偏移

在实际调频电路中,为了获得载波频率稳定而失真又很小的调频信号,往往很难使它的最大频移达到要求,因此常采用倍频器和混频器来获得所需要的载波频率及最大频移,如图 7.2.6 所示。

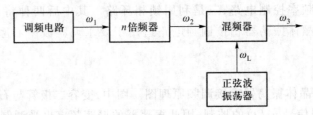

图 7.2.6 采用倍频和混频方法扩展频率偏移

对于一个瞬时角频率为 $\omega_1 = \omega_c + \Delta\omega_m\cos\Omega t$ 的调频信号,当它通过 n 次倍频器后,其输出信号的瞬时角频率将变为 $\omega_2 = n\omega_c + n\Delta\omega_m\cos\Omega t$。显然,倍频器可以不失真地将调频信号的载波角频率和最大角频移同时增大 n 倍,换句话说,倍频器可以在保持调频信号的相对角频移不变($\Delta\omega_m/\omega_c = n\Delta\omega_m/n\omega_c$)的条件下,成倍地扩展其最大角频移。需要指出的是,倍频次数 n 越高,获得的输出电压或功率越小,为此一般倍频次数 n 不应超过 3~4。如果需要更高次倍数,可以采用多个倍数器级联方式(如采用三级或四级 4 倍频等)。

如果将瞬时角频率为 ω_2 的调频信号与角频率为 ω_L 的本振信号进行混频,则混频后的瞬时角频率 $\omega_3 = \omega_L \pm \omega_2 = (\omega_L \pm n\omega_c) \pm n\Delta\omega_m\cos\Omega t$。由于混频器具有频率加减的功能,可以使调频信号的载频增大或减小为 $\omega_L \pm n\omega_c$,但不会引起最大角频移 $n\Delta\omega_m$ 的变化。

可见,合理运用倍频器和混频器,就可以在要求的载波频率上达到对频移的要求。这种方法对于直接调频电路和间接调频电路所产生的调频波都是适用的。

例 7.2.2 一调频设备组成框图如图 7.2.7 所示。已知两个倍频器倍频次数 $n_1 = 5$、$n_2 = 10$。本振频率 $f_L = 40$ MHz,调制信号频率 $F = (100 \sim 15\,000)$ Hz。设混频器输出频率 $f_{c3} = f_L - f_{c2}$。要求输出调频信号的载波频率 $f_c = 100$ MHz,最大频移 $\Delta f_m = 75$ kHz。试求:(1)LC 直接调频电路输出频率 f_{c1} 和最大频移 Δf_{m1}。(2)两放大器的通频带 BW_1 和 BW_2。

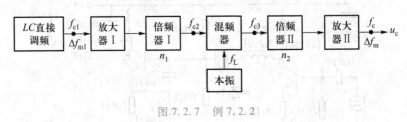

图 7.2.7 例 7.2.2

解:(1)因为 $f_c = n_2 f_{c3} = n_2(f_L - n_1 f_{c1})$,所以 $f_{c1} = \dfrac{n_2 f_L - f_c}{n_1 n_2} = \dfrac{10 \times 40 - 100}{5 \times 10}$ MHz = 6 MHz。

因为 $\Delta f_m = n_1 n_2 \Delta f_{m1}$,所以 $\Delta f_{m1} = \dfrac{\Delta f_m}{n_1 n_2} = \dfrac{75}{5 \times 10}$ kHz = 1.5 kHz。

（2）根据 $BW = 2(\Delta f_m + F_{max})$ 得

放大器 Ⅰ：$BW_1 = 2(\Delta f_{m1} + F_{max}) = 2(1.5 + 15)\,\text{kHz} = 33\ \text{kHz}$

放大器 Ⅱ：$BW_2 = 2(\Delta f_m + F_{max}) = 2(75 + 15)\,\text{kHz} = 180\ \text{kHz}$

7.2.3 间接调频电路

导学

间接调频电路的调频原理。
三种调相电路的特点。
间接调频电路的优缺点。

直接调频的优点是能够获得较大的频移，缺点是中心频率稳定度低，即使是对晶体振荡器直接进行调频，其频率稳定度也会受到调制电路的影响。显然，为了避免调制电路对振荡电路的影响，在调制时应设法把调制与振荡两个功能电路分开，有效的方法就是采用间接调频，实现该方法的关键电路是调相器。

1. 间接调频原理框图

根据调频信号和调相信号的内在联系，将调制信号 $u_\Omega(t)$ 先进行积分，然后再进行调相，从而获得调频信号。其相应的间接调频实现框图如图 7.2.8 所示。

在图 7.2.8 中，由主振器（一般为晶体振荡器）产生载波电压 $u_c(t) = U_{cm}\cos\omega_c t$。若将调

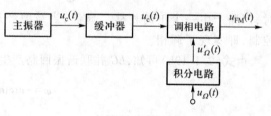

图 7.2.8　间接调频原理框图

制信号 $u_\Omega(t)$ 先进行积分得 $u'_\Omega(t) = k_1\int u_\Omega(t)\,\mathrm{d}t$，用积分后的调制信号 $u'_\Omega(t)$ 对载波进行调相，则调相电路输出的信号为

$$
\begin{aligned}
u_{FM}(t) &= U_{cm}\cos\left[\omega_c t + k_p u'_\Omega(t)\right] = U_{cm}\cos\left[\omega_c t + k_p k_1\int u_\Omega(t)\,\mathrm{d}t\right] \\
&= U_{cm}\cos\left[\omega_c t + k_f\int u_\Omega(t)\,\mathrm{d}t\right]
\end{aligned}
\tag{7.2.6}
$$

式中，$k_f = k_p k_1$。对于 $u_\Omega(t)$ 来说，上式就是调频波的数学表达式。所以，间接调频是借用调相的方法来实现调频的，调相电路是间接调频的关键。

2. 调相电路

调相电路的种类很多，常用的有可变移相法、矢量合成法和可变时延法等调相电路。

（1）可变移相法调相电路

变容二极管调相的实际电路如图 7.2.9 所示。图中，晶体管 T 及外围元件构成一级放大器，

用于放大载波；L_{c1}、L_{c2} 为高频扼流圈，分别阻止高频信号进入直流电源及调制信号源；R_1、R_2 构成的分压器为变容二极管提供偏置电压，L、C 及变容二极管的结电容 C_j 构成谐振频率为 ω_c 的并联谐振回路，并作为移相网络。即当 $u_\Omega(t)=0$ 时，回路的谐振频率就是载波的频率。

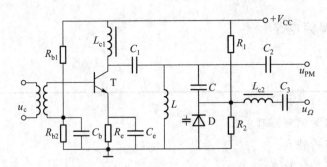

图 7.2.9　变容二极管可变移相法调相电路

调制信号 $u_\Omega(t)$ 经耦合电容 C_3 加到变容二极管上，变容二极管的结电容 C_j 受调制信号的控制。对载波来说，当 $u_\Omega(t)=0$ 时，回路谐振，不产生相移；当 $u_\Omega(t)\neq0$ 时，变容二极管两端的反偏电压随着 $u_\Omega(t)$ 的变化而变化，使得 C_j 发生变化，$\omega\neq\omega_c$，回路处于失谐状态。由图 2.1.3（b）可知，当 $\xi=Q_L\dfrac{2(\omega-\omega_c)}{\omega_c}>0$ 时，回路产生一个负的相移，当 $\xi=Q_L\dfrac{2(\omega-\omega_c)}{\omega_c}<0$ 时，回路产生一个正的相移。显然，当载波经过移相网络后，使得载波的相位受调制信号的控制，即实现了调相。

由式（2.1.19b）可知，LC 并联谐振回路产生的附加相移

$$\varphi=-\arctan Q\left(\frac{2\Delta\omega}{\omega_c}\right) \tag{7.2.7}$$

当 $|\varphi|<\pi/6$ 时，可近似写为

$$\varphi\approx-Q\frac{2\Delta\omega}{\omega_c} \tag{7.2.8}$$

若 $u_\Omega(t)=U_{\Omega m}\cos\Omega t$，$LC$ 并联回路的瞬时角频移为 $\Delta\omega=\dfrac{\gamma}{2p}m\omega_c\cos\Omega t$，将其代入式（7.2.8）可得

$$\varphi=-Q\frac{2}{\omega_c}\left(\frac{\gamma}{2p}m\omega_c\cos\Omega t\right)=-\frac{Q\gamma m}{p}\cos\Omega t=-m_p\cos\Omega t \tag{7.2.9}$$

在式（7.2.9）中，最大线性相移 $m_p=\dfrac{Q\gamma m}{p}$，且应限制 $m_p<\pi/6=0.52\ \mathrm{rad}$。显然，已调波的相移随调制信号线性变化。若将调制信号积分后再去控制移相网络，那么已调波的频率将随调制信号变化，实现了间接调频。

由于回路相移特性线性范围很窄（上面分析中用了 $|\varphi|<\pi/6$ 的条件），由此得到的调频波的

最大频移也很小,因此不能直接获得较大的调频频移是可变移相法调相的主要缺点。为了增大 m_p,必须采取扩大频移措施,除了采用上述介绍的多级倍频和混频方法扩展频率偏移外,还可采用多级单回路构成的变容二极管调相电路。

例 7.2.3 在图 7.2.10 所示的电路中,已知载波 $u_\text{c}(t) = 3\cos2\pi\times10^7 t$ V,调制信号 $u_\Omega(t) = 2\cos2\pi\times10^3 t$ V。调相电路的 $k_\text{p} = 1.5$ rad/V,忽略调相电路对 u'_Ω 的影响。当 $R = 30$ kΩ、$C = 0.1$ μF 或 $R = 200$ Ω、$C = 0.03$ μF 时,写出 u_o 的表达式,并说明电路的功能。

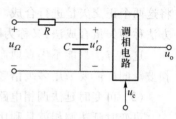

图 7.2.10　例 7.2.3

解: 当 $R = 30$ kΩ、$C = 0.1$ μF 时

$$\frac{1}{\Omega C} = \frac{1}{2\pi\times10^3\times0.1\times10^{-6}}\Omega \approx 1.59 \text{ k}\Omega \ll R$$

所以 RC 网络为积分电路。

$$u'_\Omega(t) = \frac{1}{RC}\int u_\Omega(t)\,\text{d}t = \left[\frac{1}{30\times10^3\times0.1\times10^{-6}}\int 2\cos2\pi\times10^3 t\,\text{d}t\right] \text{V} \approx 0.11\sin2\pi\times10^3 t \text{ V}$$

故输出电压的表达式

$$u_\text{o} = 3\cos[2\pi\times10^7 t + k_\text{p}u'_\Omega(t)] = 3\cos(2\pi\times10^7 t + 1.5\times0.11\sin2\pi\times10^3 t) \text{ V}$$

$$= 3\cos(2\pi\times10^7 t + 0.165\sin2\pi\times10^3 t) \text{ V}$$

可见该电路是间接调频电路。

当 $R = 200$ Ω、$C = 0.03$ μF 时

$$\frac{1}{\Omega C} = \frac{1}{2\pi\times10^3\times0.03\times10^{-6}}\Omega \approx 5.31 \text{ k}\Omega \gg R$$

所以 RC 网络为直通电路,$u'_\Omega(t) = u_\Omega(t)$。故输出电压的表达式

$$u_\text{o} = 3\cos[2\pi\times10^7 t + k_\text{p}u_\Omega(t)] = 3\cos(2\pi\times10^7 t + 1.5\times2\sin2\pi\times10^3 t) \text{ V}$$

$$= 3\cos(2\pi\times10^7 t + 3\cos2\pi\times10^3 t) \text{ V}$$

可见该电路是调相电路。

(2) 矢量合成法调相电路

单频调制时,调相信号的表达式为

$$u_\text{PM}(t) = U_\text{cm}\cos(\omega_\text{c}t + m_\text{p}\cos\Omega t) \tag{7.2.10}$$

$$= U_\text{cm}\cos\omega_\text{c}t\cos(m_\text{p}\cos\Omega t) - U_\text{cm}\sin\omega_\text{c}t\sin(m_\text{p}\cos\Omega t)$$

当 $m_\text{p} < \pi/12$(或 15°),即调相为窄带调相时,有

$$\cos(m_\text{p}\cos\Omega t) \approx 1$$

$$\sin(m_\text{p}\cos\Omega t) \approx m_\text{p}\cos\Omega t$$

式(7.2.10)便简化为

$$u_\text{PM}(t) \approx U_\text{cm}\cos\omega_\text{c}t - U_\text{cm}m_\text{p}\cos\Omega t\sin\omega_\text{c}t \tag{7.2.11}$$

此时产生的误差小于 3%。若误差允许小于 10%,则 m_p 可限制在 $m_p < \pi/6$(即 30°)以下。

可见,窄带调相波可近似由一个载波信号和一个双边带调幅信号叠加而成。如果用矢量表示,窄带调相波就是将这两个正交矢量进行合成。如图 7.2.11 所示,这种调相方法称为矢量合成法,又称为阿姆斯特朗法。

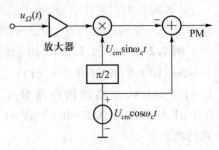

图 7.2.11 矢量合成法调相电路的组成原理图

这种方法只能不失真地产生 $m_p < (\pi/12)$ rad 的窄带调相波。同样需要采用多级倍频和混频方法扩展频率偏移。

(3)可变时延法调相电路

可变时延法调相就是利用调制信号来控制时延的大小,从而实现调相,其原理方框图如图 7.2.12 所示。

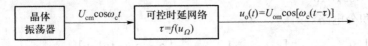

图 7.2.12 可变时延调相原理方框图

假设 $u_\Omega(t) = U_{\Omega m}\cos\Omega t$,那么 $\tau = ku_\Omega(t) = kU_{\Omega m}\cos\Omega t$。可控时延网络输出的电压为

$$u_o(t) = U_{om}\cos[\omega_c(t-\tau)] = U_{om}\cos[\omega_c(t-kU_{\Omega m}\cos\Omega t)] \tag{7.2.12}$$
$$= U_{om}\cos(\omega_c t - m_p\cos\Omega t)$$

式中,$m_p = \omega_c kU_{\Omega m}$。

可变时延调相系统的最大优点是调制线性好,相位偏移大。它在调频广播发射机和电视伴音发射机中得到了广泛应用。

综上所述,可变移相法和矢量合成法由于 m_p 较小,可在图 7.2.8 所示的调相器后面加上多级倍频和混频电路以扩展频移,这就使得整个电路变得庞大。而可变时延法电路本身也较复杂。所以,间接调频电路一般要比直接调频电路复杂。

7.3 调频信号的解调电路

从调频信号的分析中可知,调频波为等幅疏密波,疏密的变化反映了瞬时频率的变化,即体现了调制信号的变化规律,因此解调的任务是把调频波瞬时频率的变化不失真地转变成电压的变化,即实现频率-电压转换,完成这一功能的电路称为频率检波器,简称鉴频器。

[预备知识]

鉴频方法与主要性能指标

1. 实现鉴频的方法

（1）利用波形变换进行鉴频

将等幅调频波先通过一个线性波形变换网络，变换成振幅与调频波的瞬时频率成正比的调幅–调频波，然后用包络检波器将调幅–调频波进行振幅检波，即可恢复出原调制信号。其组成框图和波形变换如图 7.3.1 所示。采用这种方法鉴频的电路有斜率鉴频器、相位鉴频器和比例鉴频器等。这三种鉴频器是本节讨论的重点。

由于调频信号的解调最终还是利用高频振幅的变化，这就要求输入的调频波本身"干净"，即不带有寄生调幅。否则，这些寄生调幅将混在转换后的调幅–调频波中，使最后检出的信号受到干扰。

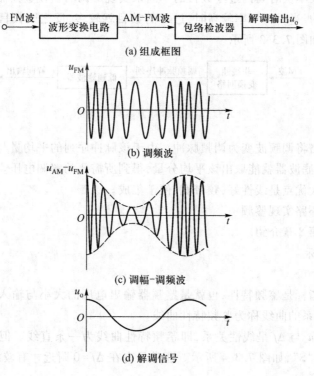

图 7.3.1 利用波形变换实现鉴频的组成框图及波形

（2）利用相移进行鉴频

这种鉴频的原理是将调频波经过移相电路变成调相-调频波,其相位的变化正好与调频波瞬时频率的变化呈线性关系,然后将此调相-调频波与未经过相移的调频波(为参考信号)进行相位比较,即可得到鉴频电路输出的解调信号。由于相位比较器一般都选用乘法电路,所以此类鉴频电路称为相移乘法电路。其组成框图如图 7.3.2 所示。

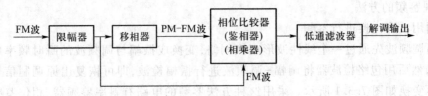

图 7.3.2　相移鉴频器组成框图

这种鉴频电路在集成电路中被广泛应用,其主要特点是性能良好,片外电路十分简单,通常只有一个可调电感,调整非常方便。

（3）利用脉冲计数方式进行鉴频

这是利用调频波单位时间内过零数目的不同来实现解调的一种鉴频器。因为调频波的频率是随调制信号变化的,当瞬时频率较高时,过零的数目就较多,反之则数目较少。利用此特点实现解调的组成框图如图 7.3.3 所示。

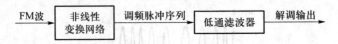

图 7.3.3　脉冲计数式鉴频器组成框图

非线性变换网络将调频波变为调频脉冲。由于该脉冲序列的平均量与输入调频波的频率成正比,因此通过低通滤波器就能取出该平均分量,得到所需要的解调电压。

这种方法的最大优点是线性好,频带宽,便于集成。

（4）利用锁相环路实现鉴频

这种方法将在第 8 章介绍。

2. 主要性能指标

（1）鉴频特性

鉴频器的主要指标是鉴频特性,也就是鉴频器输出电压的大小与输入调频波瞬时频移之间的关系,表示这一关系的曲线称为鉴频特性曲线。

在理想情况下,u_o 与 Δf 呈线性关系,即鉴频特性曲线为一条直线。但实际的鉴频特性曲线会弯曲,像英文字母"S",如图 7.3.4 所示。通常只有在 $\Delta f = 0$ 附近才有较好的线性。

（2）鉴频灵敏度

通常将鉴频特性曲线直线部分的斜率称为鉴频灵敏度,可表示为

$$S_D = \frac{u_o}{\Delta f} \qquad (7.3.1)$$

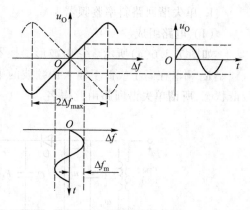

由图 7.3.4 可以看出,当 $\Delta f = \Delta f_m$ 时,u_o 达到最大值。可见,鉴频特性曲线越陡峭,S_D 就越大,表明鉴频电路将输入信号频率的变化转换为电压的能力越强。

(3)线性范围

指鉴频特性曲线近似为直线所对应的最大频率范围,又称为鉴频器的带宽,用 $2\Delta f_{max}$ 表示,如图 7.3.4 所示。对于鉴频器而言,要求线性范围大于调频信号最大频移的两倍,否则将产生严重的失真。

图 7.3.4　鉴频特性曲线

(4)非线性失真

在频移范围内,因鉴频特性曲线不是理想直线而引起的失真。

例 7.3.1　已知某鉴频器的输入调频信号 $u_1(t) = 5\cos(2\pi \times 10^8 t + 20\sin 2\pi \times 10^3 t)$ V,鉴频灵敏度 $S_D = -5$ mV/kHz,鉴频器带宽 $2\Delta f_{max} = 100$ kHz,试写出该鉴频器输出电压的表达式,画出鉴频特性曲线,并标出相关参数。

解:由已知的表达式可知,调频波的瞬时频移

$$\Delta f = \frac{\Delta \omega}{2\pi} = \frac{1}{2\pi} \cdot \frac{d}{dt}(20\sin 2\pi \times 10^3 t) = 20\cos 2\pi \times 10^3 t \text{ kHz}$$

所以

$$u_o = S_D \Delta f = -5 \times 20 \cos 2\pi \times 10^3 t$$
$$= -100 \cos 2\pi \times 10^3 t \text{ mV}$$

因为鉴频器的带宽 $2\Delta f_{max} = 100$ kHz,由此可计算出该鉴频器所能输出的最大不失真幅值 $U_{om} = S_D \Delta f_{max} = 5 \times 50$ mV $= 250$ mV;鉴频器的中心频率 $f_I = 10^5$ kHz,鉴频特性曲线如图 7.3.5 所示。

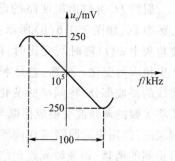

图 7.3.5　例 7.3.1 的鉴频曲线

7.3.1　斜率鉴频器

导学

斜率鉴频器的组成。

斜率鉴频器中"失谐"的含义。

与单失谐相比,双失谐斜率鉴频器的优点。

斜率鉴频器分为单失谐回路和双失谐回路斜率鉴频器。

1. 单失谐回路斜率鉴频器

（1）电路组成

如图 7.3.6(a) 所示。它由波形变换器和包络检波器两部分组成。LC 并联谐振回路的谐振频率 ω_p 调谐在高于或低于输入调频波的中心频率 ω_1 上，此时对中频载波（ω_1）来说，回路处于失谐状态，所谓单失谐回路由此得名。

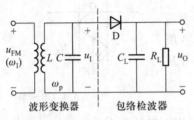

(a) 单失谐回路斜率鉴频器原理电路

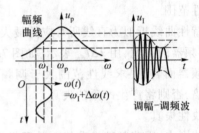

(b) 波形变换示意图

图 7.3.6　单失谐回路斜率鉴频器原理电路及其波形变换示意图

（2）工作原理

假设 LC 并联谐振回路的谐振频率 ω_p 高于输入调频波中心频率 ω_1，如图 7.3.6(b) 所示。当加在并联谐振回路的调频波角频率 $\omega(t)$ 随时间变化时，回路两端电压的振幅也将随之产生相应的变化。显然，它是利用 LC 并联谐振回路幅频特性曲线的斜坡部分，将频率的变化转换成电压的变化，从而实现了将等幅的调频波变换成振幅与调频信号频移成正比的调幅-调频波，即用失谐回路实现调频波到调幅-调频波的变换。再将得到的调幅-调频波 u_1 经包络检波器解调出原调制信号。图 7.3.7 为单失谐回路斜率鉴频器中各点的波形示意图。

由于单失谐回路斜率鉴频器的特性曲线斜坡部分不完全是直线，或者说线性范围较窄，当输入调频波的频移较大时，非线性失真就很严重，故在实际中很少采用。

2. 双失谐回路斜率鉴频器

为了获得较好的线性鉴频特性以减小失真，并适用于解调较大频移的调频信号，一般采用如图 7.3.8 所示的双失谐回路斜率鉴频器。

（1）电路组成

设 $\omega_1 > \omega_I > \omega_2$，且 $\omega_1 - \omega_I = \omega_I - \omega_2$。这样对 ω_I 来说，二次侧上、下两个调谐回路处于对称失谐状态，故由此得名。

(a) 输入调频波

(b) 调幅-调频波

(c) 输出波形

图 7.3.7　单失谐回路斜率鉴频器各点波形示意图

（2）工作原理

对于图 7.3.8 所示的上失谐回路而言，由于 $\omega_1 > \omega_1$，从图 7.3.9（a）可以看出，当输入调频波瞬时角频率 $\omega(t)$ 变化时，利用上失谐回路幅频特性曲线的左侧斜坡部分，可使图 7.3.9（b）所示的等幅调频波变化成调幅–调频波，再经过峰值包络检波器得到图 7.3.9（c）所示的输出电压 u_{O1} 的波形；此情形与图 7.3.6 和图 7.3.7 所示的单失谐回路斜率鉴频器的

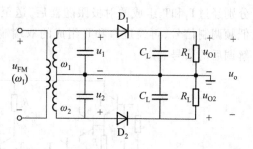

图 7.3.8　双失谐回路斜率鉴频器原理电路

工作原理一致。对于图 7.3.8 所示的下失谐回路而言，与上失谐回路相反。若假设两个二极管检波器参数一致，可得到图 7.3.9（d）所示的输出电压 u_{O2} 的波形。由于图 7.3.8 所示的双失谐回路斜率鉴频器的输出负载为差动连接，所以鉴频器输出电压 $u_o = u_{O1} - u_{O2}$，u_o 波形如图 7.3.9（e）所示。

由于双失谐回路斜率鉴频器的输出电压为 $u_o = u_{O1} - u_{O2}$，即 u_o 由 u_{O1} 和 $-u_{O2}$ 相叠加而得，因此为了分析方便，画出 $-u_{O2}$ 的幅频特性曲线，如图 7.3.10 中虚线表示的幅频特性曲线。从图 7.3.10 看出，当调频波的频率为 ω_1 时，u_{O1} 和 $-u_{O2}$ 大小相等、极性相反，正好可以互相抵消，此时 $u_o = 0$；当调频波的频率大于 ω_1 时，u_{O1} 和 $-u_{O2}$ 叠加的结果使 u_o 为正值，且在 ω_1 处 u_o 达到最大；当调频波的频率小于 ω_1 时，u_{O1} 和 $-u_{O2}$ 的叠加结果使 u_o 为负值，且在 ω_2 处 u_o 达到最小。由此可得图 7.3.10 所示的鉴频特性曲线。分析表明，只要回路元件参数配置恰当，两回路幅频特性曲线中的弯曲部分就可以相互补偿，形成较宽的线性鉴频范围，这种电路常用于频移较大的微波接力通信机中。

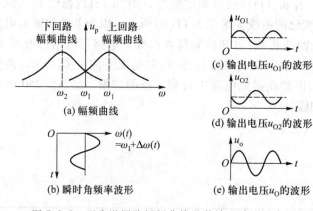

图 7.3.9　双失谐回路幅频曲线及其输出波形示意图

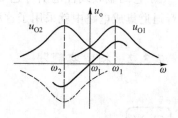

图 7.3.10　双失谐回路鉴频特性曲线

3. 集成电路中的斜率鉴频器

在集成电路中，广泛采用如图 7.3.11（a）所示的差动峰值斜率鉴频器。图中，LC_1 与 C_2 组成波形变换网络，将 $u_{FM}(t)$ 转变成两个振幅随输入信号频率变化的调幅–调频电压 u_1 和 u_2，u_1 和 u_2

分别经过T_1和T_2组成的射极跟随器后,送至由T_3、C_3和T_4、C_4组成的两个晶体管包络检波器检出低频调制信号,再经过T_5和T_6组成的双端输入、单端输出的差动放大器放大,最后由集电极输出解调后的信号。

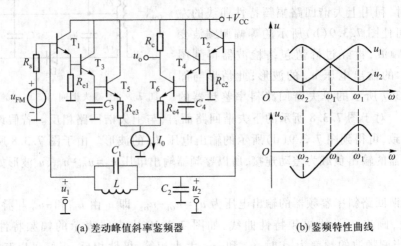

(a) 差动峰值斜率鉴频器　　　　　　(b) 鉴频特性曲线

图 7.3.11　集成电路中的斜率鉴频器

该电路有两个谐振频率,一个是LC_1并联回路的谐振频率$\omega_1 \approx \dfrac{1}{\sqrt{LC_1}}$,一个是$LC_1$和$C_2$串联回路的谐振频率$\omega_2 \approx \dfrac{1}{\sqrt{L(C_1+C_2)}}$。当调整$L$、$C_1$和$C_2$值,使$u_{FM}(t)$的瞬时频率接近$\omega_1$时,$u_1(t)$的幅值$U_{1m}$最大,而$u_2(t)$的幅值$U_{2m}$最小;若$u_{FM}(t)$的瞬时频率接近$\omega_2$时,$u_1(t)$的幅值$U_{1m}$最小,而$u_2(t)$的幅值$U_{2m}$最大。$u_1$和$u_2$随频率变化的曲线如图 7.3.11(b)所示。因为差放的输出电压与两个输入电压的差值成正比,故将两条曲线相减,得到鉴频特性曲线。电路可以通过改变L、C_1和C_2的值来调整鉴频器的带宽、中心频率及曲线的对称性等,通常情况下固定C_1和C_2,调整L。由于它的鉴频线性范围可达 300 kHz,因此在集成电路中得到广泛的应用。如 AN5250 电视伴音通道集成电路中就采用了这种鉴频电路。

7.3.2　相位鉴频器

导学

叠加型相位鉴频器中波形变换器的作用。
叠加型相位鉴频器采用包络检波器的作用。
鉴频特性曲线。

模拟相位鉴频器分为叠加型和乘积型两类,分立元件的相位鉴频器通常为叠加型,乘积型相位鉴频器常用于集成电路中。

1. 叠加型相位鉴频器

叠加型相位鉴频器是利用回路的相位−频率特性将调频波变换为调幅−调频波,然后利用振幅检波器解调出原调制信号。叠加型相位鉴频器又分为互感耦合和电容耦合两种,本节只介绍前者。

（1）电路形式

图 7.3.12(a)为互感耦合相位鉴频器原理电路。其中,u_1是等幅调频波;L_1C_1 和 L_2C_2 构成的互感耦合双谐振回路作为移相网络,两回路都谐振在调频波的中心频率 f_1 上,且 L_2 被中心抽头分成对称的两半,每边电压为 $u_2/2$;C_C 对高频输入信号可视为短路,L_3 为高频扼流圈,对输入信号呈开路,这样 L_3 两端的电压与 L_1C_1 回路两端的电压近似相等;D_1、D_2、C_3、C_4、R_1、R_2 组成平衡振幅检波器。

图 7.3.12(b)为图 7.3.12(a)的等效电路,此时加至两检波器上的高频输入信号分别为

$$\dot{U}_{ao} = \dot{U}_1 + \frac{\dot{U}_2}{2} \tag{7.3.2a}$$

$$\dot{U}_{bo} = \dot{U}_1 - \frac{\dot{U}_2}{2} \tag{7.3.2b}$$

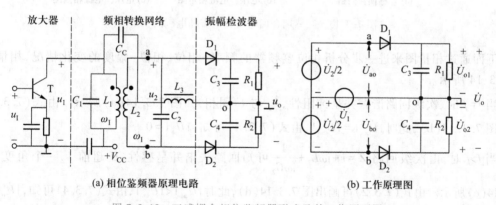

(a) 相位鉴频器原理电路　　　　(b) 工作原理图

图 7.3.12　互感耦合相位鉴频器形式及其工作原理图

如果上、下两个包络检波器对称,电压传输系数 k_d 相等,则输出电压分别为

$$|\dot{U}_{o1}| = k_d|\dot{U}_{ao}| \tag{7.3.3a}$$

$$|\dot{U}_{o2}| = k_d|\dot{U}_{bo}| \tag{7.3.3b}$$

$$|\dot{U}_o| = |\dot{U}_{o1}| - |\dot{U}_{o2}| = k_d(|\dot{U}_{ao}| - |\dot{U}_{bo}|) \tag{7.3.4}$$

（2）工作原理

① 波形变换器。

互感耦合回路电流和电压的关系如图7.3.13（a）所示。由图可得

$$\dot{I}_1 = \frac{\dot{U}_1}{r+\mathrm{j}\omega L_1} \approx \frac{\dot{U}_1}{\mathrm{j}\omega L_1} \tag{7.3.5}$$

$$\dot{U}_2 = \frac{\dot{I}_2}{\mathrm{j}\omega C_2} \tag{7.3.6}$$

式（7.3.5）表明$\dot{U}_1$超前$\dot{I}_1 90°$。$\dot{U}$为次级感应电动势，且对$\dot{U}$而言，次级回路是串联谐振回路，$\dot{U} = \pm\mathrm{j}\omega M\dot{I}_1$。式中的正、负号取决于一、二次线圈的绕向。根据图7.3.13（a）所标同名端及电流的参考方向可知，上式应取正号。故在此条件下$\dot{U}$超前$\dot{I}_1 90°$，显然$\dot{U}$与$\dot{U}_1$同相。由此可得$\dot{I}_1$、$\dot{U}_1$、$\dot{U}$的相量关系如图7.3.13（b）所示。

由式（7.3.6）可知，$\dot{I}_2$超前$\dot{U}_2 90°$，相量图如图7.3.13（c）所示。

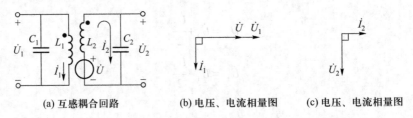

(a) 互感耦合回路　　　　(b) 电压、电流相量图　　　(c) 电压、电流相量图

图7.3.13　互感耦合回路及其电流和电压的相量图

下面通过相量图来进一步分析相位鉴频器的频率-相位、相位-幅度的变化情况，相量图如图7.3.14所示。

当$f=f_1$时，次级回路谐振并呈纯阻性，$\dot{I}_2$与$\dot{U}$同相，如图7.3.14（a）所示。由式（7.3.2）可画出图7.3.14（b），此时$|\dot{U}_{ao}| = |\dot{U}_{bo}|$，由式（7.3.4）可知，$|\dot{U}_o| = 0$。

当$f>f_1$时，由次级回路$Z = r+\mathrm{j}\omega L_2 + \dfrac{1}{\mathrm{j}\omega C_2}$可知回路失谐并呈感性，$\dot{U}$超前$\dot{I}_2$一个角度，如图7.3.14（c）所示。由式（7.3.2）可画出图7.3.14（d），此时$|\dot{U}_{ao}| < |\dot{U}_{bo}|$，由式（7.3.4）可知，$|\dot{U}_o| < 0$。

当$f<f_1$时，次级回路失谐并呈容性，$\dot{I}_2$超前$\dot{U}$一个角度，如图7.3.14（e）所示。由式（7.3.2）可画出图7.3.14（f），此时$|\dot{U}_{ao}| > |\dot{U}_{bo}|$，由式（7.3.4）可知，$|\dot{U}_o| > 0$。

从相量图7.3.14（d）（f）可以得出，频率增大时$|\dot{U}_{ao}|$减小，$|\dot{U}_{bo}|$增大；频率减小时$|\dot{U}_{ao}|$增大，$|\dot{U}_{bo}|$减小。由此得到如图7.3.15（a）（b）所示的调幅-调频波波形。

可见，输入信号频率f的变化引起相量$\dot{U}_1$、$\dot{U}_2$变化，进而导致合成相量幅度的变化，产生了如图7.3.14和图7.3.15所示的FM-PM-AM信号。它是利用回路的相位频率特性将等幅调频

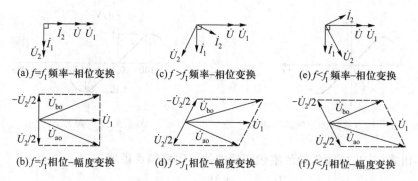

(a) $f=f_1$ 频率-相位变换　(c) $f>f_1$ 频率-相位变换　(e) $f<f_1$ 频率-相位变换

(b) $f=f_1$ 相位-幅度变换　(d) $f>f_1$ 相位-幅度变换　(f) $f<f_1$ 相位-幅度变换

图 7.3.14　相位鉴频器三种情况下的相量图

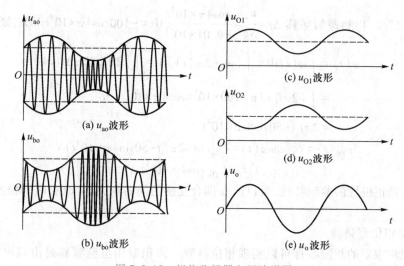

(a) u_{ao} 波形

(b) u_{bo} 波形

(c) u_{O1} 波形

(d) u_{O2} 波形

(e) u_o 波形

图 7.3.15　相位鉴频器电压波形图

波变换为调幅-调频波。

② 包络检波器。

波形变换器输出的调幅-调频波 u_{ao} 和 u_{bo} 经上、下两个包络检波器,最后使总输出电压 u_o 也随 f 变化,以实现频率解调。包络检波后的 u_{O1}、u_{O2}、u_o 的波形分别如图 7.3.15(c)(d)(e) 所示。

③ 鉴频特性曲线。

由图 7.3.14 中的合成相量幅度可知,当 $f=f_1$ 时,$u_o=0$;当 $f>f_1$ 时,$u_o<0$;当 $f<f_1$ 时,$u_o>0$。由此可画出鉴频特性曲线如图 7.3.16 所示。

例 7.3.2　某鉴频器的鉴频特性曲线如图 7.3.17 所示,鉴频器的输出电压为 $u_o(t)=\cos 4\pi\times 10^3 t$ V。(1) 求鉴频灵敏度 S_D。(2) 写出鉴频器输入信号 $u_{FM}(t)$ 和原调制信号 $u_\Omega(t)$ 的表达式。(3) 若此鉴频器为互感耦合相位鉴频器,要得到正极性的鉴频特性,应如何改变电路?

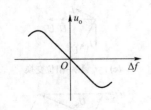
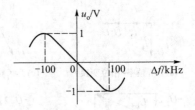

图 7.3.16　相位鉴频器鉴频特性曲线　　　　图 7.3.17　例 7.3.2

解:(1) 由式(7.3.1)和已知的鉴频特性曲线可得鉴频灵敏度

$$S_D = \frac{U_{om}}{\Delta f_m} = -\frac{1\ V}{100\ kHz} = -0.01\ V/kHz$$

(2) 由式(7.3.1)得瞬时频移 $\Delta f = \dfrac{u_o}{S_D} = \dfrac{\cos 4\pi \times 10^3 t}{-0.01 \times 10^{-3}}\ Hz = -100\cos 4\pi \times 10^3 t\ kHz$,则

$$\varphi(t) = \int \omega(t)\,dt = \int [\omega_1 + \Delta\omega(t)]\,dt = \int [2\pi f_1 + 2\pi \Delta f(t)]\,dt$$

$$= \int (2\pi f_1 - 2\pi \times 100 \times 10^3 \times \cos 4\pi \times 10^3 t)\,dt$$

$$= 2\pi f_1 t - 50\sin 4\ \pi \times 10^3 t$$

所以　　　　　　　　$u_{FM}(t) = U_{Im}\cos\varphi(t) = U_{Im}\cos(2\pi f_1 t - 50\sin 4\pi \times 10^3 t)\ V$

原调制信号　　　　　　　　$u_\Omega(t) = -U_{\Omega m}\cos 4\pi \times 10^3 t\ V$

(3) 要得到正极性的鉴频特性,可以改变耦合互感的同名端,或者改变两个检波二极管的方向等。

2. 乘积型相位鉴频器

利用模拟相乘器的相乘特性可以实现相位鉴频。乘积型相位鉴频器是由频率-相位变换网络、相乘器和低通滤波器三部分电路组成的。

在集成电路中,广泛采用如图 7.3.18 所示的鉴频器。图中,$T_3 \sim T_9$ 组成双差分对相乘器,$D_1 \sim D_5$ 为 T_2 和双差分对管提供所需的偏置。

设输入调频信号为 $u_{FM} = U_{Im}\cos\left[\omega_1 t + k_f\displaystyle\int u_\Omega(t)\,dt\right] = U_{Im}\cos\omega t$,该电压经射极跟随器 T_1 后分为 u_1、u_4 两路电压。其中

$$u_1 \approx u_{FM} = U_{Im}\cos\omega t$$

$$u_4 = \frac{50}{450+50}u_1 = 0.1U_{Im}\cos\omega t$$

u_1 以单端方式加到 T_7 的基极,作为相乘器的一个输入电压,其值较大,保证 T_7、T_8 差分对管工作在开关状态,T_8 基极上接恒定的直流偏压 V_{BB} 并通过 $0.01\ \mu F$ 电容高频接地。u_4 是一小信号,经由 C_1、RLC 并联谐振回路组成的 $\dfrac{\pi}{2} - \Delta\varphi(t)$ 频相转换网络后得到调相-调频波 u_5,可表示为

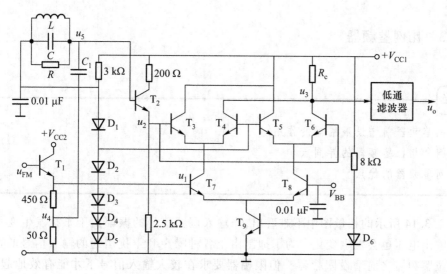

图 7.3.18 乘积型相位鉴频器的实用电路

$$u_5 = U_{5m} \cos\left[\omega t + \frac{\pi}{2} - \Delta\varphi(t)\right] = -U_{5m} \sin[\omega t - \Delta\varphi(t)]$$

u_5 经射极跟随器 T_2 后产生电压 u_2，大小为

$$u_2 \approx -U_{2m} \sin[\omega t - \Delta\varphi(t)]$$

u_2 从 T_3、T_6 的基极双端输入，作为相乘器的另一个输入电压，由于 u_2 很小，可以认为双差分对管工作在小信号状态，T_4、T_5 的基极是固定偏置。

由式 (2.2.30) 可得

$$u_3 \approx \frac{I_o R_c}{2U_T} u_2 S'(\omega t) = -\frac{I_o R_c}{2U_T} U_{2m} \sin[\omega t - \Delta\varphi(t)] S'(\omega t)$$

将式 (2.2.22) 双向开关函数的表达式代入上式，经过低通滤波器后的输出电压为

$$u_o = \frac{I_o R_c}{\pi U_T} U_{2m} \sin\Delta\varphi(t)$$

当 $|\Delta\varphi(t)| \leqslant \dfrac{\pi}{12}$ 时，$\sin\Delta\varphi(t) \approx \Delta\varphi(t)$，$\Delta\varphi(t) = -\arctan\xi \approx -\xi = -Q_L \dfrac{2\Delta\omega(t)}{\omega_I}$，对于调频波，

$\Delta\omega(t) = k_f u_\Omega(t)$，所以输出电压为

$$u_o \approx \frac{I_o R_c U_{2m}}{\pi U_T} \Delta\varphi(t) = -\frac{I_o R_c U_{2m} Q_L}{\pi U_T} \cdot \frac{2\Delta\omega(t)}{\omega_I} = -\frac{I_o R_c U_{2m} Q_L k_f}{\pi U_T \omega_I} u_\Omega(t) = A_d u_\Omega(t)$$

式中，$A_d = -\dfrac{I_o R_c U_{2m} Q_L k_f}{\pi U_T \omega_I}$，可见电路只能对相移较小的调频波实现线性解调。

7.3.3   比例鉴频器

> **导学**
>
> 相位鉴频器前增设限幅器的作用。
> 比例和相位鉴频器的异同点。
> 比列鉴频器的优点。

从图 7.3.14 所示的相量图中不难看出,当输入调频信号的振幅由于干扰发生变化时,相位鉴频器的输出电压也会发生变化。为了抑制由于各种噪声和干扰引起的输入信号的寄生调幅,需要在相位鉴频器之前增设限幅器。但限幅器要求在较大输入信号下才能有效地起到限幅作用,这样势必导致接收机高频放大器级数的增加。

下面将要介绍的比例鉴频器是一种兼有限幅作用的鉴频器,它是在相位鉴频器的基础上改进而来的。目前,调频接收机和电视机伴音部分,为了降低成本、减小体积,广泛采用比例鉴频器。

1. 电路组成

比例鉴频器如图 7.3.19 所示。图 7.3.19(a)中的波形变换部分和相位鉴频器完全一样,差别在于包络检波部分,主要区别为:

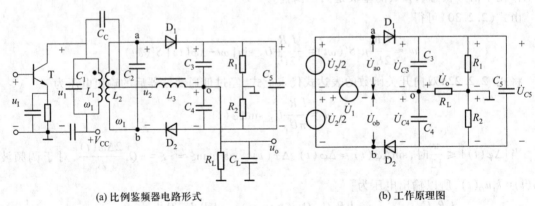

(a) 比例鉴频器电路形式   (b) 工作原理图

图 7.3.19   比例鉴频器电路形式及其工作原理图

(1)二极管D_2极性反接,因此 C_3、C_4 上的电压极性一致,$|\dot{U}_{C5}| = |\dot{U}_{C3}| + |\dot{U}_{C4}|$。

(2)输出电压不从 R_1、R_2 两端取出,而是由 C_3、C_4 中点与 R_1、R_2 中点之间输出。

(3)R_1、R_2 两端并联一个大电容 C_5(一般为 10 μF),$\tau = (R_1 + R_2) C_5$ 很大,约 0.1~0.2 s,使

U_{C5}在检波过程中保持不变。

在图 7.3.19(b)中,加至两检波器上的中频输入电压分别为

$$\dot{U}_{ao} = \dot{U}_1 + \frac{\dot{U}_2}{2} \tag{7.3.7a}$$

$$\dot{U}_{ob} = -\dot{U}_1 + \frac{\dot{U}_2}{2} \tag{7.3.7b}$$

假设电路上、下两边对称,则有

$$\dot{U}_{C3} + \dot{U}_o = \frac{1}{2}\dot{U}_{C5} \tag{7.3.8a}$$

$$\dot{U}_{C4} - \dot{U}_o = \frac{1}{2}\dot{U}_{C5} \tag{7.3.8b}$$

式(7.3.8a)、式(7.3.8b)相减得

$$\dot{U}_o = \frac{\dot{U}_{C4} - \dot{U}_{C3}}{2} \tag{7.3.9}$$

考虑到上、下两包络检波器对称,检波效率 k_d 相等,且有 $|\dot{U}_{C3}| = k_d|\dot{U}_{ao}|$,$|\dot{U}_{C4}| = k_d|\dot{U}_{ob}|$,故

$$|\dot{U}_o| = \frac{|\dot{U}_{C4}| - |\dot{U}_{C3}|}{2} = -\frac{k_d(|\dot{U}_{ao}| - |\dot{U}_{ob}|)}{2} \tag{7.3.10}$$

2. 工作原理

(1) 波形变换器

仿照相位鉴频器的相量关系画出图 7.3.20 的三种情况。

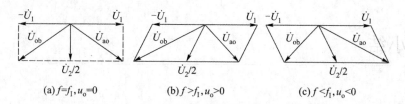

|(a) $f = f_1$, $u_o = 0$|(b) $f > f_1$, $u_o > 0$|(c) $f < f_1$, $u_o < 0$|

图 7.3.20 比例鉴频器三种情况下的电压相量关系

(2) 包络检波器

波形变换器输出的调幅-调频波经上、下两个包络检波器后,解调出原调制信号。

(3) 鉴频特性曲线

① 从输出表达式看鉴频特性曲线。

比较式(7.3.4)和式(7.3.10)可知,比例鉴频器的输出电压减小一半,即鉴频灵敏度 $S_D = u_o/\Delta f$ 减小一半;两式符号相反,说明两鉴频特性曲线相反。两个鉴频特性曲线的比较如图 7.3.21 所示。图中,实线 a 表示相位鉴频特性曲线,实线 b 表示比例鉴频特性

曲线。

② 二极管反接对鉴频特性曲线的影响。

若将图 7.3.19（a）中的 D_1、D_2 反接,则鉴频曲线如图 7.3.21 中的虚线 e 所示。

③ 次级回路失谐对鉴频特性曲线的影响。

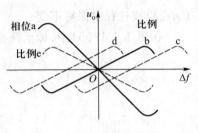

图 7.3.21 鉴频特性曲线

在波形变换器中,若次级回路的谐振频率 $f \neq f_1$,则鉴频曲线分别如图 7.3.21 中的虚线 $c(f>f_1)$ 和虚线 $d(f<f_1)$ 所示,此时将使鉴频器线性鉴频范围减小,输出波形容易产生失真。

3. 限幅作用

因为 $|\dot{U}_{C5}| = |\dot{U}_{C3}| + |\dot{U}_{C4}|$,则输出电压式(7.3.10)可表示为

$$|\dot{U}_o| = \frac{|\dot{U}_{C4}| - |\dot{U}_{C3}|}{2} = \frac{|\dot{U}_{C4}| + |\dot{U}_{C3}| - 2|\dot{U}_{C3}|}{2} \cdot \frac{|\dot{U}_{C5}|}{|\dot{U}_{C3}| + |\dot{U}_{C4}|}$$

$$= \frac{1}{2}|\dot{U}_{C5}|\left(1 - \frac{2}{1 + |\dot{U}_{C4}|/|\dot{U}_{C3}|}\right) = \frac{1}{2}|\dot{U}_{C5}|\left(1 - \frac{2}{1 + |\dot{U}_{ob}|/|\dot{U}_{ao}|}\right)$$

(7.3.11)

若输入调频波存在寄生调幅,使得调频波的幅度改变,$|\dot{U}_{ao}|$、$|\dot{U}_{ob}|$ 将同时增大或减小,但其比值 $|\dot{U}_{ob}|/|\dot{U}_{ao}|$ 不变,这样比例鉴频器的输出电压 $|\dot{U}_o|$ 保持不变,从而实现了限幅。当然大电容 C_5 的接入是保证此电路具有限幅能力的关键所在。总之,比例鉴频器兼有限幅和鉴频功能。

本章小结

本章主要内容体系为：调角信号的分析 → 调频信号的产生电路 → 调频信号的解调电路。

（1）用低频调制信号去控制高频载波信号的频率或相位,使其按照调制信号的规律来变化的过程叫角度调制,所得到的已调信号叫调角信号。调角信号包括调频信号和调相信号,都是振幅为 U_{cm} 的等幅波。角度调制属于非线性调制。

（2）调频电路的主要性能指标是调频特性,要求在最大频移范围内有较高的线性度,尽可能减小调制失真。调制电压转换为频移的能力用调频灵敏度 k_f 来表示。调频信号的实现方法有直接调频和间接调频两种。

直接调频与间接调频的根本区别在于,前者是振荡器与调制器合二为一,后者是振荡器

与调制器分开。虽然间接调频的中心频率稳定度高,但难以获得大的频移,而且实现起来较为复杂。

（3）对调频信号的解调叫鉴频,相应的电路叫鉴频器。它的任务就是尽可能不失真地实现频率–电压的转换。常用的鉴频器有斜率鉴频器、相位鉴频器和比例鉴频器。鉴频电路的主要性能指标是鉴频特性。它是指鉴频器输出电压与输入调频波频移之间的关系。鉴频特性曲线近似直线的范围称为线性范围,也称为鉴频器的带宽。衡量鉴频器鉴频能力的指标是鉴频灵敏度,用 S_D 表示。

自 测 题

一、填空题

1. 由于调频与调相都表现为载波信号的瞬时相位受到调制,常常将调频与调相统称为_____,简称_____。

2. 载波频率为 25 MHz,振幅为 4 V,调制信号频率为 400 Hz 的单频正弦波,最大频移 $\Delta f = 10$ kHz,试分别写出调频波表达式 $u_{FM}(t) = $ _____,调相波表达式 $u_{PM}(t) = $ _____。

3. 一个调频信号可看成是瞬时相位 $\Delta\varphi(t)$ 按调制信号的_____规律变化的调相信号;而一个调相信号则可以看成是瞬时频率 $\Delta\omega(t)$ 按调制信号的_____规律变化的调频信号。

4. 对于调频信号,当调制信号幅度确定后,_____与_____就会被确定下来,不随输入信号频率变化,而_____与调制信号的频率成反比。

5. 调频波与调相波都是等幅信号,二者的频率和相位都随_____而变化,均产生_____与_____。

6. 在变容二极管调频电路中,其中心频率为 5 MHz,调制信号频率为 5 kHz,最大频移 2 kHz,通过三倍频后的中心频率是_____,调制信号频率_____,最大频移是_____,调频指数_____。

7. 间接调频先将调制信号进行_____,再用其值进行_____。

8. 比例鉴频器与相位鉴频器相比,其主要优点是_____,实现该功能的关键是电路中接入了一个_____。

9. 若鉴频曲线为正 S 曲线,比例鉴频器的初、次级回路均调谐在输入信号的载波频率 f_1 上,当输入信号频率 $f > f_1$ 时,若 f 增大,鉴频器的输出电压_____,当输入信号幅度突然增大,输出电压_____,其原因为_____。

二、选择题

1. 若载波 $u_c(t) = U_{cm}\cos\omega_c t$, 调制信号 $u_\Omega(t) = U_{\Omega m}\cos\Omega t$, 则 FM 波的最大相移 $\Delta\varphi(t) = $ _____。

    A. m_f B. $k_f U_{\Omega m}$ C. $k_f U_{cm}$ D. $k_f \Omega / U_{\Omega m}$

2. 给定 FM 波的 $\Delta f_m = 12\ \text{kHz}$, 若调制信号频率为 $3\ \text{kHz}$, 则 $BW = $ _____。

    A. 40 kHz   B. 24.6 kHz   C. 30 kHz   D. 6 kHz

3. 已调波 $u(t) = U_m\cos(\omega_c + A\omega_1 t)t$, 则 $\Delta\omega(t)$ 表达式为 _____。

    A. $A\omega_1 t$ B. $A\omega_1 t^2$ C. $2A\omega_1 t$ D. $A\omega_c t$

4. 调频波的调频指数与调制信号的 _____ 成正比, 与调制信号的 _____ 成反比。

    A. 频率   B. 相位   C. 振幅

5. 下面电路中不属于线性频谱搬移电路的是 _____。

    A. 混频器   B. 调幅器   C. 检波器   D. 鉴频器

6. 关于直接调频和间接调频的说法 _____ 是正确的。

    A. 直接调频是用调制信号去控制振荡器的工作状态

    B. 间接调频的频移小, 但中心频率比较稳定

    C. 直接调频的频移小, 但中心频率稳定度好

    D. 间接调频的频移大, 但中心频率稳定度好

7. 石英晶体调频电路的优点是 _____。

    A. 频移大   B. 频率稳定度高   C. 抗干扰能力强

8. 调频过程完成的是 _____, 调相过程完成的是 _____。

    A. 电压-相位转换   B. 电压-频率转换

    C. 频率-电压转换   D. 相位-电压转换

9. 调频或调相接收机解调之前用限幅器的目的是 _____。

    A. 抑制干扰   B. 增加频带   C. 限幅器的作用不大

三、判断题

1. 角度调制的信号频谱是原调制信号频谱在频率轴上的线性平移。   (　　)

2. 仅从波形或表达式不能判断是调频波还是调相波。   (　　)

3. 调角信号的频谱包括无限多对边频分量, 它的频谱宽度是无限大的。   (　　)

4. 石英晶体调频电路属于间接调频电路。   (　　)

5. 变容管作为回路总电容直接调频, 实现大频移线性调频的条件是 $\gamma = 2$。   (　　)

6. 单失谐回路斜率鉴频器的鉴频特性就是单调谐回路的幅频特性。   (　　)

7. 相位鉴频器和斜率鉴频器都有包络检波器存在。   (　　)

8. 目前的调频广播和电视伴音都采用相位鉴频器。   (　　)

9. 比例鉴频器兼有限幅和鉴频功能。   (　　)

习　题

7.1　已知调角波 $u(t) = 5\sin(2\pi\times10^6 t + 3\cos4\pi\times10^3 t)$ V，试求：（1）载波频率和调制信号频率。（2）调制信号 $u_\Omega(t)$。（3）最大频移和最大相移。（4）信号带宽。（5）该调角波在单位电阻上消耗的平均功率。

7.2　在调频广播系统中，按国家标准 $\Delta f_m = 75$ kHz，若调制信号频率的变化范围为 50 Hz～15 kHz，试计算调频指数和频带宽度。

7.3　调角波的数学表达式为 $u(t) = 10\sin(10^8 t + 3\sin10^4 t)$ V，问这是调频波还是调相波？求其调制频率、调制指数、频移以及该调角波在 100 Ω 电阻上产生的平均功率。

7.4　已知载波频率 $f_c = 25$ MHz，振幅 $U_{cm} = 4$ V；调制信号为单频正弦波，频率为 400 Hz，最大频移为 $\Delta f_m = 10$ kHz。（1）写出调频波和调相波的数学表达式。（2）若仅将调制信号频率变为 2 kHz，其他参数不变，试写出调频波与调相波的数学表达式。

7.5　已知调制信号频率的变化范围为 20 Hz～15 kHz，若要求最大频移 $\Delta f_m = 45$ kHz，求出相应调频信号及调相信号的调制指数和带宽，其结论说明了什么？

7.6　若调制信号频率为 400 Hz，振幅为 2.4 V，调制指数为 60，求最大频移 Δf_m。当调制信号频率减小为 250 Hz，同时振幅增大为 3.2 V 时，调制指数将变为多少？

7.7　用 $u_\Omega(t) = \cos2\pi\times10^3 t + \cos2\pi\times500t$ V 的调制信号进行调频，频移均为 $\Delta f_{max} = 20$ kHz；载波 $f_c = 100$ MHz，其幅度 $U_{cm} = 5$ V，试写出调频波的数学表达式。

7.8　有一变容二极管调频原理电路如习题 7.8 图所示。图中，$V_{CC} > U_Q$，C_2 为耦合电容，$C_3 \sim C_5$ 为旁路电容，L_p 为高频扼流圈。试改正图中的错误，并说明理由；分析该调频电路的原理。

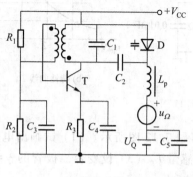

习题 7.8 图

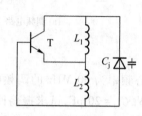

习题 7.9 图

7.9 变容二极管直接调频的交流等效电路如习题 7.9 图所示。已知 $C_{jQ} = 40$ pF，$U_B +$ $U_Q = 10$ V，$\gamma = 2$，$u_\Omega(t) = 2\cos2\pi\times10^3 t$ V，$L_1 = 15$ μH，$L_2 = 10.33$ μH。试求：（1）调频波的载波频率 f_c、最大瞬时频率 f_{max} 和最小瞬时频率 f_{min}。（2）调频波的最大频移 Δf_m，有效频带宽度 BW。

7.10 变容二极管调频电路如习题 7.10 图所示，L_C 为高频扼流圈。变容二极管的 $U_B =$ 0.6 V，变容指数 $\gamma = 3$；中心频率 $f_c = 360$ MHz；调制信号 $u_\Omega(t) = \cos\Omega t$ V。（1）分析电路的工作原理。（2）调节 R_3 使变容二极管反偏电压为 6 V，此时 $C_{jQ} = 20$ pF，求振荡回路电感 L 为多大。

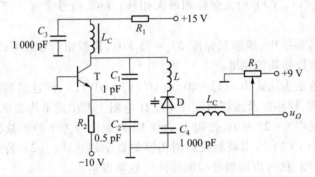

习题 7.10 图

7.11 变容二极管调频电路和变容二极管特性曲线如习题 7.11 图所示。当调制信号电压 $u_\Omega(t) = \cos2\pi\times10^3 t$ V 时，试求：（1）调频波的中心频率 f_0。（2）最大频移 Δf_m。

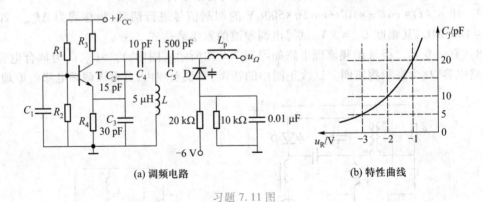

(a) 调频电路   (b) 特性曲线

习题 7.11 图

7.12 中心频率为 60 MHz 的调频电路如习题 7.12 图所示。（1）试画出电路的高频通路。（2）若 $U_Q = 6$ V，$C_{jQ} = 20$ pF，试求振荡回路的电感量 L。（3）设变容二极管的 $\gamma = 3$，$U_B = 0.6$ V，$u_\Omega(t) = 0.5\cos\Omega t$ V。试求调频电路的最大频移 Δf_m。

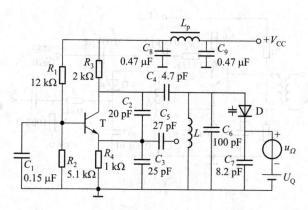

习题 7.12 图

7.13 变容二极管调角电路如习题 7.13 图所示，$u_c(t)$ 为载波信号，$u_\Omega(t)$ 为调制信号。(1) 调制信号的频率 $F = 300 \sim 1\,000$ Hz，试说明输出电压 $u_o(t)$ 是调相波还是调频波。若要实现线性调制，计算输出的已调波 $u_o(t)$ 可能的最大频移 Δf_m。(2) 变容二极管的 $U_B = 0.6$ V，变容指数 $\gamma = 2$，回路等效品质因数 $Q = 10$，输入调制信号 $u_\Omega(t) = 0.2\cos 2\pi \times 10^3 t$ V。若将图中的 R_3 由 51 kΩ 改为 470 kΩ，C_3 由 0.001 μF 改为 0.047 μF，其余参数不变。试分析此电路是否为变容二极管间接调频电路，并计算最大频移 Δf_m。

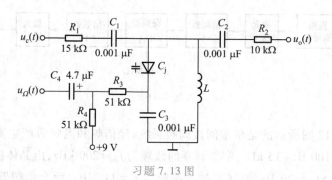

习题 7.13 图

7.14 单回路变容二极管调相电路如习题 7.14 图所示。图中，C 为高频旁路电容；变容二极管的 $U_B = 1$ V，变容指数 $\gamma = 2$；回路等效品质因数 $Q = 20$；调制信号 $u_\Omega(t) = U_{\Omega m}\cos\Omega t$ V。试求下列情况时的调相指数 m_p 和最大频移 Δf_m。(1) $U_{\Omega m} = 0.1$ V，$\Omega = 2\pi \times 10^3$ rad/s。(2) $U_{\Omega m} = 0.05$ V，$\Omega = 4\pi \times 10^3$ rad/s。

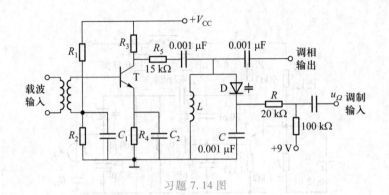

习题 7.14 图

7.15 在习题 7.15 图所示电路中,已知 $u_c(t) = 3\cos 2\pi \times 10^8 t$ V,调制信号 $u_\Omega(t) = 3\cos 2\pi \times 10^3 t$ V。直接调频电路的中心频率 $f_c = 10^8$ Hz,$k_f = 2\pi \times 10^4$ rad/s·V,输出电压振幅 $U_{om} = 3$ V。当 $R = 33$ kΩ、$C = 0.1$ μF 或 $R = 100$ Ω、$C = 0.03$ μF 时,写出 u_o 的表达式,并说明电路的功能。

7.16 某调频设备方框图如习题 7.16 图所示。直接调频器输出的中心频率为 10 MHz,调制频率为 1 kHz,频移为 15 kHz。(1) 试求该设备输出信号的中心频率和频移。(2) 两放大器的中心频率和通频带各为多少?

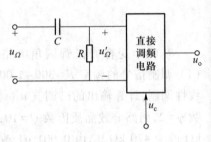

习题 7.15 图

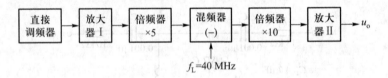

习题 7.16 图

7.17 习题 7.17 图所示的是窄带间接调频系统,经倍频和混频后产生宽带调频信号。传输的调制信号频率为 100 Hz~15 kHz,窄带调频的载频为 $f_{c1} = 200$ kHz,由晶体振荡器提供。窄带调频信号的最大频移 $\Delta f_{m1} = 20$ Hz,混频器的本振频率 $f_L = 11$ MHz,两个倍频器的参数 $n_1 = 65$、$n_2 = 51$。试求:(1) 窄带调频信号的带宽。(2) 经倍频和混频后输出的宽带调频信号的载频、最大频移和带宽。(3) 如果去掉混频器,最后输出的宽带调频信号的载频是多少?说明混频器的作用。

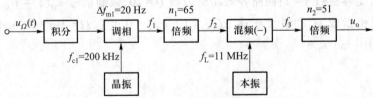

习题 7.17 图

7.18　某调频发射机组成如习题 7.18 图所示。直接调频器输出 FM 信号的中心频率为 10 MHz,调制信号 $u_\Omega(t)$ 的频率范围为 $100 \sim 1\,000$ Hz,F_{max} 时的调频指数 $m=5$,调制信号幅度保持不变。混频器输出取差频信号。试求:(1) 输出信号 $u_o(t)$ 的中心频率 f_0 及最大频移 Δf_m。(2) 放大器的通频带。

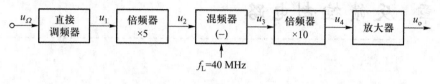

习题 7.18 图

7.19　若某调频接收机限幅中放的输出电压为 $u_1(t)=100\cos(2\pi\times10^7 t+5\sin2\pi\times10^3 t)$ mV,后面所接鉴频电路的鉴频特性如习题 7.19 图所示,其中 $\Delta f=f-f_1$。(1) 试求该调频信号的最大频移。(2) 写出鉴频器输出电压 $u_o(t)$ 的表达式。

7.20　鉴频器输入信号 $u_{FM}(t)=3\cos(\omega_c t+10\sin2\pi\times10^3 t)$ V,鉴频特性的鉴频跨导 $S_D=-5$ mV/kHz,线性鉴频范围大于 $2\Delta f_m$。求鉴频器输出电压 u_o。

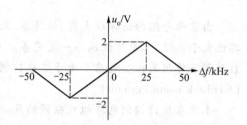

习题 7.19 图

7.21　单调谐回路在斜率鉴频器中和选频放大器中的应用目的有何不同? Q 值高低对两者的工作特性各有何种影响? 若将双失谐回路鉴频器的两个检波二极管 D_1、D_2 都调换极性反接,电路还能否工作? 只接反其中一个二极管,电路还能否工作? 有一个损坏(开路),电路还能否工作?

7.22　在如 7.3.12(a)所示的互感耦合相位鉴频器中,试回答下列问题:(1) 当耦合互感的同名端变化时,鉴频特性曲线(即 S 曲线)如何变化? (2) 当两个检波二极管 D_1、D_2 同时反接时,S 曲线如何变化? (3) 若初级回路未调谐在中心频率 f_1 上时,S 曲线如何变化? (4) 若次级回路未调谐在中心频率 f_1 上时,S 曲线如何变化? (5) 若次级回路中的电感线圈中心抽头向下偏移时,S 曲线如何变化? (6) 若选择的包络检波器负载电容较大,且足以旁路调制信号时,能否鉴频?

第 8 章 反馈控制电路

由前面介绍的谐振放大器、振荡器、混频器、调制和解调器可以组成一个完整的通信系统或其他电子系统,但系统性能不一定完善。在实际电路中,为了改善系统的性能,广泛采用了具有自动调节作用的控制电路。由于这些控制电路都是运用反馈的原理,因而统称为反馈控制电路(feedback control circuit)。

本章在反馈控制电路组成框图的基础上,分别介绍自动增益控制、自动频率控制和自动相位控制三种反馈控制方式。

8.1 反馈控制电路概述

导学

反馈控制电路的组成。

反馈比较控制器的作用。

反馈控制电路的类型以及各受控对象。

反馈控制电路是一种自动调节系统。其作用是通过环路自身的调节,使输出量与输入量之间保持某种预定的关系。系统组成框图如图 8.1.1 所示,它主要由反馈比较控制器和受控对象两部分构成。

图中,x_r 和 x_o 分别表示系统的输入量(比较标准量)和输出量,它们之间应满足所需要的确定关系

$$x_o = f(x_r) \tag{8.1.1}$$

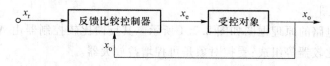

图 8.1.1 反馈控制电路的组成框图

如果由于某种原因破坏了这个预定的关系式,反馈比较控制器可将环路的输出量 x_o 和输入量 x_r 进行比较,检测出它们与预定关系的偏差程度,并产生相应的误差量 x_e,加到受控对象上。受控对象依据 x_e 对输出量 x_o 进行调节。通过不断的反馈比较和调节,最后使 x_o 和 x_r 之间接近预定的关系,反馈控制电路进入稳定状态。必须指出,反馈控制电路是依据误差进行调节的,因此 x_o 和 x_r 之间只能接近,而不能恢复到预定关系,它是一种有误差的反馈控制电路。

按需要比较和调节的参量不同,反馈控制电路可分为以下三种:

自动增益控制(automatic gain control,AGC)电路,受控量是增益,受控对象是可控放大器,相应的 x_r 和 x_o 为电压或电流,用于维持输出电平的恒定。

自动频率控制(automatic frequency control ,AFC)电路,受控量是频率,受控对象是压控振荡器,相应的 x_r 和 x_o 为频率,用于维持工作频率的稳定。

自动相位控制(automatic phase control,APC)电路,受控量是相位,受控对象是压控振荡器,相应的 x_r 和 x_o 为相位。它又称为锁相环路(phase locked loop,PLL),用于锁定相位,是一种应用很广的反馈控制电路,目前已制成通用的集成组件。

8.2 自动增益控制电路

导 学

自动增益控制电路在电子设备中的作用。

简单 AGC 电路的优缺点。

延迟 AGC 电路的特点。

自动增益控制电路广泛用于各种电子设备中,它的基本作用是减小因各种因素引起系统输出信号电平的变化。例如,减小接收机因电磁波在传播过程中衰落等引起输出信号强度的变化,并在一定范围内进行调整;可作为信号发生器的稳幅机构或输出信号电平的调节机构等。

1. AGC 组成框图

自动增益控制电路的原理框图如图 8.2.1 所示。其反馈比较控制器由 AGC 检波器、低通滤波器、直流放大器、比较器等组成;受控对象是可控增益放大器。

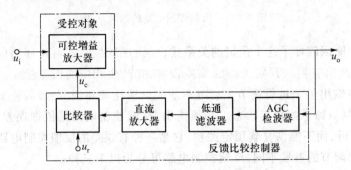

图 8.2.1　AGC 电路的组成框图

在图 8.2.1 所示 AGC 电路中,AGC 检波器检测出输出信号 u_o 的振幅电平(如 U_{om}),经低通滤波器滤除不需要的较高频率分量,进行适当放大后与比较器的参考电平 u_r 相比较,产生缓慢变化的控制电压 u_c,用 u_c 控制可控增益放大器的增益 A_u。当 U_{om} 减小时,u_c 使 A_u 增大;当 U_{om} 增大时,u_c 使 A_u 减小。这样,通过环路不断地循环反馈,就能使输出电压 u_o 的幅度保持基本不变或仅在较小的范围内变化。

这种控制是通过改变可控放大器的静态工作点、输出负载值、反馈网络的反馈量或与可控放大器相连的衰减网络的衰减量来实现的。

2. 简单 AGC 电路的应用

自动增益控制电路通常用于调幅接收机。图 8.2.2 所示为具有简单 AGC 电路的调幅接收机原理框图。与图 8.2.1 相比,包络检波器与 AGC 检波共用一个检波器,省略了直流放大器和比较器,由 RC 构成的低通滤波器滤除高频信号,得到一个随输入载波幅度变化的 U_{AGC},用以改变可控级(中放和高放)的增益,从而使接收机的增益随输入信号的强弱而变化,实现了 AGC 功能。

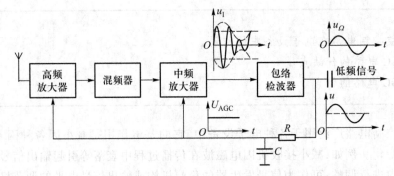

图 8.2.2　具有简单 AGC 电路的调幅接收机原理框图

简单 AGC 电路的优点是电路简单,缺点是在信号很小时,放大器的增益也受控制而下降。也就是只要有输入信号就立即产生控制电压,并起控制作用。所以该电路适合于输入信号振幅较大的场合。

3. 延迟 AGC 电路的应用

为了克服简单 AGC 电路的缺点,一般采用延迟 AGC 电路。在延迟 AGC 电路里,有一个起控门限电压 u_r,只有输入信号电压大于 u_r,AGC 电路才起作用,使增益减小;反之,可控放大器增益不变。其控制特性如图 8.2.3(a) 所示,相应的调幅接收机组成框图如图 8.2.3(b) 所示。图中单独设置的 AGC 检波器用于产生 U_{AGC}。

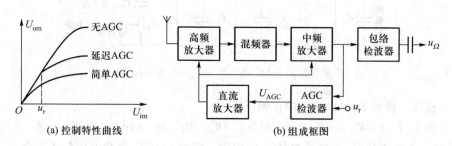

(a) 控制特性曲线　　　(b) 组成框图

图 8.2.3　延迟 AGC 控制特性及其接收机组成框图

常用的最简单的延迟 AGC 电路如图 8.2.4 所示。它有两个检波器,一个是由 D_1 等元件组成的包络检波器,一个是由 D_2 等元件组成的 AGC 检波器。当天线感应的信号很小时,AGC 检波器的输入信号很小,由于经过 R_2、R_3 分压获得的门限电压的存在,D_2 一直不导通,$U_{AGC} = 0$;只有当 L_2C_2 回路两端信号电平增大到使 D_2 导通时,AGC 检波器才开始工作,所以称为延迟 AGC 电路。由于延迟

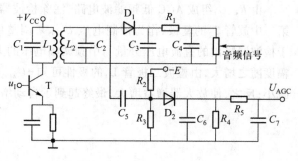

图 8.2.4　延迟 AGC 电路

电路的存在,包络检波器必然要与 AGC 检波器分开。这里要注意的是,包络检波器输出的是反映包络变化的解调电压,而 AGC 检波器仅输出反映输入载波电压振幅的直流电压。

4. AGC 电路的实际应用

图 8.2.5 是"白鹤"牌超外差调幅收音机的部分电路。

图中,T_2、T_3 组成两级中频放大器。中频信号由变压器 Tr_5 的一次线圈耦合到二次侧,并送至检波二极管 D_1。为了避免产生负峰切割失真,将检波负载电阻分为 R_7 和 R_p,其中音量电位器 R_p 的一部分与下一级电路相连;为了提高滤波效果,又将负载电容分为 C_{13}、C_{11},检波电路与图 6.3.5(a) 相似。耦合电容 C_{14} 起隔直作用,使音频信号通过音量控制电位器 R_p 传送到下一级。该电路还有两个附加电路:

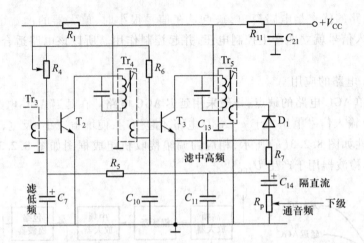

图 8.2.5　"白鹤"牌七管检波 AGC 电路原理图

（1）为检波二极管 D_1 提供一定的正偏压

直流电源 $V_{CC}(+) \rightarrow R_{11} \rightarrow R_1 \rightarrow R_4$（一部分）$\rightarrow R_5 \rightarrow R_7 \rightarrow D_1 \rightarrow Tr_5$（二次侧）$\rightarrow$ 地 $\rightarrow$（经开关至）$V_{CC}(-)$ 构成一个直流通路，为检波二极管 D_1 提供一定的正偏压，避免产生截止失真。

（2）自动增益控制电路

由 R_5、C_7 组成 AGC 低频滤波电路，滤除检波器输出信号中的音频信号，取出直流分量并送至第一中放管 T_2 的基极，作为控制电压 U_{AGC} 来调整中频放大器的增益，可参见图 8.2.2 所示。由于检波器输出的直流电压分量与中频调幅电压的大小成正比，因此当接收信号增强时，中放输出幅度随之增大，由检波二极管 D_1 的极性可知 $-U_{AGC}$ 增大，进而使 T_2 的基极电位降低，放大器增益减小；反之，使放大器增益增大，最终起到了自动增益控制的作用。

8.3　自动频率控制电路

导学

AFC 电路的组成。

AFC 电路的特点。

AFC 电路的作用。

　　自动频率控制电路也是通信电子设备中常用的反馈控制电路。它被广泛地用于接收机和发射机中的自动频率微调电路,能自动调整振荡器的频率,使振荡器的频率稳定在某一预期的标准频率附近。例如,在调频发射机中,如果振荡频率漂移,则利用 AFC 反馈控制作用来减小频率的变化,提高频率的稳定度;在超外差接收机中,依靠 AFC 自动控制本振频率,使其与外来信号频率之差维持在接近于中频的数值上。

1. AFC 原理框图

　　图 8.3.1 所示为 AFC 电路的原理框图,它由鉴频器、低通滤波器和压控振荡器组成。其中,反馈比较控制器由鉴频器和低通滤波器构成,受控对象是压控振荡器。f_r 表示标准频率(或参考频率),f_o 表示输出信号频率。

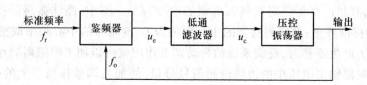

　　标准频率 f_r →[鉴频器]→ u_e →[低通滤波器]→ u_c →[压控振荡器]→ 输出
　　　　　　　　　　↑ f_o

图 8.3.1　AFC 电路原理框图

　　在 AFC 电路中,鉴频器对压控振荡器的输出频率 f_o 与标准频率(或参考频率)f_r 进行比较,当 $f_o \neq f_r$ 时,鉴频器将输出一个与 $|f_r-f_o|$ 成正比的误差电压 u_e,经过低通滤波器滤除干扰和噪声后,输出的直流控制电压 u_c 迫使压控振荡器的振荡频率 f_o 向 f_r 接近,当 $|f_r-f_o|$ 减小到某一最小值 Δf 时,电路趋于稳定状态(锁定),即压控振荡器将稳定在 $f_o=f_r \pm \Delta f$ 的频率上,自动微调过程停止,此时的 Δf 称为剩余差。框图中的标准或参考频率 f_r 在多数情况下无须外加,因为鉴频器的中心频率可以起标准或参考频率 f_r 的作用。

　　由于自动频率控制电路是负反馈回路,只能把输入的大频差变成输出的小频差,而无法完全消除频差,即必定存在剩余频差,这是 AFC 电路的缺陷,当然希望 Δf 越小越好。随着 PLL(锁相环路)应用的日益广泛,AFC 电路逐渐被 PLL 所取代。

2. AFC 电路的应用

　　采用 AFC 电路的目的在于自动调整振荡器的频率,使其稳定在某一预期的标准频率附近。

(1) AFC 电路在调幅接收机中的应用

　　在超外差式接收机中,中频是本振信号频率与外来信号频率之差。为了提高本地振荡器的频率稳定度,稳定中频频率,通常在较好的接收机中加入 AFC 电路。

　　图 8.3.2 是采用 AFC 电路的调幅接收机组成框图,它与普通调幅接收机相比,增加了限幅鉴频器和低通滤波器,且用压控振荡器代替了本机振荡器,形成了 AFC 电路。如果由于某种不稳定因素使压控振荡器频率发生偏移而变成 $f_L+\Delta f_L$,则混频后的中频变为 $f_I+\Delta f_L$。中放放大器输出的中频信号除了送到包络检波器以获得所需解调信号外,还要送至限幅鉴频器进行鉴频。由于鉴频器的中心频率预先调整在规定的中频频率 f_I 上,因 $f_I+\Delta f_L$ 偏离中心频率 f_I,鉴频器将产生一个相应的误差输出电压 u_e,通过低通滤波器去控制压控振荡器,使 Δf_L 减小,经过反馈系统

的反复循环后,使压控振荡器频率平衡在趋于 f_L 的频率上,从而实现了稳定中频的目的。

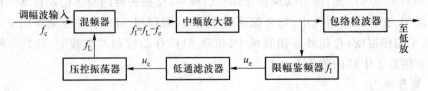

图 8.3.2 采用 AFC 电路的调幅接收机组成框图

（2）AFC 电路在调频发射机中的应用

为使调频发射机既有较大的频移,又有稳定的中心频率,往往需要采用如图 8.3.3 所示的调频发射机方框图,其目的在于稳定调频振荡器的中心频率。图中,晶体振荡器提供参考频率 f_r,作为 AFC 电路的标准频率;调频振荡器的中心频率为 f_c;鉴频器的中心频率调整在 $f_r - f_c$ 上,由于 f_r 稳定度很高,当 f_c 产生漂移时,反馈系统的自动调节作用就可以使 f_c 的偏离减小。其中,低通滤波器用于滤除鉴频器输出电压中的边频调制信号分量,使加在调频振荡器上的控制电压只是反映调频信号载波频率偏移的缓慢电压。

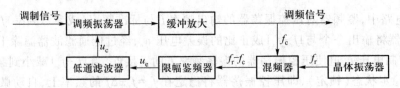

图 8.3.3 采用 AFC 电路的调频发射机组成框图

8.4 锁相环路

锁相环路(PLL)和 AGC、AFC 电路一样,也是一种反馈控制电路,它是依据相位误差进行调节的。由于锁相环路采用了具有相位比较功能的鉴相器,所以相比较的参考信号相位与输出信号相位之间只能接近,而不能相等。锁相环路正是利用相位差来控制压控振荡器输出信号的频率,最终使输入参考信息与输出信号之间的相位差保持恒定,从而达到两信号频率相等的目的。在达到同频的状态下,仍有剩余相位误差存在,这是锁相环路的一个重要特点,只要合理选择环路参数,就可使环路相位误差达到最小值。

锁相环路可分为模拟锁相环路和数字锁相环路两大类,本节只讨论模拟锁相环路。模拟锁相环路的显著特征是相位比较器(鉴相器)输出的误差信号是连续的,对环路输出信号的相位调节也是连续的,而不是离散的。

8.4.1 锁相环路的基本原理

锁相环路的组成。

锁相环路的特点。

环路的锁定、捕捉与跟踪。

1. 锁相环路的组成

PLL 是一个由鉴相器(phase detector,PD)、环路滤波器(loop filter,LF)和压控振荡器(voltage controlled oscillator,VCO)三个主要部件组成的相位误差反馈控制系统,如图 8.4.1 所示。其受控对象是压控振荡器,而反馈比较控制器则由能检测出相应误差的鉴相器和环路滤波器组成。

图 8.4.1　锁相环路的原理方框图

在图 8.4.1 中,$u_r(t)$ 是输入参考电压,ω_r 是参考信号的角频率;$u_V(t)$ 是压控振荡器的输出电压,$\omega_V(t)$ 是压控振荡器的角频率。若 $\omega_V(t) \neq \omega_r$,则输入到鉴相器的电压 $u_r(t)$ 和 $u_V(t)$ 之间势必产生随时间变化的相位差 $\varphi_e(t)$,那么鉴相器就会输出一个与瞬时相位差成正比的误差电压 $u_e(t)$,该电压经环路滤波器后,取出其中缓慢变化的直流或低频电压分量 $u_c(t)$ 作为控制电压,控制压控振荡器的频率,使两信号的相位差 $\varphi_e(t)$ 不断减小,当 $\varphi_e(t)$ 最终减小到某一较小的恒定值时(即剩余相差),由 $\Delta\omega(t) = \dfrac{\mathrm{d}\varphi_e(t)}{\mathrm{d}t} = 0$ 可知,此时 $\Delta\omega(t) = \omega_r - \omega_V(t) = 0$,即 $\omega_V(t) = \omega_r$,锁相环路进入锁定状态。

可见,锁相环路是一个相位误差反馈控制系统,它比较的是输入参考信号与输出信号的相位,调整的是压控振荡器的频率,通过相位来控制频率以实现无误差的频率跟踪。

2. 锁相环路的相位模型

(1) 鉴相器

在 PLL 中,鉴相器完成的是输入参考信号与压控振荡器输出信号之间的相位差到电压的变

换。一般来说，$u_V(t)$ 与 $u_r(t)$ 均有初相角，设环路输出电压和输入参考电压分别为

$$u_V(t) = U_{Vm}\cos[\omega_0 t + \varphi_V(t)] \tag{8.4.1}$$

$$u_r(t) = U_{rm}\sin[\omega_r t + \varphi_r(t)] \tag{8.4.2}$$

式中，ω_0 表示 VCO 在控制电压等于 0 时的角频率，即固有角频率。

一般情况下 $\omega_r \neq \omega_0$，因此相位比较不方便。由于 ω_0 是已知的，所以为了讨论的方便，常选择 $\omega_0 t$ 作为 $u_o(t)$ 和 $u_r(t)$ 的公共参考相位，这样式 (8.4.2) 可改写为

$$u_r(t) = U_{rm}\sin[\omega_0 t + (\omega_r - \omega_0)t + \varphi_r(t)] = U_{rm}\sin[\omega_0 t + \varphi_1(t)] \tag{8.4.3}$$

式中，

$$\varphi_1(t) = (\omega_r - \omega_0)t + \varphi_r(t) = \Delta\omega_0 t + \varphi_r(t) \tag{8.4.4}$$

其中，$\Delta\omega_0 = \omega_r - \omega_0$ 称为环路的固有频差，是环路的一个基本参数。

鉴相器有各种实现电路，在作为原理来分析时，通常使用具有正弦鉴相特性的鉴相器，它可以用模拟相乘器与低通滤波器实现，电路模型如图 8.4.2(a) 所示。设相乘器的系数为 k，则 $u_r(t)$ 与 $u_V(t)$ 经过相乘器后得到

$$ku_r(t)u_V(t) = \frac{1}{2}kU_{rm}U_{Vm}\{\sin[2\omega_0 t + \varphi_1(t) + \varphi_V(t)] + \sin[\varphi_1(t) - \varphi_V(t)]\}$$

再经过低通滤波器滤除高频分量（上式中第一项），便得到低频误差电压

$$u_e(t) = \frac{1}{2}kU_{rm}U_{Vm}\sin[\varphi_1(t) - \varphi_V(t)]$$

令 $K_e = \frac{1}{2}kU_{rm}U_{Vm}$ 为鉴相器的最大输出电压，$\varphi_e(t) = \varphi_1(t) - \varphi_V(t)$ 为鉴相器参考信号与输出信号之间的瞬时相位误差，则上式可写成

$$u_e(t) = K_e\sin\varphi_e(t) \tag{8.4.5}$$

上式对应的正弦鉴相器数学模型如图 8.4.2(b) 所示，它与原理框图 8.4.1 的区别在于所处理的对象是 $\varphi_1(t)$ 和 $\varphi_V(t)$，不是原信号 $\varphi_r(t)$ 本身。这就是数学模型与原理方框图的区别。该模型表明鉴相器具有把相位误差转换为误差电压的作用。

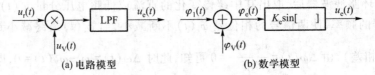

(a) 电路模型   （b) 数学模型

图 8.4.2　正弦鉴相器的模型

如果 $\omega_r = \omega_0$（锁定状态），即 $\Delta\omega_0 = 0$，此时由式 (8.4.4) 可知，$\varphi_1(t) = \varphi_r(t)$，则有

$$u_e(t) = K_e\sin[\varphi_r(t) - \varphi_V(t)] = K_e\sin[\varphi_e(t)] \tag{8.4.6}$$

式 (8.4.6) 所得的正弦鉴相器数学模型，其处理的对象是 $\varphi_r(t)$ 和 $\varphi_V(t)$，将与原理框图 8.4.1 一致。

在上面的分析中,是假设两个输入信号分别为正弦和余弦形式下进行的,目的是得到正弦鉴相特性。实际上,两者同时都用正弦或余弦表示也可以,只不过此时得到的是余弦鉴相特性。

（2）环路滤波器

环路滤波器为低通滤波器,常用的环路滤波器有 RC 积分滤波器、RC 比例积分滤波器和有源比例积分滤波器,对应的电路如图 8.4.3 所示。

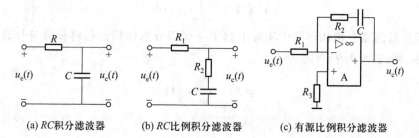

(a) RC积分滤波器   (b) RC比例积分滤波器   (c) 有源比例积分滤波器

图 8.4.3 环路滤波器的三种形式

以图 8.4.3（b）为例进行分析。由电路可写出它的电压传输函数

$$F(s) = \frac{U_c(s)}{U_e(s)} = \frac{R_2 + 1/sC}{R_1 + R_2 + 1/sC} = \frac{1 + s\tau_2}{1 + s(\tau_1 + \tau_2)}$$

式中,$U_c(s)$、$U_e(s)$分别为输出和输入参考电压的拉氏变换,s 为复频率,$\tau_1 = R_1 C$,$\tau_2 = R_2 C$。实际中,大多采用有源比例积分滤波器,在高频时它有一定增益,利于环路的捕捉。

如果将 $F(s)$ 中的复频率 s 用微分算子 $p(= d/dt)$ 替换,就可以写出描述滤波器激励与响应之间关系的微分方程,即

$$u_c(t) = F(p)u_e(t) \tag{8.4.7}$$

由式（8.4.7）可得环路滤波器的数学模型如图 8.4.4 所示。它是一个低通滤波器,其作用是抑制鉴相器输出电压中的高频分量及干扰杂波,而让鉴相器输出电压中的低频分量或直流分量顺利通过,因此它也是锁相环路中的一个基本环节。

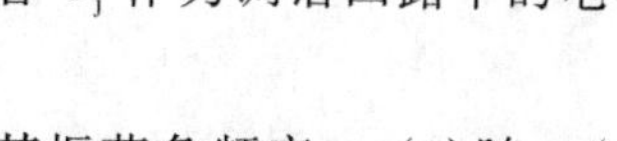

图 8.4.4 环路滤波器数学模型

（3）压控振荡器

压控振荡器的电路形式很多,最常见的是用变容二极管的结电容 C_j 作为调谐回路中的电容而构成的振荡电路。

在锁相环中,压控振荡器受环路滤波器输出电压 $u_c(t)$ 的控制,其振荡角频率 $\omega_V(t)$ 随 $u_c(t)$ 而变化。一般情况下,压控振荡器的控制特性是非线性的,如图 8.4.5（a）所示。在有限的控制电压范围内,压控振荡器的控制特性近似呈线性,可表示为

$$\omega_V(t) = \omega_0 + K_V u_c(t) \tag{8.4.8}$$

式中,$\omega_V(t)$ 为压控振荡器的瞬时角频率;K_V 为特性曲线的斜率,称为 VCO 的增益或控制灵敏度,单位为 rad/s·V。

在锁相环路中,对鉴相器起作用的不是压控振荡器输出的瞬时角频率,而是它的瞬时相位。该瞬时相位可由式(8.4.8)积分获得,即

$$\int_0^t \omega_V(t)\,\mathrm{d}t = \omega_0 t + K_V \int_0^t u_c(t)\,\mathrm{d}t = \omega_0 t + \varphi_V(t)$$

式中

$$\varphi_V(t) = K_V \int_0^t u_c(t)\,\mathrm{d}t \tag{8.4.9}$$

显然,压控振荡器在锁相环路中实际上起了一次积分的作用。若将积分符号改用微分算子 p 的倒数表示,则式(8.4.9)可写为

$$\varphi_V(t) = \frac{K_V}{p} u_c(t) \tag{8.4.10}$$

由式(8.4.10)可画出压控振荡器的数学模型如图 8.4.5(b)所示。可见,压控振荡器可以把电压的变化转化为相位的变化。

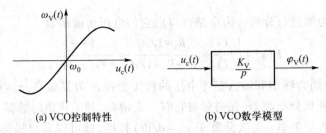

(a) VCO控制特性   (b) VCO数学模型

图 8.4.5　压控振荡器的控制特性及数学模型

3. 锁相环路的环路方程

将图 8.4.2(b)、图 8.4.4 和图 8.4.5(b)所示三个基本环路部件的数学模型按照图 8.4.1 所示的环路连接起来,就组成了图 8.4.6 所示的锁相环路数学模型。

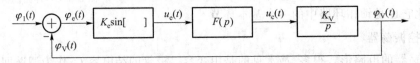

图 8.4.6　锁相环路的数学模型

根据此数学模型可以写出锁相环路方程

$$\varphi_e(t) = \varphi_1(t) - \varphi_V(t) = \varphi_1(t) - \frac{K_V}{p} u_c(t) = \varphi_1(t) - \frac{K_V}{p} F(p) K_e \sin\varphi_e(t) \tag{8.4.11}$$

因为式(8.4.11)中含有 $\sin\varphi_e(t)$,所以它是一个非线性微分方程。其物理意义是:

(1) $\varphi_e(t)$ 是鉴相器的输入参考信号和压控振荡器输出信号之间的瞬时相位差。

（2）$\dfrac{K_V}{p}F(p)K_e\sin\varphi_e(t)$ 称为控制相位差，它是 $\varphi_e(t)$ 通过鉴相器、环路滤波器逐级处理后得到的相位差。

（3）锁相环路的基本方程描述了环路相位的动态平衡关系，即在任何时刻环路的瞬时相位差 $\varphi_e(t)$ 和控制相位差 $\dfrac{K_V}{p}F(p)K_e\sin\varphi_e(t)$ 的代数和等于输入参考信号以 $\omega_0 t$ 为参考相位的瞬时初相角 $\varphi_1(t)$。

将式（8.4.11）对时间微分，可得锁相环路的频率动态平衡关系。因为 $p=\dfrac{\mathrm{d}}{\mathrm{d}t}$ 是微分算子，故可得

$$p\varphi_e(t)=p\varphi_1(t)-K_V F(p)K_e\sin\varphi_e(t)$$

经移项可得

$$p\varphi_e(t)+K_V F(p)K_e\sin\varphi_e(t)=p\varphi_1(t) \qquad (8.4.12)$$

式中，$p\varphi_e(t)$ 称为瞬时角频差，表示压控振荡器瞬时角频率偏离输入参考信号角频率 ω_r 的数值；$K_V F(p)K_e\sin\varphi_e(t)$ 称为控制角频差，表示压控振荡器在 $u_c(t)=F(p)K_e\sin\varphi_e(t)$ 的作用下，振荡角频率 $\omega_V(t)$ 偏离振荡器固有角频率 ω_0 的数值；$p\varphi_1(t)$ 称为固有角频差，表示输入参考信号角频率 ω_r 偏离 ω_0 的数值。可见，式（8.4.12）完整地描述了环路闭合后所发生的控制过程，可表示为：

瞬时角频差+控制角频差=固有角频差

如果固有角频差是常数，随着环路的控制过程，控制角频差将向固有角频差靠近，瞬时角频差越来越小直至为零，进入锁定状态，此时相位差为固定值。即锁定的条件是：瞬时角频差为零，瞬时相位差是常数。

4. 锁相环路的工作过程

由于式（8.4.12）表示的是一个非线性的微分方程，对它求解比较困难。因此，只能对锁相环路的工作过程进行定性分析。

锁相环路有锁定和失锁两个状态，在这两个状态之间的转变存在两个动态过程，分别称为跟踪与捕捉。

（1）锁定和失锁状态

在环路的作用下，当控制角频差逐渐趋于固有角频差时，瞬时角频差趋于零，即

$$\lim_{t\to\infty}p\varphi_e(t)=0$$

此时 $\varphi_e(t)$ 为一固定值，不再变化。如果这种状态一直保持下去，就可以认为锁相环路进入了锁定状态。在锁定状态，$\omega_V(t)=\omega_r$。

瞬时角频差总不为零时的状态称为失锁状态。

（2）环路捕捉过程

在实际情况中，环路在开始时往往是失锁的，当通过环路自身的调节作用使环路由失锁

（$\omega_V(t) \neq \omega_r$）进入锁定（$\omega_V(t) = \omega_r$）的过程叫做捕捉过程。在捕捉过程中，环路能够由失锁进入锁定所允许输入信号频率偏移的最大值叫做捕捉带或捕捉范围。

（3）环路跟踪过程

跟踪过程是在假设环路锁定的前提下来分析的。如果由于某种原因使得输入参考信号的频率或相位在一定的范围内以一定的速率发生变化，输出信号的频率或相位以同样的规律跟随变化，这一过程叫做跟踪过程或同步过程。跟踪是锁相环路正常工作的主要状态。在跟踪过程中，能够维持环路锁定所允许的输入信号频率偏移的最大值称为同步带或跟踪带，也叫做同步范围或锁定范围。当输入参考信号的频率偏移超出同步带，环路进入失锁状态。

8.4.2   锁相环路的基本应用

导学

锁相环路的特点。

锁相调频和鉴频体现的 PLL 的特点。

锁相环路所实现的频率变换，频率合成器的特点。

1. 锁相环路的主要特点

锁相环路具有锁定特性、跟踪特性、窄带滤波特性、易于集成化等特点。

（1）锁定特性

锁相环路锁定时，压控振荡器输出信号的频率等于输入参考信号的频率（$\omega_V(t) = \omega_r$）。说明锁相环路是利用相位差来产生误差电压，锁定时只有剩余相位差，没有剩余频差。

（2）跟踪特性

环路锁定后，当输入参考信号的频率在一定范围内变化时，锁相环路输出信号的频率也发生相应的变化，最终使 $\omega_V(t) = \omega_r$。

（3）窄带滤波特性

锁相环路就频率特性而言，相当于一个低通滤波器，而且带宽可以做得很窄。例如，在几百兆赫兹的中心频率上，实现几十赫兹甚至几赫兹的窄带滤波，能够滤除混入输入信号中的噪声和干扰，从而减小噪声和干扰对压控振荡器的影响。

（4）易于集成化

组成环路的基本部件易于集成化。环路集成化可减小体积、降低成本及提高可靠性，更主要的是减小了调整的难度。

2. 锁相调频和鉴频电路

锁相调频和鉴频电路基本上属于锁相环路原理框图的直接应用。

（1）锁相调频

在普通的直接调频电路中,振荡器的中心频率稳定度较差,而采用晶体振荡器的调频电路,其调频范围又太窄。解决的方法是采用锁相环路组成的调频电路,如图 8.4.7 所示,它能够得到中心频率稳定度高、频偏大的调频信号。

图 8.4.7 锁相调频电路原理框图

在原理框图中,环路滤波器设计成窄带滤波器,使调制信号不能通过环路滤波器而形成交流反馈。当环路锁定后,VCO 的中心频率锁定在稳定的晶振频率上,同时调制信号加在 VCO 上,对中心频率进行调制。可见,锁相调频是通过对频率和相位固定的输入信号(即晶振频率)的锁定实现的。

若将调制信号经过微分电路送入压控振荡器,环路输出的就是调相信号。

（2）锁相鉴频

锁相鉴频电路原理框图如图 8.4.8 所示。若输入为调频波,且环路滤波器的通带足够宽,当输入调频波的频率发生变化时,经过鉴相器和环路滤波器后,将产生一个与输入信号频率变化规律相对应的控制电压,以保证压控振荡器的输出频率能精确地跟踪输

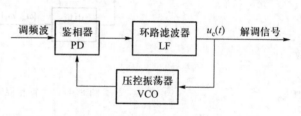

图 8.4.8 锁相鉴频电路原理框图

入信号瞬时频率的变化,经环路滤波器输出的控制电压就是解调信号。显然,锁相鉴频是通过对频率和相位变化的输入信号(即调频波)的跟踪实现的,环路始终处于锁定状态。

3. 频率变换电路

在锁相环路的反馈通路上插入某些功能电路,以实现加、减、乘、除的频率变换。

（1）锁相倍频

锁相倍频电路原理框图如图 8.4.9 所示,它是在锁相环路的反馈通道上插入了分频器。当环路锁定后,鉴相器的输入信号角频率 ω_i 与压控振荡器角频率 ω_o 经分频器反馈到鉴相器的信号角频率 $\omega_n = \omega_o/n$ 相等,即 $\omega_i = \omega_n = \omega_o/n$,则有 $\omega_o = n\omega_i$,实现

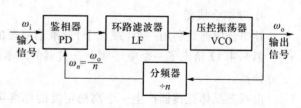

图 8.4.9 锁相倍频电路原理框图

了倍频。若采用具有高分频次数的可变数字分频器,则锁相倍频电路可做成高倍频次数的可变倍频器。

（2）锁相分频

锁相分频电路在原理上与锁相倍频电路相似，它是在锁相环路的反馈通道上插入了倍频器，如图 8.4.10 所示。当环路锁定后，鉴相器的两个输入信号频率相等，即 $\omega_i = n\omega_o$，从而实现了 $\omega_o = \omega_i / n$ 的分频作用。

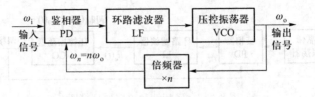

图 8.4.10　锁相分频电路原理框图

（3）锁相混频

锁相混频电路原理框图如图 8.4.11 所示，它是在锁相环路的反馈通道上插入了混频器和中频放大器。

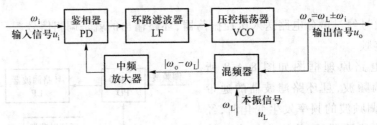

图 8.4.11　锁相混频电路原理框图

若设混频器的本振信号 $u_L(t)$ 的角频率为 ω_L，混频器输出中频取差频（也可取和频），即 $|\omega_o - \omega_L|$，经中频放大器放大后，加到鉴相器上。当环路锁定后，$\omega_i = |\omega_o - \omega_L|$。当 $\omega_o > \omega_L$ 时，则 $\omega_o = \omega_L + \omega_i$（实现加法）；当 $\omega_o < \omega_L$ 时，则 $\omega_o = \omega_L - \omega_i$（实现减法），从而实现了混频作用。

锁相混频电路特别适用于 $\omega_L \gg \omega_i$ 的场合。因为用普通混频器对这两个信号进行混频时，输出的和频（$\omega_L + \omega_i$）与差频（$\omega_L - \omega_i$）相距很近，这样对滤波器的要求太苛刻，特别是当 ω_i 和 ω_L 在一定范围内变化时更难实现。而利用上述锁相混频电路进行混频却很方便。

4. 频率合成器

频率合成器是利用一个（或几个）标准信号源的频率来产生一系列所需频率的技术。

图 8.4.12 给出了一个单环频率合成器的基本组成，它是在基本锁相环路的反馈通道中插入了分频器。

由石英晶体振荡器产生一个高稳定度的标准频率源 f_s，经参考（前置）分频器进行分频后得到参考频率 $f_r = f_s / m$，送到鉴相器的一个输入端；同时压控振荡器经可变分频器得到的频率 f_o / n 也反馈到鉴相器的另一个输入端。当环路锁定时，输入到鉴相器的两个信号频率相等，即 $f_s / m = f_o / n$，进而得到

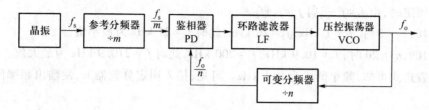

图 8.4.12 频率合成器的基本组成框图

$$f_o = \frac{nf_s}{m} = nf_r$$

说明环路的输出频率 f_o 为输入参考频率 f_r 的 n 倍,实际上就是锁相倍频器,改变可变分频次数 n 就可以得到不同频率的信号输出,f_r 为各输出信号频率之间的频率间隔,即为频率合成器的频率分辨率。

显然,设计频率合成器的关键在于确定参考分频器 m 和可变分频器 n,在选定标准频率源 f_s 后通常分两步进行:首先是由给定的频率间隔求出参考(前置)分频器的分频比 m;其次是由输出频率范围确定可变分频比 n。

为了减小频率间隔而又不降低参考频率 f_r,可采用多环构成的频率合成器。在此以例题的方式加以说明。

例 8.4.1 三环频率合成器如图 8.4.13 所示。若取 $f_r = 100$ kHz,$m = 10$,$n_1 = 10 \sim 109$,$n_2 = 2 \sim 20$。试求输出频率范围和频率间隔。

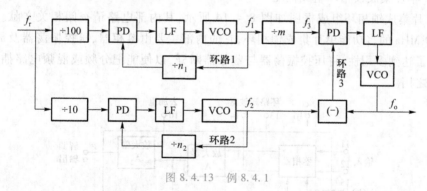

图 8.4.13 例 8.4.1

解:它由三个锁相环路组成,环路 1 和环路 2 为单环频率合成器,环路 3 内含取差频输出的混频器,称为混频环。

环路 1 锁定时,由 $\dfrac{f_r}{100} = \dfrac{f_1}{n_1} = \dfrac{mf_3}{n_1}$ 得 $f_3 = \dfrac{n_1 f_r}{100m} = \dfrac{n_1 \times 100 \text{ kHz}}{100 \times 10} = (10 \sim 109) \times 0.1 \text{ kHz}$。

环路 2 锁定时,由 $\dfrac{f_r}{10} = \dfrac{f_2}{n_2}$ 得 $f_2 = \dfrac{n_2 f_r}{10} = \dfrac{n_2 \times 100 \text{ kHz}}{10} = (2 \sim 20) \times 10 \text{ kHz}$。

环路 3 锁定时,由 $f_3 = f_o - f_2$ 得 $f_o = f_3 + f_2$。

当 $n_1 = 10$,$n_2 = 2$ 时,$f_3 = 1$ kHz,$f_2 = 20$ kHz,此时 $f_o = 21$ kHz 为最小值。

当 $n_1 = 109$,$n_2 = 20$ 时,$f_3 = 10.9$ kHz,$f_2 = 200$ kHz,此时 $f_o = 210.9$ kHz 为最大值。

由 f_3 的表达式可知,频率间隔为 0.1 kHz。可见,接入固定分频器 m,使输出频率间隔缩小了 m 倍。

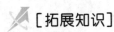 [拓展知识]

集成锁相环简介

由于锁相环电路的应用日益广泛,迫切要求降低成本、提高可靠性,因而不断促使其向集成化、数字化、小型化和通用化的方向发展。目前已生产出数百种型号的集成锁相环电路。

集成锁相环电路的特点是依靠调节环路滤波器和环路增益,对输入信号的频率和相位进行自动跟踪,对噪声进行窄带过滤。集成锁相环现已成为继运算放大器之后第二种通用的集成器件,它有两大类,一类是主要由模拟电路组成的模拟锁相环,另一类是主要由数字电路组成的数字锁相环,每一类按其用途又分为通用型和专用型。通用型都具有鉴相器与 VCO,有的还附加有放大器和其他辅助电路,其功能为多用型;专用型均为单功能设计,例如调频立体声解调环、电视机中用的正交色差信号的同步检波环等,即属此类。

1. L562 单片集成锁相环组成框图

L562 单片集成锁相环组成框图如图 8.4.14 所示,其内部电路请查阅相关文献。它是工作频率可达 30 MHz 的多功能单片集成锁相环,它的内部主要由鉴相器、压控振荡器及放大器三部分组成。为了达到多用性,将压控振荡器与鉴相器断开,以便能把分频或混频电路插入环路,作倍频或变频之用。

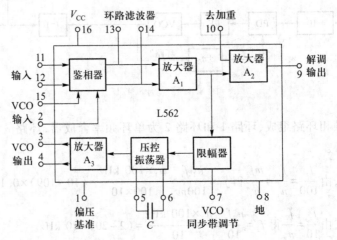

图 8.4.14 集成模拟锁相环 L562 的组成框图

L562 的鉴相器采用双差分对模拟相乘器电路。鉴相器有两个输入脚：一是输入信号从 11、12 脚加到鉴相器输入端；二是压控振荡器输出电压从 3、4 脚输出，通过外接电路从 2、15 脚加到鉴相器输入端。鉴相器的输出端作为环路滤波器的输入端。

L562 的 13、14 脚外接阻容元件构成环路滤波器。

L562 的压控振荡器采用射极耦合多谐振荡电路，定时电容外接在 5、6 脚之间，改变容值其振荡频率可在很大范围内变化。压控振荡器的输入端来自限幅器，并通过放大器 A_3 从 3、4 脚输出。

L562 中的限幅器用来限制锁相环的直流增益，以控制环路同步带的大小。由 7 脚注入的电流可以控制限幅器的限幅电平和直流增益，当注入电流增加时，VCO 的跟踪范围减小，当注入的电流超过 0.7 mA 时，鉴相器输出的误差电压对 VCO 的控制被截断，VCO 处于失控的自由振荡工作状态。环路中的放大器 A_1、A_2、A_3 作隔离、缓冲放大之用。L562 电源供电接在 16 脚上。

2. L562 在调频信号解调中的应用

采用集成片 L562 和外接电路组成的调频信号锁相解调电路如图 8.4.15 所示。

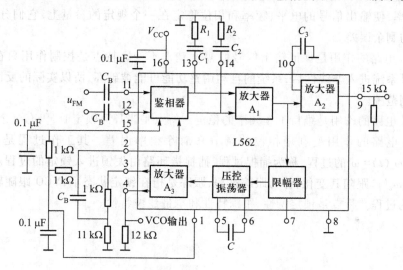

图 8.4.15 采用 L562 组成调频波锁相解调器的外接电路

输入调频信号电压 u_{FM} 经耦合电容 C_B 由鉴相器 11、12 脚双端输入，VCO 的输出电压从 3 脚经耦合电容 C_B 传到鉴相器的其中一个输入端 2 脚，鉴相器的另一端 15 脚则通过 0.1 μF 旁路电容高频接地，以构成闭环。从 1 脚取出的稳定基准电压经 1 kΩ 电阻分别加到 2、15 脚，作为双差分对管的基极偏置电压。放大器 A_3 的输出 4 脚经外接 12 kΩ 电阻接地，其上输出 VCO 电压。13、14 脚外接的阻容串联元件构成环路滤波器，由于要求环路工作在宽带状态，因此必须适当设计环路滤波器的带宽，以保证调制信号的频率成分能顺利通过。放大器 A_2 的输出 9 脚经外接 15 kΩ 电阻接地，其上输出解调电压。7 脚注入直流电流，用于调节环路的同步带。10 脚外接去加重电容 C_3，提高解调电路的抗干扰性。

集成调频信号锁相解调电路图 8.4.15 的工作原理也可以从锁相鉴频电路原理框图 8.4.8 的角度来理解。

本章小结

本章主要内容体系为:自动增益控制电路→自动频率控制电路→锁相环路。

(1) 反馈控制电路是一种自动调节系统。其作用是通过环路自身的调节,使输入信号与输出信号间保持某种预定的关系。它主要由反馈比较控制器和受控对象构成。根据需要比较和调节的参量不同,反馈控制电路可分为:AGC、AFC 和 PLL 三种。在组成上分别采用电平比较器、频率比较器(鉴频器)和相位比较器(鉴相器)取出误差信号,通过低通滤波器控制放大器的增益或 VCO 的频率,使输出信号的电平、频率和相位稳定在一个规定的参量上,它们分别存在电平、频率和相位的剩余误差。

(2) AGC 电路的作用是保证输出信号的幅度基本不变。特点是控制作用只在一定的范围内成立。如果系统进入非线性后,系统的自动调整功能可能被破坏,所以实际的反馈控制系统存在一定的控制范围。

(3) AFC 电路的作用是维持工作频率的稳定。特点是当环路锁定时,仍有剩余频差。

(4) PLL 电路的作用是利用相位的调节来消除频率误差。其工作过程是:第一步是从 $\omega_o(t) \neq \omega_r$ 到 $\omega_o(t) = \omega_r$ 的过程,称为捕捉过程,捕捉指环路由失锁进入锁定的过程。第二步是当 ω_r 改变时,使 $\omega_o(t)$ 跟随其变化,称为跟踪过程,跟踪是指在锁定状态下,VCO 跟随输入信号频率和相位变化的过程。特点是锁定特性、跟踪特性和窄带滤波特性。

自 测 题

一、填空题

1. 自动增益控制电路分为 _____ 电路和 _____ 电路。其中前者的优点是 _____,缺点是 _____;后者有一个起控门限电压,只有输入信号电压大于它时,AGC 电路 _____,使增益 _____;反之,可控放大器增益 _____。

2. 自动频率控制电路是通信电子设备中常用的 _____,其原理框图由鉴频器、低通滤波器和压控振荡器三部分组成,受控对象是 _____,反馈控制器为 _____。

__和_____。

3. 自动频率控制电路的特点是存在_____,当然希望它越_____越好。

4. 锁相环路是一个_____控制系统,其原理框图由鉴相器、环路滤波器和压控振荡器三部分组成。它的受控对象是_____,而反馈控制器则由能检测出相应误差的_____和_____组成。

5. 锁相环路是通过_____来控制_____,在达到同频的状态下,仍有_____存在,进而实现无误差的频率跟踪,这是锁相环路的一个重要特点。

6. 锁相环路中的鉴相器将完成参考信号与压控振荡信号之间的_____到_____的变换。它有各种实现电路,作为原理分析,通常使用具有_____特性的鉴相器,它可以用_____与_____实现。

7. 锁相环路中的环路滤波器是一个低通滤波器,其作用是抑制鉴相器输出电压中的_____,而让鉴相器输出电压中的_____顺利通过。_____受环路滤波器输出电压的控制,实际上是一种_____变换器。

8. 在锁相环路中,如果固有角频差不变,环路闭合后,由于环路的自动调整作用,_____不断增大,而_____不断减小,最终达到_____等于固有角频差,_____等于_____情况下的环路锁定状态。

9. 锁相频率合成器由_____和锁相环路两部分组成。由于_____具有良好的_____特性,使频率准确地锁定在参考频率或其某次谐波上,并使被锁定的频率具有与参考频率一致的频率稳定度和较高的频谱纯度。

二、选择题

1. 反馈控制电路只能把误差_____。

    A. 增大   B. 减小   C. 消除   D. 完全消除

2. AGC 电路的控制信号为_____。

    A. 变化缓慢的直流   B. 低频   C. 交流   D. 任意

3. AGC 信号控制无线广播调幅接收机的_____、_____。

    A. 高放   B. 混频   C. 中放

    D. 检波   E. 低放

4. 调幅接收机采用 AGC 电路的作用是_____。

    A. 稳定频偏   B. 稳定中频   C. 稳定相移   D. 稳定输出电压

5. AFC 电路锁定后的误差称为_____。

    A. 剩余频率   B. 剩余频差   C. 剩余相位   D. 剩余相差

6. 调频接收机采用 AFC 电路的作用是_____。

    A. 稳定中频   B. 稳定输出   C. 稳定 AGC 输出   D. 稳定频率

7. 在跟踪过程中,锁相环路所能保持跟踪的最大频率范围叫_____。

    A. 捕捉带   B. 同步带   C. 通频带   D. 捕捉范围

8. 属于锁相环路重要特性的是_____。

    A. 环路在锁定状态时有剩余频差存在

    B. 锁相环路的输出信号频率无法精确地跟踪输入参考信号的频率

    C. 窄带滤波特性

    D. 不容易集成化

9. 锁相环路闭合后的任何时刻,瞬时角频差、控制角频差和固有角频差之间具有的动态平衡关系是_____。

    A. 固有角频差 + 控制角频差 = 瞬时角频差

    B. 固有角频差 + 瞬时角频差 = 控制角频差

    C. 瞬时角频差 + 控制角频差 = 固有角频差

    D. 以上结论都不对

三、判断题

1. 反馈控制电路主要由反馈比较控制器和受控对象两部分构成。   (   )

2. AGC 电路主要用于接收机中,受控对象是压控振荡器。   (   )

3. AFC 电路的被控量是频率,受控对象是鉴频器。   (   )

4. 锁相环路的被控量是相位,反馈控制器由鉴相器和压控振荡器组成。   (   )

5. 反馈控制系统只能把误差减小,而不能完全消除。   (   )

6. 锁相环路中鉴相器的作用是把频率误差转换为误差电压输出。   (   )

7. 压控振荡器事实上是一种电压-频率变换器。   (   )

8. 利用频率跟踪特性,锁相环路可实现倍频、分频、混频等频率变换功能。   (   )

9. 锁相混频电路是在基本锁相环路的基础上加入了混频器和中频放大器。   (   )

习 题

8.1 简述反馈控制电路的主要组成,电路的种类和用途。

8.2 简述 AGC 电路的作用。

8.3 锁相环路与自动频率控制电路有何区别?

8.4 简述锁相环路进入锁定状态的过程。

8.5 已知锁相频率合成器原理图如习题 8.5 图所示。(1) 试在图中相应位置填写基本锁相环路的组成名称。(2) 若晶体振荡器振荡频率为 1 200 kHz,当要求输出频率范围为 60 ~ 560 kHz,频率间隔为 2 kHz 时,试确定图中分频器的分频比 m 及 n。

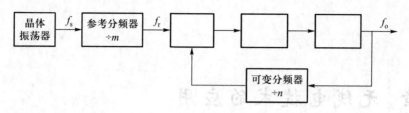

习题 8.5 图

8.6 在习题 8.6 图所示的 PLL 方框图中, 设 $f_s = 2$ MHz, $f_o = 100 \sim 200$ MHz, 求可变分频器 n 的范围。

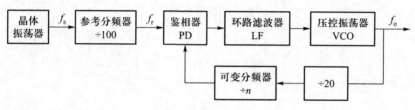

习题 8.6 图

8.7 在习题 8.7 图所示电路中, 已知 $n = 200 \sim 300$, 试求 f_o, 并指出频率间隔。

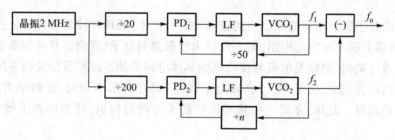

习题 8.7 图

8.8 在习题 8.8 图所示的锁相频率合成器中, 已知 $f_L = 40$ MHz, $f_s = 10$ MHz, 要求输出频率的频率间隔为 0.1 MHz, 输出频率 $f_o = 70 \sim 99.9$ MHz, 求 f_r、m 和 n 的值。

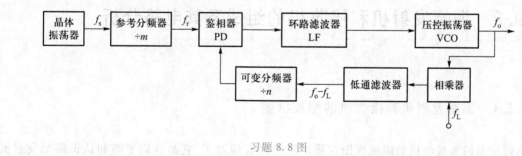

习题 8.8 图

9.1 概述

高频电子线路主要介绍了高频信号的选择、放大、产生、处理和控制等内容,它是组成无线电收、发信机射频部分的基本单元电路,是一门技术性很强的电子、通信等专业的必备专业基础课。

本章试图通过调幅、调频发射机和接收机的具体电路带动本课程所涉及的主要知识内容,通过理论与实际的结合,全方位地再现"高频电子线路"课程的基本理论,使初学者进一步加深对基本单元电路的理解。此外,介绍一些移动通信技术方面的知识,使初学者了解 CDMA 手机的组成框图。

9.2 调幅发射机和接收机的组成及其电路分析

9.2.1 调幅发射机和接收机的组成框图

调幅发射机和接收机的组成框图在第 1 章已经介绍过了,它是我们了解和认识调幅发射机和接收机具体电路的指导思想。为了引领本课程学习的主要内容,下面我们以调幅发射机和超外差调幅接收机的整机线路为例,进一步认识调幅发射机和接收机的组成并体会各章节单元电路在实际电路中的应用。

9.2.2　调幅发射机电子线路的分析

1. 电路原理图

某调幅发射机的简化线路如图 9.2.1 所示,它由主振器、高频放大器、低频放大器、振幅调制器、高频功率放大器组成。在该图中,仅画出了反映基本原理的线路,而在实际线路中,往往还要考虑主振频率的稳定问题、自动激励控制问题、安全保护问题、键控及显示等问题。因此,图 9.2.1 所示线路不能作为实际发射机的装配线路。

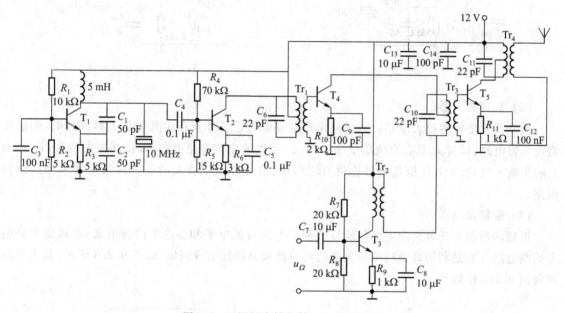

图 9.2.1　调幅广播发射机电路原理图

2. 单元电路分析

（1）主振器

主振器是发射机的第一级,其作用是产生一个频率稳定的高频正弦波,为后级提供激励信号,它是由 T_1 构成的皮尔斯振荡器,如图 9.2.2 所示,它与图 5.3.2(a) 所示的振荡器相同。该电路具有频率稳定度高、波段内振幅均匀以及输出波形好等特点。

在图 9.2.2 中,振荡管 T_1 的基极对高频信号接地,晶体接在基极与集电极之间;R_1、R_2、R_3 为直流偏置电路,晶体作为电感与 C_1、C_2 组成电容三点式谐振回路。由于晶体的杂散电容非常小,因此,晶体振荡回路与振荡管之间的耦合非常弱,从而使频率稳定度大为提高。

（2）高频放大器

该放大器通常是在振荡器后面,一方面起隔离缓冲作用,另一方面把高频振荡信号加以放大。如图 9.2.3 所示,它与图 3.1.3(a)相似。本机的高频放大器是由 T$_2$ 等元件组成的共发射极放大器。图中,R$_4$、R$_5$、R$_6$ 组成直流偏置电路,R$_6$ 还具有直流负反馈作用,C$_5$ 为 R$_6$ 的交流旁路电容;高频振荡信号经电容 C$_4$ 耦合至放大器的输入回路,C$_6$ 与 Tr$_1$ 组成调谐回路作为集电极负载。晶体管采用部分接入,可以减小晶体管对谐振回路的影响。

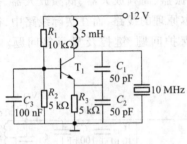

图 9.2.2   皮尔斯振荡器

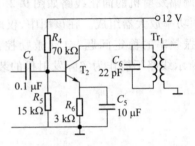

图 9.2.3   高频放大器

（3）低频放大器

图 9.2.4 是低频放大电路。该电路采用分压式静态工作点稳定共射放大器,R$_7$、R$_8$、R$_9$ 组成直流偏置电路,同时 R$_9$ 具有直流负反馈作用,C$_8$ 为 R$_9$ 的交流旁路电容,以提高放大倍数;Tr$_2$ 作为 T$_3$ 的集电极负载,一方面给集电极提供直流电压,另一方面把放大的低频调制信号耦合到调幅电路。

（4）振幅调制器

振幅调制器的任务是产生调幅信号。调幅电路有低电平和高电平两种形式,本机属于高电平调制电路。它是利用高频功率放大器的集电极调制特性实现调幅,如图 9.2.5 所示,其工作原理与图 6.2.2 相似。

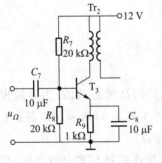

图 9.2.4   低频放大器

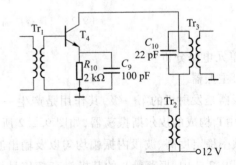

图 9.2.5   振幅调制器

在图 9.2.5 中,Tr$_1$ 将放大的高频振荡信号耦合至调制电路的基极回路;Tr$_2$ 将放大的调制信号耦合到调制电路的集电极回路,与 12 V 的直流电压叠加等效为集电极电源;高频功放的基极馈电电路采用的是自偏压,与图 4.3.3(c)相同,R_{10} 两端的直流电压保证功放工作在丙类状态;集电极馈电电路采用的是串馈。经过调制电路产生的调幅信号由 Tr_3 耦合输出。

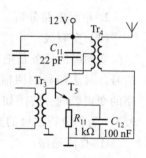

(5)功放和输出电路

对功放级的要求是:高效率地输出大功率,良好的滤波性能及输出端能适应各种天线匹配。本机的功放级由 T_5 及外围元件组成,如图 9.2.6 所示。其电路结构与图 9.2.5 相似,放大后的调幅信号经过 Tr_4 耦合给天线发射出去。

图 9.2.6 高频功率放大器及输出电路

9.2.3 调幅接收机电子线路的分析

1. 电路原理图

为了简单起见,这里仅以民用咏梅牌收音机为例来进行分析。

咏梅牌系列收音机,是无锡无线电五厂生产的六管中波段袖珍式半导体管收音机,它体积小、外形美观、音质清晰、噪声低,机内装有磁性天线,并设有外接耳机插口。咏梅牌 834 型收音机电路原理图如图 9.2.7 所示。

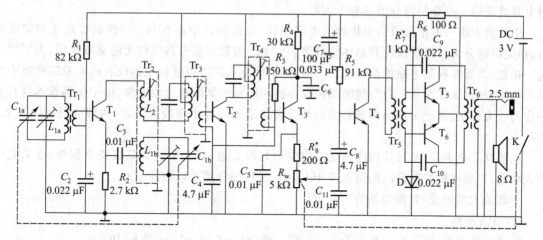

图 9.2.7 咏梅牌 834 型收音机电路原理图

该机采用一次混频的超外差式,工作频率为 535~1 605 kHz,中频为 465 kHz。该机由磁性天线输入电路、变频器(T_1)、一级中频放大器(T_2)、检波器(T_3)、低频电压放大器(T_4)和低频功放(T_5、T_6)组成。T_1~T_4 为 3DG202 晶体管,T_5、T_6 为 9013H 晶体管。

为了使用方便,R_w 和 K 合为一体组成开关电位器。另外,C_{1a} 和 C_{1b} 是双连可变电容器,它们的动片装在同一根轴上,以实现本机振荡频率与输入回路谐振频率相差 465 kHz。

2. 单元电路分析

（1）变频级

变频级的任务是把调谐回路选出来的高频调幅信号转变为频率固定的 465 kHz 的中频调幅信号。对于简易的调幅收音机而言，变频级一般既包含混频器，又含有振荡器，图 9.2.7 所示电路的变频级的分解图如图 6.4.4 所示，其相应的工作原理已经在 6.4.2 中介绍过，在此只以图 9.2.7 为例分析该级的交、直流通路。

① 直流通路。

T_1 集电极电流：DC（+）→R_6→Tr_3（一次侧一部分）→Tr_2（一次侧）→T_1（c、e）→R_2→（经 K）DC（-）。

T_1 基极电流：DC（+）→R_6→R_1→Tr_1（二次侧）→T_1（b、e）→R_2→（经 K）DC（-）。

② 交流通路。

T_1 混频输入回路：Tr_1（二次侧上端）→T_1（b、e）→C_3→Tr_2（二次侧一部分）→地→C_2→Tr_1（二次侧下端）。

T_1 集电极回路：T_1（c）→T_1（e）→C_3→Tr_2（二次侧一部分）→地→C_7→Tr_3（一次侧一部分）→Tr_2（一次侧）→T_1（c）。

（2）中频放大级

中频放大器的任务是从变频级输出的许多信号中选出中频信号进行放大。中频放大器的典型电路就是第 3 章介绍的分散选频放大器。

中频放大级一般由两级共射极放大电路担任，在简易机中也有只用一级的。对于调幅收音机，检波电路分为二极管检波和晶体管检波。由于二极管对信号具有较大的衰减作用，为了弥补这一损耗，需要在检波电路的前级多加一级放大，因此采用二极管检波的收音机均采用两级中频放大电路，如图 8.2.5 所示的白鹤牌调幅收音机。而对于晶体管检波电路，由于晶体管本身具有一定的放大作用，因此采用晶体管检波的收音机均采用一级中频放大电路，典型电路如图 9.2.7 所示。

在图 9.2.7 中，T_2 及与其相连的元件构成中频放大器。R_4、R_3 为 T_2 基极提供偏压，使 T_2 处于放大状态；T_2 集电极单调谐回路谐振于 465 kHz，采用部分接入以提高 Q 值。

中频放大器的交、直流通路分析如下：

① 直流通路。

T_2 集电极电流：DC（+）→R_6→Tr_4（一次侧一部分）→T_2（c、e）→（经 K）DC（-）。

T_2 基极电流：DC（+）→R_6→R_4→R_3→T_2（b、e）→（经 K）DC（-）。

② 交流通路。

T_2 输入回路：向中放管注入的中频信号，即 Tr_3（二次侧上端）→T_2（b、e）→地→C_4→Tr_3（二次侧下端）。

T_2 输出回路：T_2（c、e）→地→C_7→Tr_4（一次侧一部分）→T_2（c）。

T_2 选频回路：T_2 集电极回路的中周 Tr_4 选出 465 kHz 的中频信号。

（3）检波和自动增益控制级

检波的任务是把所需要的低频信号从中频调幅信号中取出来，并耦合至下级低放。自动增益控制电路（简称 AGC 电路）的任务是当 u_i 变化很大时，保证收音机输出功率几乎不变，它是通过改变受控级放大管的工作点，达到增益控制。它实际上是一个负反馈电路。

在图 9.2.7 中，T_3 及与其相连的元件构成晶体管检波器。R_3、R_4 为 T_3 提供合适偏压（使其工作在非线性区）。当中频信号经 T_3 检波后，由 T_3 发射极输出低频信号，该信号经 C_5、C_{11} 先后滤除中频载波信号，在 R_8、R_w 上形成低频压降，并由 R_w 的中心抽头取出低频信号送往低放。此外，因 T_3 的集电极电位 u_{c3} 会随输入信号而变，此变化由 C_6、C_4 滤波后形成直流 AGC 控制信号，反馈到 T_2 基极，以控制 T_2 发射结的变化，最终达到自动增益控制的目的。

在图 9.2.7 中的检波、AGC 电路对应的直流、交流通路分析如下：

① 直流通路。

基极回路：DC（+）→R_6→R_4→R_3→Tr_4（二次侧）→T_3（b、e）→R_8→R_w→地→（经 K）DC（-）。

集电极回路：DC（+）→R_6→R_4→T_3（c、e）→R_8→R_w→地→（经 K）DC（-）。

② 交流通路。

检波器主要是从中频调幅信号中选出音频信号。音频信号回路为：

Tr_4（二次侧上端）→T_3（b、e）→R_8→R_w→地→C_6→R_3→Tr_4（二次侧下端）。

检波后的残留中频信号经滤波电路滤除掉。残留中频滤波回路为：

Tr_4（二次侧上端）→T_3（b、e）→C_5→C_6→R_3→Tr_4（二次侧下端）。

AGC 信号只取检波后的直流成分，因此必须将音频滤除。AGC 音频滤波电路为：

T_3（c）→R_3→C_4→地→C_6→T_3（c）。

（4）低频放大电路

它主要包括低频小信号放大电路和低频功率放大电路两部分。其中，低频小信号放大电路要有足够的放大倍数（具有两级时，前级为前置级，后级为推动级或激励级；仅有一级时，此级既为前置级，又为推动级），以推动后级的功放工作。低频功率放大电路是对输入的低频信号进行功率放大，功放级电路的电流很大，目的是保证收音机有足够的功率输出。要求是输出功率大、失真小、效率高。

就图 9.2.7 而言，T_4 为推动级（即低频小信号放大电路），R_5 为其基极偏置电阻；T_5、T_6 构成变压器功放输出级。电容 C_9、C_{10} 的作用是防止电路自激；二极管 D 处于导通状态，为 T_5、T_6 提供静态偏压，使其工作在甲乙类状态。下面分析低放级的交直流通路。

低频小信号放大电路由 T_4 及相关元件组成。

① 直流通路。

基极回路：DC（+）→R_6→R_5→T_4（b、e）→地→（经 K）DC（-）。

集电极回路：DC（+）→R_6→Tr_5（一次侧）→T_4（c、e）→（经 K）DC（-）。

② 交流通路。

基极输入回路（从音量电位器 R_w 上取出一部分音频信号注入 T_4 基极）：

$R_w \rightarrow C_8 \rightarrow T_4(b,e) \rightarrow$ 地 $\rightarrow C_{11} \rightarrow C_8$。

集电极输出回路：

$T_4(c,e) \rightarrow$ 地 $\rightarrow C_7 \rightarrow Tr_5($一次侧$) \rightarrow T_4(c)$。

低频功率放大电路是由 T_5、T_6 及相关元件组成。

① 直流通路。

T_5 基极回路：$DC(+) \rightarrow R_6 \rightarrow R_7 \rightarrow Tr_5($二次侧中心抽头$) \rightarrow T_5(b,e) \rightarrow$ 地 $\rightarrow$（经 K）$DC(-)$。

T_5 集电极回路：$DC(+) \rightarrow Tr_6($一次侧中心抽头$) \rightarrow T_5(c,e) \rightarrow$ 地 $\rightarrow$（经 K）$DC(-)$。

T_6 基极回路：$DC(+) \rightarrow R_6 \rightarrow R_7 \rightarrow Tr_5($二次侧中心抽头$) \rightarrow T_6(b,e) \rightarrow$ 地 $\rightarrow$（经 K）$DC(-)$。

T_6 集电极回路：$DC(+) \rightarrow Tr_6($一次侧中心抽头$) \rightarrow T_6(c,e) \rightarrow$ 地 $\rightarrow$（经 K）$DC(-)$。

② 交流通路（以 T_5 为例）。

输入回路：$Tr_5($二次侧上端$) \rightarrow T_5(b,e) \rightarrow$ 地 $\rightarrow C_7 \rightarrow R_7 \rightarrow Tr_5($二次侧中心抽头$)$。

输出回路：$T_5(c,e) \rightarrow$ 地 $\rightarrow C_7 \rightarrow R_6 \rightarrow Tr_6($一次侧中心抽头$) \rightarrow T_5(c)$。

9.3　调频发射机和接收机的组成及其电路分析

9.3.1　调频发射机和接收机的组成框图

1. 调频发射机的组成

为了对调频发射机的组成有一个完整的概念，图 9.3.1 给出了一个调频广播发射机的组成框图。调频广播发射机的载波频率 $f_c = 88 \sim 108$ MHz（调频广播波段）；输入调制信号频率 $F_{min} \sim F_{max} = 50$ Hz ~ 15 kHz；要求输出的 FM 信号最大频移 $\Delta f_m = 75$ kHz；频率调制器的载频 $f_{c1} = 200$ kHz，调频波的最大频移 $\Delta f_{1m} = 25$ Hz。

在图 9.3.1 中，FM 波的产生是采用间接调频方式。从理论上证明，调频信号的噪声频谱呈三角形，即频率越高，噪声越大。可是一般的音乐、语音信号的能量大部分集中在中、低频范围，高频部分幅度很低，这样将使高频部分的信噪比更低了。为了改善这一状况，需要在发送端将输入 u_Ω 先经"预加重"网络，再经积分器输入到调相器，以设法预先把高音部分提高，加大高频部分的信噪比（叫预加重）。同时，由高稳定度晶体振荡器产生 $f_{c1} = 200$ kHz 的初始载频信号并输入到调相器，因此调相器输出的调相波，实质上是对 u_Ω 而言的调频波。线性调相的范围很窄，因而间接调频器输出的是载频 f_{c1} 为 200 kHz 的调频波，它的频移 $\Delta f_{1m} = 25$ Hz，调制指数 $m_f < 0.5$。

要把窄带调频波 25 Hz 的频移提高到发射机输出 FM 信号要求的 $\Delta f_m = 75$ kHz，需要发射机

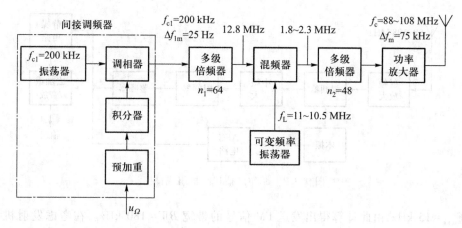

图 9.3.1　调频广播发射机组成框图

采用多级倍频器,它们的总倍频次数 n 应为 $n = \Delta f_m / \Delta f_{1m} = 75 \times 10^3 / 25 = 3\,000$。

　　总倍频次数 $n = 3\,000$ 是在混频前、后经过两次多级倍频后获得的。混频前多级倍频器的总倍频次数 $n_1 = 64$,混频后多级倍频器的总倍频次数 $n_2 = 48$,可实现的总倍频次数 $n' = n_1 \times n_2 = 64 \times 48 = 3\,072$, $n' > n$,发射机整机提供的总倍频次数是满足要求的。经过 n 次倍频后,发射机输出调频波的频移 $\Delta f_m = n' \times \Delta f_{1m} = 3\,072 \times 25 \text{ Hz} = 76.8 \text{ kHz}$ 满足了指标要求,但是,经过 n' 次倍频后, f_c 也要倍增 n' 倍,这时 $f_c = n' f_{c1} = 3\,072 \times 200 \text{ kHz} = 614.4 \text{ MHz}$。广播调频发射机要求输出 FM 信号的载频 $f_c = 88 \sim 108 \text{ MHz}$,为此必须采用带有可变频率 (f_L) 振荡器的混频器。若 $f_L = 11 \sim 10.5 \text{ MHz}$,与 $n_1 f_{c1} = 64 \times 200 \text{ kHz} = 12.8 \text{ MHz}$ 混频,将载波频率降低到 $1.8 \sim 2.3 \text{ MHz}$,再经 48 次倍频后,发射机输出载频为 $86.4 \sim 110.4 \text{ MHz}$,即可覆盖 $88 \sim 108 \text{ MHz}$ 的频率范围。

　　在要求 $\Delta f_m = 75 \text{ kHz}$ 时,调频广播发射机的 FM 信号带宽取决于最高调制信号频率 $F_{max} = 15 \text{ kHz}$。对于 F_{max}, $m_f = \Delta f_m / F_{max} = 75/15 = 5$。输出 FM 信号的带宽 $BW = 2(m_f+1)F_{max} = 2(5+1) \times 15 \text{ kHz} = 180 \text{ kHz}$。

　　由以上分析可见,图 9.3.1 所示的调频发射机框图中,调频波的中心频率稳定度较高,可以在要求的调频广播工作频率范围(88~108 MHz)内,获得符合要求的频移 $\Delta f_m = 75 \text{ kHz}$。在最高调制信号频率 $F_{max} = 15 \text{ kHz}$ 上, $m_f = 5$,此时调频信号带宽为 180 kHz,各调频电台之间的频率间隔应取为 200 kHz,远远高于 10 kHz 调幅电台之间的频率间隔,这是 FM 的一个缺点,也是调频发射机必须工作在超高频段以上的原因。当然,大大增加信号带宽所付出的代价是有报偿的,这个报偿就是允许 FM 波具有较高的调制指数 m_f,从而使调频波具有优良的抗噪声性能。

　　2. 调频接收机的组成

　　图 9.3.2 是一个调频广播接收机的典型方框图。为了获得较好的接收灵敏度和选择性,除限幅器、鉴频器及几个附加电路外,其主要组成均与 AM 超外差接收机一样。要求它能接收频率范围为 88~108 MHz、调制信号频率 $F_{min} \sim F_{max} = 50 \text{ Hz} \sim 15 \text{ kHz}$、频移 $\Delta f_m = 75 \text{ kHz}$ 的调频信号。

　　根据要求,调频广播接收机的通频带 BW 确定为 200 kHz。这是因为发送调频信号的 $\Delta f_m =$

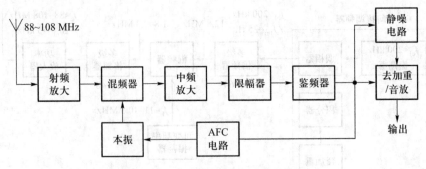

图 9.3.2　调频广播接收机组成框图

75 kHz、$F_{max} = 15$ kHz，由此计算得出发送 FM 信号的带宽 $BW = 180$ kHz。在考虑发射机、接收机的载频不稳定度后，为接收机通频带留有 ±10 kHz 的裕度，因而把接收机的通频带 BW 定为 200 kHz 是正确的。

　　调频广播接收机的中频信号频率值 f_I 选为 10.7 MHz，选择足够高的中频频率，才能保证中频回路在考虑了收、发载频不稳定度后通过带宽达 180 kHz 的调频信号。10.7 MHz 的中频频率值，略大于调频广播频段范围（108 MHz－88 MHz = 20 MHz）的一半，这样可以避免镜像干扰。例如，当 $f_s = 88$ MHz 时，本机振荡器频率 $f_L = f_s + 10.7$ MHz，镜像干扰频率为 $f_N = f_L + f_I = f_s + 2f_I =$ 88 MHz + 2×10.7 MHz = 109.4 MHz，这个镜像干扰频率已处于接收机最高的接收频率 108 MHz 以外，因而可以避免 $f_s = 88$ MHz 上的镜像干扰。当然，更能抑制 $f_s > 88$ MHz 的其他工作频率上的镜像干扰。

　　图 9.3.2 中的自动频率控制（AFC）电路的作用是微调本振频率 f_L，通过对 f_L 的频率微调，使 $f_L - f_s$ 的差值基本保持在中频频率 $f_I = 10.7$ MHz 上，这对提高调频接收机的整机选择性、灵敏度和保真度是极其有益的。对于晶体管收音机，常采用改变变容二极管两端的电压来控制振荡器的振荡频率。

　　静噪电路的目的是使接收机在没有收到信号时（此时噪声较大），自动将低频放大器闭锁，使噪声不在终端出现。当有信号时，噪声小，又能自动解除闭锁，使信号通过低放输出。

　　图 9.3.2 中的"去加重"是针对发送端"预加重"而设置的。由于预加重的结果改变了原调制信号高、低频分量的比例关系，因此需要在调频接收机鉴频器的输出端加接一个"去加重"网络，使"去加重"网络的传输特性恰好与"预加重"网络的相反，就可以把人为提升的高频端信号的振幅降下来，使调制信号中高、低频端的各频率分量的振幅保持原来的比例关系，避免了因发送端采用加重网络而造成的解调信号失真。可见，发送端和接收端分别采用"预加重"和"去加重"技术后，既保证了鉴频器在调制信号的高、低频端都具有较高的输出信噪比，又避免了采用预加重后造成的解调信号失真，而且采用的预加重和去加重网络又简便易行，所以在调频广播、调频通信和电视伴音信号收发系统中都广泛地采用预加重和去加重技术。

9.3.2 调频发射机电子线路的分析

1. 分立元件调频发射机的电路分析

（1）电路原理图

图 9.3.3 是一个调频发射机的电路原理图。它主要由四部分组成：T_1 及其外围元件构成高频振荡器，变容二极管 D 实现调频；T_2 及外围元件构成隔离缓冲级；T_3 及外围元件用于实现高频信号的电压预放大；T_4 及外围元件组成高频功率放大器，产生高效率、大功率的高频已调信号，该信号经天线转化成电磁波向空间发送。

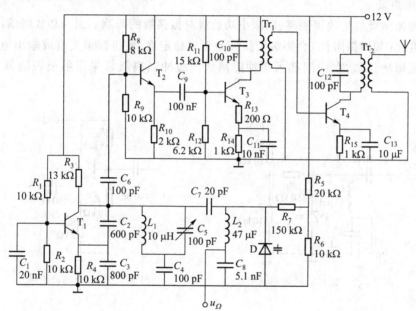

图 9.3.3 调频广播发射机电路原理图

（2）单元电路分析

① 变容二极管直接调频电路。

a. LC 三点式振荡器。

图 9.3.4 所示为电容三点式振荡器的改进电路，它与图 5.2.14 相似。其中，R_1、R_2、R_3 及 R_4 构成基极分压、射极偏置式的静态工作点稳定电路并决定其静态工作点；C_1 为基极旁路电容，L_1 和 C_2、C_3、C_4、C_5 共同组成调谐回路，回路的谐振频率 f_0 主要由 L_1 和 C_5 决定，即 $f_0 \approx \dfrac{1}{2\pi\sqrt{L_1 C_5}}$，

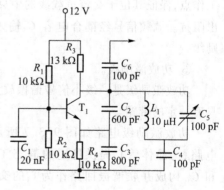

图 9.3.4 电容三点式振荡器

产生的高频信号在 T_1 的集电极经耦合电容 C_6 输出。

　　b. 变容二极管调频电路。

　　由变容二极管 D 组成的变容二极管调频电路如图 9.3.5 所示。C_7 为耦合电容，R_5 与 R_6 为变容二极管提供静态时的反向偏置电压 U_Q，即 $U_Q = \dfrac{12R_6}{R_5 + R_6}$。$R_7$ 为隔离电阻，常取 $R_7 \gg R_5$、$R_7 \gg R_6$，以减小调制信号 u_Ω 对 U_Q 的影响。C_8 与高频扼流圈 L_2 给 u_Ω 提供通路，变容二极管 D 通过 C_7 接入振荡回路，变容二极管结电容能灵敏地随着反偏电压在一定范围内变化，从而改变振荡器的谐振频率以实现调频。

　　② 缓冲隔离级。

　　该电路将振荡级与功放级隔离，以减小功放级对振荡级的影响。因为功放级输出信号较大，工作状态的变化（如谐振阻抗）会影响振荡级的频率稳定度，使得波形失真或输出电压减小。为减小级间相互影响，通常在中间插入缓冲隔离级。缓冲隔离级常采用射极跟随器，如图 9.3.6 所示。

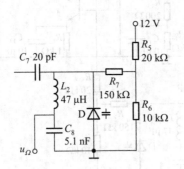

图 9.3.5　变容二极管调频电路

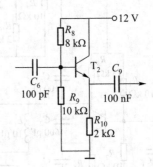

图 9.3.6　缓冲隔离电路

　　电阻 R_8、R_9 和射极电阻 R_{10} 为晶体管 T_2 提供静态工作点，调节射极电阻 R_{10} 可以改变其静态工作点，保证其位于交流负载线的中央位置，同时调节 R_{10} 还可以改变射极跟随器输入阻抗和输出阻抗。调频信号经耦合电容 C_6 输入到 T_2 的基极，由 T_2 发射极经耦合电容 C_9 输出给功率激励级。

　　③ 功放激励级。

　　功放激励级是一级小信号谐振放大器，要求该级具有一定的电压增益、稳定的中心频率并且具有一定的带宽。

　　功放激励级电路如图 9.3.7 所示。电阻 R_{11}、R_{12}、R_{13} 和 R_{14} 构成基极分压、射极偏置式电路，为晶体管 T_3 提供稳定的静态工作点，C_{11} 为射极旁路电容，高频变压器 Tr_1 的一次线圈和 C_{10} 构成并联谐振回路作为 T_3 的交流负载，输出信号经 Tr_1 的二次线圈耦合至功率放大输出级。

④ 功率输出级。

为了获得较大的功率增益和较高的效率,功放管工作在丙类状态,组成丙类谐振功率放大器。在选择功率管时要求:

$$P_{CM} \geq P_o$$
$$I_{CM} \geq i_{Cmax}$$
$$U_{(BR)CEO} \geq 2V_{CC}$$
$$f_T \geq (3 \sim 5)f_0$$

具体电路如图 9.3.8 所示。图中,T_4 工作在丙类状态,既有较高的效率,同时可以防止 T_4 产生高频自激而引起二次击穿损坏。丙类功放的基极负偏置电压是利用发射极电流的直流分量 $I_{E0}(\approx I_{C0})$ 在射极电阻 R_{15} 上产生的压降来提供的,即为自给偏压电路,与图 4.3.3(c)相同。调节偏置电阻 R_{15} 可改变 T_4 的导通角。C_{12}、Tr_2 构成的输出回路用来实现阻抗匹配并进行滤波,即将天线阻抗变换为功放管所要求的负载值,并滤除不必要的高次谐波分量。

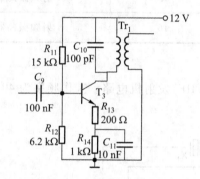

图 9.3.7 功放激励级电路

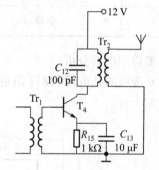

图 9.3.8 丙类谐振功率放大器

2. 集成调频发射机的电路分析

(1) MC2831 芯片简介

随着集成电路技术的发展,通信设备整机的体积由大变小直到超小型,重量大为减轻。另外,由于元器件的减少,使整机的可靠性成倍地增长。在单片集成发射系统中,目前已被广泛应用的是小功率单片集成 FM 发射系统 ASIC,其中,比较典型的是 Motorola 公司的 MC2831 和 MC2833。MC2833 是 MC2831 的同类改进型产品。这类 ASIC 主要用作无线寻呼、无绳电话、无线遥控、对讲机等 FM 调制无线发射机中。

① 芯片特点。

MC2831 片内带有音频放大器、最高工作频率可达 30 MHz 的高频振荡器(该射频振荡器采用可变电抗实现 FM 调制)、用于产生导频式数据信令的信号音频振荡器和电源检测器等部分。

② 引脚功能。

MC2831 引脚功能表见表 9.3.1。

表 9.3.1 MC2831 引脚功能表

引脚	功能	引脚	功能
1	可变电抗输出	9	单音振荡线圈
2	去耦端	10	显示
3	调制器输入	11	电池检测器
4	电源输入	12	内部参考电平的电源输入
5	音频放大器输入	13	接地端
6	音频放大器输出	14	射频输出
7	单音开关	15	射频振荡器
8	单音输出	16	射频振荡器

（2）典型应用电路分析

图 9.3.9 所示的是由 MC2831 组成的甚高频（VHF）发射机电路。工作频率为 49.7 MHz，缺点是发射功率太低。

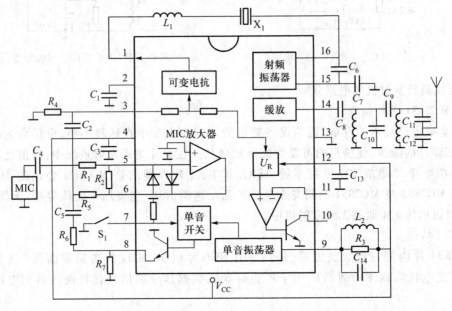

图 9.3.9 MC2831 内部框图及典型应用

麦克风接芯片 5 脚音频信号输入端,将音频信号送入内置音频放大器放大。它通过外接电阻 R_1 和 R_2 构成典型的反相运算放大器,其增益由外接 R_1 和 R_2 的比例决定。为了限制 FM 调制的频移,片内两只二极管将运放输出电压幅度限制在一定的电压范围内。放大后的音频信号从 6 脚输出加到 3 脚调制信号输入端,可通过电位器调整输出音频信号的大小,从而调整 FM 的调制深度。

单音振荡器是一个典型的 LC 振荡器,其振荡频率取决于 9 脚的外接 LC 振荡回路,振荡幅度可通过外接电阻 R_3 调节,当 $R_3 = 47$ kΩ 时,幅度达最大值 1 V,单音开关控制单音振荡器是否从 8 脚输出。当 S_1 闭合时,片内单音振荡器的振荡信号不能通过 8 脚输出;当 S_1 断开时,单音振荡信号可通过 8 脚输出,此时单音振荡信号和从 6 脚输出的音频信号一起送到 3 脚调制信号输入端,去控制可变电抗,进行 FM 调制。

可变电抗经 1 脚外接小电感 L_1 和基频石英晶体加到 16 脚,这些元件与片内的晶体管及外接电容 C_6、C_7 组成高频电容三点式振荡器,产生调频波输出。其中基频石英晶体的振荡频率为 16.56 MHz,最大频移为 ±3 kHz;串接的电感 L_1 用于补偿可变电抗调制器的阻抗,并对输出频率进行微调。

调频波经片内缓冲放大器放大,三倍频器产生中心频率为 49.7 MHz 的射频信号,并由 14 脚及其外接调谐匹配网络送至发射天线,发送射频信号。

11 脚为电源检测输入端,与加在同相端的片内参考电压相比较后,通过电压比较器由 10 脚输出,此引脚为集电极开路门,可直接驱动发光二极管。

9.3.3　调频接收机电子线路的分析

1. 分立元件调频接收机的电路分析

(1) 电路原理图

图 9.3.10 是一个调频接收机的电路原理图。天线将空间电磁波转换为高频电信号,经过由 C_5、Tr_1 构成的选频回路选出一定频率的信号送入由 T_2 构成的高频小信号放大器放大,放大后的信号与由 T_1 构成的本机振荡器产生的本振信号一起混频,输出固定频率的中频信号,经过由 T_3、T_4 构成的中频放大器放大后,由 D_1、D_2 构成的鉴频器进行鉴频,鉴频出的低频信号经由 T_5 构成的电压放大器和由 T_6、T_7 构成的功率放大器放大后送入接收器件。

(2) 单元电路分析

① 本机振荡器。

图 9.3.11 采用了与图 5.2.14 相似的西勒振荡器。电路的直流通路构成基极分压、射极偏置式电路,其静态工作点由 R_1、R_2、R_3、R_4 决定,R_4 实现直流负反馈,保证静态工作点的稳定。C_b 为基极旁路电容,L_1 和 C_1、C_2、C_3、C_4 作为交流信号正反馈和选频网络实现振荡,调节 C_4 可以改变其振荡频率,保证该频率比发送端的载波频率高出一个固定中频。

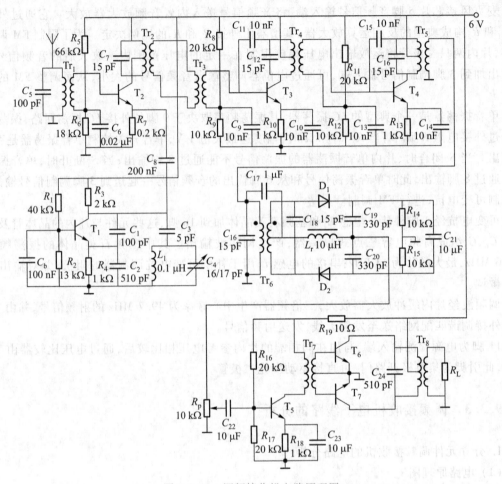

图 9.3.10　调频接收机电路原理图

② 混频器。

如图 9.3.12 所示。天线将空间电磁波转换为高频电信号送入接收机的输入回路,输入回路由 C_5 和变压器 Tr_1 的一次线圈构成谐振回路,调节 C_5 的参数可以选择出不同频率的电信号。该电路属于它激式信号、本振分极注入式共射混频器。

T_2 构成晶体管混频器,其静态工作点由 R_5、R_6 及 R_7 决定,保证混频管工作在非线性区。晶体管混频器具有一定的混频增益。

Tr_1 将输入回路的高频小信号耦合至晶体管 T_2 的基极上,电容 C_8 将本机振荡器输出的频率为 f_L 的信号耦合至混频管 T_2 的发射极,与频率为 f_s 的高频已调信号进行混频。由 LC 选频网络选出频率为 $f_i=f_L-f_s$ 的中频信号,经中频变压器 Tr_2 耦合至中频放大器。

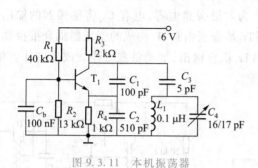

图 9.3.11 本机振荡器

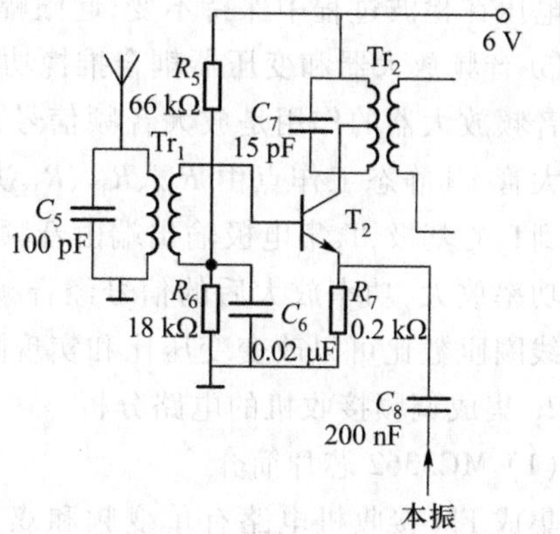

图 9.3.12 它激式分极注入式共射混频器

③ 中频放大器。

中频放大器主要有两个作用:一是提高增益,因为超外差接收机解调前的总增益主要取决于中放;二是抑制邻近干扰。中频放大器如图 9.3.13 所示,它是由 T_3、T_4 构成的两级相同的放大器,与图 3.1.10(b)相同,图中的 C_{11} 和 C_{15} 为中和电容。

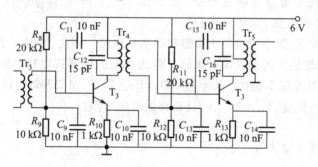

图 9.3.13 中频放大器

④ 鉴频器。

如图 9.3.14 所示,它与图 7.3.19(a)相似,是典型的比例鉴频器。变压器 Tr_6 的一、二次线圈分别与 C_{16}、C_{18} 构成互感耦合双调谐回路作为移相网络,均谐振在中频调频波的中心频率上;Tr_6 二次线圈采用中心抽头;C_{17} 对中频输入信号可视为短路;Lr 是高频扼流圈,对中频信号可视为开路;R_{14}、C_{19}、R_{15}、C_{20} 组成振幅检波器,鉴频后的信号从 C_{19}、C_{20} 的中点输出到电位器 R_p 上,经 R_p 分压后进入音频放大器放大输出。C_{21} 是一个大电容,保证振幅检波器的

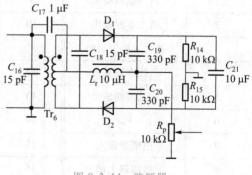

图 9.3.14 鉴频器

输入电压在检波过程中保持不变,起限幅作用。

⑤ 音频放大器和变压器耦合推挽功率放大器。

音频放大器的作用是放大音频信号,输出足够的音频功率。电路如图 9.3.15 所示,T_5 为前置放大管,其静态工作点由 R_{16}、R_{17}、R_{18} 决定,C_{23} 为射极旁路电容,电容 C_{22} 将鉴频器的输出信号耦合到 T_5 的基极,T_5 集电极输出端由音频变压器 Tr_7 耦合至由 T_6、T_7 构成的变压器耦合推挽功放级进行功率放大,功率放大后的信号经音频变压器 Tr_8 耦合输出,推动负载工作。改变变压器的一、二次线圈匝数比可以改变变压比和实现阻抗匹配。

2. 集成调频接收机的电路分析

（1）MC3362 芯片简介

集成 FM 接收机电路有单变频和双变频两种,这类集成电路将从射频输入到音频输出的整个接收机电路集成在一个芯片内,这类集成电路有 MC3362、MC3363、MC13135、MC13136 等。

① 芯片特点。

MC3362 是低功耗窄带双变频超外差式调频接收机系统集成电路,它的片内包含两个本振、两个混频器、两个中放和正交鉴频等功能电路。因此,它是一个除高放以外,包含从第一混频到音频放大器输出的全二次变频超外差式完整的集成接收机电路。MC3362 的接收频率可达 450 MHz,采用内部本振时,也可达 200 MHz。因此,MC3362 的接收频率很宽。其次,MC3362 的工作电压范围宽,$V_{CC} = 2 \sim 7$ V,且适合低电压工作。

② 引脚功能。

MC3362 引脚功能表见表 9.3.2。

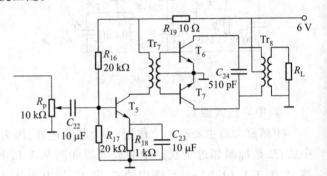

图 9.3.15　音频放大器与功率放大器

表 9.3.2　MC3362 引脚功能表

引脚	功能	引脚	功能	引脚	功能
1	第一混频输入	9	限幅器去耦	17	第二混频输入
2	第二本振输出	10	显示驱动	18	第二混频输入
3	第二本振发射极	11	载波检波	19	第一混频输出
4	第二本振基极	12	90°相移线圈	20	第一本振输出
5	第二混频输出	13	鉴频器输出	21	第一本振回路
6	V_{CC}	14	比较器输入	22	第一本振回路
7	限幅器输入	15	比较器输出	23	第一本振控制
8	限幅器去耦	16	电源接地	24	第一混频输入

③ 典型应用电路分析。

图 9.3.16 为 MC3362 的典型应用电路。

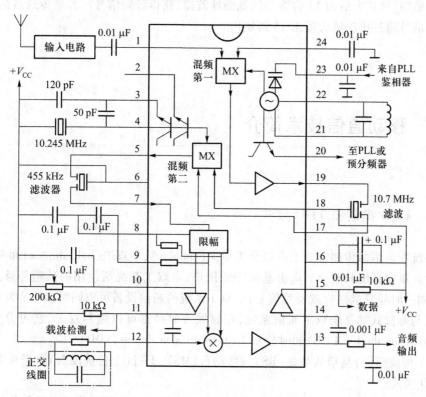

图 9.3.16 MC3362 片内框图及典型应用

接收信号通过天线和匹配输入电路送到由 1 脚和 24 脚组成的第一混频电路的输入端，MC3362 可以采用平衡输入和非平衡输入，如用平衡输入时 24 脚可用电容高频旁路。21 脚、22 脚上的 LC 选频电路和 23 脚上的变容二极管决定第一本振的振荡频率，该频率受 23 脚 PLL 鉴相器输出电压的控制，显然 MC3362 的片内第一本振电路为一个 LC 压控振荡器，第一本振频率从 20 脚送到锁相环路 PLL。此时，接收信号和第一本振的振荡频率在第一混频器中完成混频、放大后，从 19 脚送到 10.7 MHz 的陶瓷滤波器。

17 脚和 18 脚是第二混频器的输入端，输入的信号是由第一混频器输出并经滤波后得到的 10.7 MHz 的第一中频信号。由 3 脚和 4 脚外接晶体构成的选频电路与片内放大器组成第二本振电路。10.7 MHz 的第一中频信号与 10.245 MHz 的第二本振同时加至第二混频器，产生 455 kHz 的第二中频信号，该信号经 5 脚送到 455 kHz 的陶瓷滤波器，它的输出由 7 脚送至限幅放大器的输入端。

8 脚和 9 脚接限幅器放大器的去耦滤波电容；10 脚和 11 脚是检测限幅放大信号强弱的相关

端子,其中10脚是显示驱动指示端,可显示、判断信号的强弱,11脚是第二中频载波检测端。12脚外接一个正交相移线圈端子,第二中频信号和被相移后的第二中频信号共同加在相乘器上进行相乘移相鉴频,经放大后由13脚输出给低频滤波器,获得音频信号。若是传送数据信号,在13脚上的数据信号通过比较放大器由15脚输出。

9.4 移动通信技术简介

9.4.1 FDD 模式和 TDD 模式

通信系统在通话的传递方式上可以分为单向(simplex)、半双工(half-duplex)和全双工(full-duplex)3种。单向系统只能单方向由基站呼叫用户;半双工系统所使用的信道能够进行双向通话,但是在同一时间只能接收或发射信号;全双工系统的通信设备可以同时接收和发射信号。

无线式与蜂窝式都是全双工通信系统,在频域或时域都可以做到双工,它可分为频分双工(frequency division duplex,FDD)和时分双工(time division duplex,TDD)。

下行(下传或前向)是指从基站(BS)→移动台(MS),上行(上传或反向)是指从 MS→BS。

1. FDD 模式

FDD 模式是在分离(上、下行频率间隔190 MHz)的两个对称频率信道上进行传输,即为一个用户提供两个确定的频段,如图9.4.1(a)所示。该方式在支持对称业务(如话音、交互式实时数据、多媒体业务等)时,能充分利用上、下行的频谱。它适用于大区制的国际间和国家范围内的覆盖及对称业务。

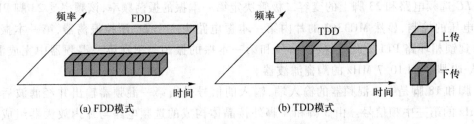

图 9.4.1 FDD 与 TDD 分配上传与下传频率的方式

2. TDD 模式

TDD 模式则是在同一频率信道上不同时隙传输上、下行的信号,如图9.4.1(b)所示。它适用于高密度用户地区(城市及近郊区)的局部覆盖和对称及不对称的数据业务(如话音、实时数据、特别是互联网方式)。

与 FDD 相比,TDD 可大幅度节省频率资源,提供成本低廉的设备(因 TDD 系统内不需要 Depluxer 组件,从而化简了通信设备的硬件设计)。TDD 只能在数字通信系统内使用。

9.4.2 移动通信技术中的多址接入技术

在移动通信系统中,有许多用户都要同时通过一个基站和其他用户进行通信,因而必须对不同用户台和基站发出的信号赋予不同特征,使基站能从众多用户台的信号中区分出是哪一个用户台发出来的信号,而各用户台又能识别出基站发出的信号中哪个是发给自己的信号,解决这个问题的办法称为多址技术。

多址方式有频分多址(FDMA)、时分多址(TDMA)和码分多址(CDMA)。模拟式蜂窝移动通信网采用 FDMA 方式,而数字式蜂窝移动通信网采用 TDMA 和 CDMA 方式。实际上,也常用到其他一些多址方式。

移动通信系统中基站的多路工作和移动台的单路工作形成了移动通信的一大特点。多址接入方式的数学模型是信号的正交分割原理,无线电信号可以表示为时间、频率和码型的函数,即可写作

$$s(c,f,t) = c(t)s(f,t)$$

式中,$c(t)$ 是码型函数;$s(f,t)$ 是频率 f 和时间 t 的函数。

当以传输信号的载波频率不同来区分信道建立多址接入时,称为频分多址(FDMA)方式;当以传输信号存在的时间不同来区分信道建立多址接入时,称为时分多址(TDMA)方式;当以传输信号的码型不同来区分信道建立多址接入时,称为码分多址(CDMA)方式。

图 9.4.2 分别给出了 N 个信道的 FDMA、TDMA 和 CDMA 的示意图。

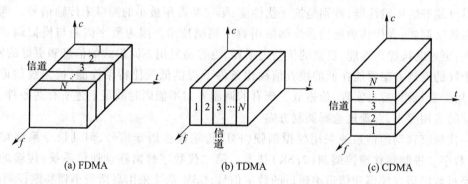

| (a) FDMA | (b) TDMA | (c) CDMA |

图 9.4.2 FDMA、TDMA、CDMA 示意图

1. FDMA 技术的基本原理

FDMA 系统是基于频率划分信道(即把总频段划分成若干个等间隔的频道分配给不同用户

使用,这些频道互不交叠,其宽度应能传输一路语音信息,而在相邻频道之间无明显的串扰)。在 FDD 系统中,分配给用户一个信道,即一对频谱,其中一个频谱用于前向(下行)信道,另一个频谱用于反向(上行)信道。

为使信道中各用户的信号不互相发生碰撞,FDMA 是在频率空间上使信号正交。

2. TDMA 技术的基本原理

TDMA 是把时间分割成周期性的帧,每一帧再分割成若干个时隙(无论帧或时隙都是互不重叠的),每个时隙就是一个通信信道,分配给一个用户。然后根据一定的时隙分配原则,使各移动台在每帧内只能按指定的时隙向基站发送信号,在满足定时和同步的条件下,基站可以分别在各个时隙中接收到各移动台的信号而不混扰。同时,基站发向多个移动台的信号都按顺序安排在预定的时隙中传输,各移动台只要在指定的时隙内接收,就能把发给它的各信号区分出来。

为使信道中各用户的信号不互相发生碰撞,TDMA 是在时间空间上使信号正交。

3. CDMA 技术的基本原理

CDMA 技术特征是:通信网内各站点所发射的信号都占用相同的带宽,发射时间任意、各信号依靠结构上的(准)正交性(码型)来区分。即在 CDMA 体系中,不同的移动台占用同一频率,且每一移动台被分配一个独特的与其他台码序列不同的随机码序列,彼此互不相关,或相关性很小,以便区分不同的移动台,在这样一个信道中,可容纳比 TDMA 还要多的用户数。

为使信道中各用户的信号不互相发生碰撞,CDMA 是在编码空间上使信号正交。

9.4.3　蜂窝移动通信采用的调制技术

调制的目的有以下三个方面:第一是将信息变换成便于传输的形式;第二是在无线传播环境中提供尽可能好的传输性能,特别是抗干扰性能;第三是占用最小的频带来传输信号。调制可分为模拟和数字调制,现代移动通信系统都采用数字调制技术。因为数字调制与模拟调制相比有许多优点:更好的抗噪声性能、更强的抗信道损耗、更容易复用不同形式的信息和更好的安全性。

一个好的调制方案要能在低的接收信噪比条件下提供低误比特率性能,抗无线信道衰落能力强,占用带宽最小,容易实现,价格低。现有的调制方案不能同时满足上述所有的条件,因此应针对不同的应用要求,合理地选择调制方案。

第一代蜂窝移动通信系统采用模拟调频(FM)传输模拟语音信号,但其信令系统却是数字的,采用数字二进制频移键控调制(2FSK)技术。第二代数字蜂窝移动通信系统,传的语音信号都是经过数字语音编码和信道编码后的数字信号;GSM 系统采用高斯最小频移键控调制(GMSK),CDMA 系统(IS-95)的下行信道采用四相相移键控调制(QPSK)、上行信道采用交错四相相移键控调制(OQPSK)。第三代数字蜂窝移动通信系统采用多进制正交振幅调制(MQAM)、平衡四相(BQM)扩频调制、复四相扩频调制(CQM)、双四相扩频调制(DQM)技术。

9.4.4 CDMA 手机电路的组成框图

由于第三代移动通信的三种标准均采用 CDMA 这一核心技术,因此我们以 CDMA 手机电路结构为线索,兼与其他接收机相比较的方式加以介绍。

GSM 手机品种繁多,但其电路结构归纳起来并不繁杂。其接收电路结构通常有下列 3 种:超外差一次变频接收机、超外差二次变频接收机和直接变换的线性接收机。发射电路结构也有 3 种:带发射上变频的发射机、带发射变换的发射机和直接调制的发射机。而 CDMA 手机则与之不同,众多的 CDMA 手机基本上就只有一种接收电路结构与一种发射电路结构,即超外差一次变频接收机和带发射上变频的发射机。同时,GSM 与 CDMA 手机还有更多的区别。在电路形式上,不同的厂商生产的 GSM 手机的具体电路是有很大区别的(即使电路结构是一致的)。对于 CDMA 手机,由于各厂商基本上都使用美国高通公司(QUALCOMM)的 CDMA 技术方案,不同的厂商所生产的 CDMA 手机的射频与基带电路基本一致。相对来说,CDMA 手机的电路结构比 GSM 手机的电路结构简单。

了解和掌握 CDMA 手机的电路结构是非常有用的。只要真正掌握了 1~2 个 CDMA 手机机型的电路并了解其电路特点,其他的 CDMA 手机基本上都可以以其作为参照。

1. 超外差一次变频接收电路

射频电路中只有一个混频电路的接收机属于超外差一次变频接收机。在看接收机射频组成框图时,应注意该接收机中有几个混频电路。超外差一次变频接收电路的组成框图如图 9.4.3 所示。

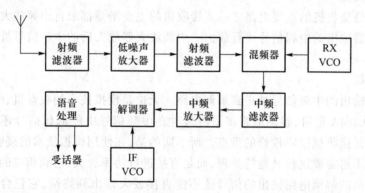

图 9.4.3　超外差一次变频接收电路组成框图

在图 9.4.3 中,超外差一次变频接收机的电路包括天线电路、低噪声放大器、混频器、中频放大器、解调电路和音频处理电路等。

(1) 天线电路

接收机天线的作用是感应接收空中的高频电磁波,将电磁波转化为高频电流。天线电路中的滤波器或开关电路形成一个接收机信号通道,只允许接收信号经天线电路进入接收机低噪声放大电路。

CDMA 手机的天线电路多采用双工滤波器电路。在这方面,CDMA 手机与模拟手机很相似。

（2）低噪声放大器

低噪声放大器是接收机的第一级放大器。它对天线电路输送来的微弱的射频信号进行放大,以满足后级电路的需要。低噪声放大器通常需要对一段频率范围内的信号进行放大。在收音机、电视机等电路中,低噪声放大器通称为高放。不论接收机的电路结构是哪一种,低噪声放大器输出的信号都要送到混频器。

在我们所见的 CDMA 手机低噪声放大器中,通常都有自动增益控制电路。控制信号来自基带电路中的中央处理单元。

（3）混频器

混频器是超外差接收机的核心电路。在混频器中,射频滤波器送来的射频信号与本机振荡器送来的本机振荡信号进行混频,两个信号的差频就是混频器输出的中频信号。中频信号是接收机进行故障检测的重要信号之一。

混频器输出的中频信号频率是远远小于接收射频信号的频率,且中频信号的中心频率是固定的。在所有的 CDMA 手机中,接收中频信号的频率都是 85.38 MHz。滤波后的中频信号通常被送到接收机的中频放大器。

从理论上讲,混频器输出的不仅仅是接收机中频信号,还包括许多其他无用信号。所以,在混频器的输出端,通常都会有一个中频滤波器(特别是 GSM 手机)。

（4）中频放大器

中频放大器是接收机的重要电路之一。接收机的主要增益都来自中频放大器。中频放大器的作用是对混频器输出的中频信号进行放大。中频放大器放大后的中频信号被送到接收机的解调电路。

（5）解调电路

中频放大器输出的中频信号被送到解调电路。无论是模拟技术的收音机、电视机,还是数字式的 GSM 手机、CDMA 手机,解调电路都是将包含在中频信号中的低频信号还原出来。解调电路输出的信号也是接收机故障检修的重点。所不同的是,在使用模拟技术的接收机中,解调电路输出的信号通常不再需要进行其他的处理,而是直接进行功率放大,送到相应的终端上。

数字式接收机的解调电路输出的信号还不能直接放大输出到终端,它包含的是许多数字信息,还需进行一系列的 A/D 转换、解密、解码、D/A 转换等,才能还原出类似于模拟接收机中解调电路输出的模拟低频信号。该部分电路也就是图 9.4.3 中的语音处理电路。在收音机中,该部分电路是音频功率放大器。

CDMA 手机的解调电路实际上是 RXI/Q 解调,与 GSM 手机的 RXI/Q 解调相同。但不同的是,GSM 手机 RXI/Q 解调输出的 RXI/Q 信号的频率约为 60 kHz,而 CDMA 手机 RXI/Q 解调输出的 RXI/Q 信号的频率约为 600 kHz。

（6）RXVCO

图 9.4.3 中的 RXVCO 是混频时所需要的本机振荡器。不论是哪一种接收机,都离不开本机振荡器。

本机振荡器有一些不同的名称,在收音机、电视机电路中,它直接称为本机振荡器;而在 CDMA 手机或 GSM 手机中,它通常称为第一本机振荡、RXVCO、RFVCO、UHFVCO、MAINVCO 或 SHFVCO 等。不论怎样称谓,它都是给混频器提供信号的振荡器。该振荡器通常是给接收机的第一个混频器提供本机振荡信号。

该电路输出信号的频率是在一定范围内变化的。在手机电路中,这个信号既要用于接收机的第一混频器,还要用于发射机最终信号的产生电路。在进行射频电路故障检查时,有时可利用其在接收、发射方面的相关性来分析故障。

（7）IFVCO

IFVCO 电路是接收机的第二个本机振荡器,又称为中频 VCO、VHFVCO。在不同结构的接收机中,IFVCO 电路产生的信号的作用不同。图 9.4.3 中,IFVCO 信号用于接收机的 RXI/Q 解调。

与 RXVCO 电路相比,IFVCO 电路最大的差异是其输出信号的频率是固定不变的。在所有的 CDMA 手机中,IFVCO 信号的频率都是 170.76 MHz。

对于 CDMA 手机的接收机,可作如下的总结描述:

在接收方面,天线感应接收到的射频信号经双工滤波器进入接收机电路。射频信号首先经一个射频衰减器。射频衰减器主要是防止强信号造成接收机阻塞。经射频衰减器后,信号由低噪声放大器进行放大。放大后的信号由射频滤波器滤波,然后进入混频器。

在混频器中,接收射频信号与本机振荡信号进行混频,得到接收机的 85.38 MHz 中频信号。中频信号经中频滤波后,由 AGC 放大器再一次放大。然后到 I/Q 解调电路进行解调。

接收中频 VCO 电路产生一个 170.76 MHz 的中频 VCO 信号用于 I/Q 解调,I/Q 解调器输出 CDMA 手机的 RXI/Q 信号,然后送到逻辑电路。

2. 带发射上变频器的发射电路

带发射上变频的发射电路结构如图 9.4.4 所示。

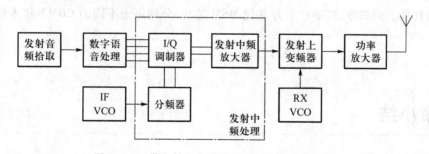

图 9.4.4　带发射上变频器的发射电路组成框图

在组成框图中,发射音频电路将送话器转换得到的模拟话音信号送到数字语音处理电路,经加密、编码、QPSK(CDMA 采用 QPSK 调制,GSM 采用 GMSK 调制;两者调制输出的信号都被称为 I/Q 信号)等一系列处理后,从基带电路输出发射机的基带信号 TXI/Q。TXI/Q 信号被送到射频电路中的 I/Q 调制电路,并调制在发射中频载波上。得到发射已调中频信号。在所有的 CDMA 手机中,发射已调中频信号的频率都是 130.38 MHz。

用于 TXI/Q 调制的载波信号由一个专门的发射中频 VCO 电路产生。该电路产生的信号频率是发射已调中频信号的 2 倍频,即 260.76 MHz。

发射 I/Q 调制电路输出的发射已调中频信号被送到发射上变频器。在发射上变频器中,发射已调中频信号与 RXVCO 信号进行混频,得到最终发射信号,并经功率放大器进行功率放大后,由天线辐射出去。

3. CDMA 手机的基带电路结构

对于 GSM 手机,各移动电话厂商都有自己的 GSM 通信专用集成芯片,它们的结构各不相同。然而,对于 CDMA 手机,由于几乎所有的 CDMA 技术专利都属于美国高通公司,作为移动电话厂商,使用这些专利技术的条件之一是它们都必须使用高通公司的 CDMA 专用芯片。所以,绝大多数 CDMA 移动电话中的基带电路都很相似。

高通公司用于移动电话的 CDMA 芯片中最重要的是移动终端调制解调器芯片(mobile station modem,MSM)。

但是,由于 CDMA 有一些不同的技术标准,高通公司推出的 CDMA 芯片也有一定的差异,如 CSM(cell site modem)芯片、MSM 芯片。CDMA 手机基本上都是采用 MSM 芯片。就像 Intel 的电脑芯片一样,高通公司推出了一系列的芯片组。

采用码分多址(CDMA)蜂窝技术的移动电话日益成为重要的娱乐和信息工具,它的核心部分是数字信号处理。为缩短设计时间,降低生产成本,高通公司开发出一套移动终端调制解调器(MSMTM)芯片组和系统软件解决方案。这一芯片组解决方案的核心是高通公司的 MSM 单芯片基带处理器和调制解调器,它直接与接收射频(RFR)芯片、接收中频(IFR)芯片、发射中频(RFT)芯片与电源管理(PM)芯片连接。

MSM 芯片组和系统软件造就了新一代的 CDMA 手机和数据设计设备,它们具有多种功能和业界领先的性能。到如今,高通已有好几代 MSM 芯片,分别用于不同的 CDMA 技术标准。

本章小结

本章首先介绍了调幅、调频发射机和接收机的组成,使初学者对通信系统有一个宏观的认识;再通过调幅、调频发射机和接收机的电路分析,从微观的角度再现本课程的教学内容,达到理论联系实际的目的,使初学者认识到学习本课程理论知识的重要性。并在此基础上简介了移动通信技术,以扩充初学者的知识面。

习　题

9.1　简述图 9.2.1 所示电路的工作原理。

9.2　分析图 9.2.7 所示的调幅收音机电路的工作原理。

9.3　画出调频发射机和接收机的组成框图。

9.4　简述 FDD 和 TDD 两种模式的特点及其适用范围。

9.5　移动通信技术中常用的多址接入技术有哪些?试说明在移动通信的发展过程中,它们是如何被采用的?

9.6　在第二代数字蜂窝移动通信系统中,GSM 和 CDMA 系统分别采用哪种调制方式?从两者的电路结构上看,哪个系统的电路结构更为简单?并说出电路结构的名称。

主要参考文献

[1] 张肃文.高频电子线路[M].5版.北京:高等教育出版社,2009.

[2] 曾兴雯.高频电子线路[M].2版.北京:高等教育出版社,2009.

[3] 刘波粒,刘彩霞.高频电子线路[M].2版.北京:科学出版社,2014.

[4] 阳昌汉.高频电子线路[M].2版.北京:高等教育出版社,2013.

[5] 胡宴如,耿苏燕.高频电子线路[M].2版.北京:高等教育出版社,2015.

[6] 高吉祥.高频电子线路[M].2版.北京:电子工业出版社,2009.

[7] 杨霓清.高频电子线路[M].北京:机械工业出版社,2007.

[8] 严国萍,龙占超.通信电子线路[M].北京:科学出版社,2005.

[9] 王卫东.高频电子线路[M].2版.北京:电子工业出版社,2009.

[10] 刘宝玲,胡春静.通信电子电路[M].北京:北京邮电大学出版社,2005.

[11] 沈伟慈.通信电路[M].西安:西安电子科技大学出版社,2004.

[12] 钱聪,陈英梅.通信电子线路[M].北京:人民邮电出版社,2004.

[13] 张肃文.高频电子线路学习指导书[M].5版.北京:高等教育出版社,2009.

[14] 曾兴雯,陈健,刘乃安.高频电子线路学习指导[M].西安:西安电子科技大学出版社,2004.

[15] 阳昌汉.高频电子线路学习指导与题解 [M].2版.北京:高等教育出版社,2013.

[16] 胡宴如,耿苏燕.高频电子线路学习指导[M].北京:高等教育出版社,2006.

[17] 高吉祥.高频电子线路学习辅导及习题详解[M].北京:电子工业出版社,2005.

[18] 严国萍.高频电子线路学习指导与题解[M].武汉:华中科技大学出版社,2003.

[19] 林冬梅.高频电子技术习题与答案[M].北京:机械工业出版社,2002.

[20] 张澄.高频电子线路学习指导[M].北京:人民邮电出版社,2008.

[21] 教育部高等学校电子电气基础课程教学指导分委员会.电子电气基础课程教学基本要求[M].北京:高等教育出版社,2011.